澜沧县
常见药用植物

主　编
黄璐琦　朱有勇

副主编
付开聪　张小波　池秀莲　李晓雪

上海科学技术出版社

图书在版编目（CIP）数据

澜沧县常见药用植物 / 黄璐琦，朱有勇主编. —上海：上海科学技术出版社，2018.1

(中国中药资源大典)

ISBN 978-7-5478-3889-1

Ⅰ. ①澜… Ⅱ. ①黄… ②朱… Ⅲ. ①药用植物－介绍－澜沧拉祜族自治县 Ⅳ. ① S567

中国版本图书馆 CIP 数据核字（2017）第 323552 号

审图号：云 S（2017）080 号

本书出版得到以下课题资助：

环保部生物多样性保护专项“生物多样性调查与评估试点项目”（2016HB2096001006）

中央本级重大增减支项目“名贵中药资源可持续利用能力建设”（2060302）

澜沧县常见药用植物

主　编　黄璐琦　朱有勇

副主编　付开聪　张小波　池秀莲　李晓雪

上海世纪出版（集团）有限公司
上 海 科 学 技 术 出 版 社　出版、发行

（上海钦州南路 71 号　邮政编码 200235　www.sstp.cn）

浙江新华印刷技术有限公司印刷

开本 787×1092　1/16　印张 21

字数 300 千字

2018 年 1 月第 1 版　2018 年 1 月第 1 次印刷

ISBN 978-7-5478-3889-1/R · 1546

定价：198.00 元

内容提要

黄璐琦院士和朱有勇院士组织中国中医科学院中药资源中心、普洱市民族传统医药研究所、中国医学科学院药用植物研究所云南分所、云南省林业科学研究院以及云南省澜沧县土地、农林、环保和卫计委等10余家单位，对云南省澜沧县开展了全面的中药资源普查工作。本书精选普查部分成果，收录县域内野生、栽培的常用、常见和有地方特色的药用植物200种。每种药用植物介绍其形态特征、生长环境、药用部位、功能主治、拉祜族名称及拉祜族民间疗法等内容，并配有原植物的植株、生境或局部形态特写图片以及地理分布图等，部分物种还配有新鲜药用部位或药材的图片。

本书可为行政管理部门、学者、农民开展药用植物资源的保护和合理开发利用，推进中药材产业精准扶贫工作提供参考，也可作为医药院校、科研院所、医药企业中从事药用植物学、药用植物栽培学、药用植物资源学、民族植物学、传统民族医药等学科相关技术人员的学习和参考用书。

《澜沧县常见药用植物》

编写委员会

主　编

黄璐琦　朱有勇

副主编

付开聪　张小波　池秀莲　李晓雪

编　委

（以姓氏笔画为序）

王云强　王庆国　王有忠　车立忠　方　波　邓　泽　刘　林　刘大会
李军德　李林颂　李建荣　李海涛　汪尚贤　张　君　张本刚　张丽霞
张绍云　张祖娟　陈　静　杨久云　杨涵雨　罗　军　罗　健　金　艳
周顺忠　赵　强　胡启和　倪　亚　袁以凯　郭　明　唐学明　黄启红
崔明筠　彭启智

校　稿

（以姓氏笔画为序）

杨政偾　张　生　范　尹　周　飞

序　言

让贫困人口和贫困地区同全国一道进入全面小康社会是我们党的庄严承诺。坚决打赢脱贫攻坚战事关决胜全面建成小康社会，事关开启全面建设社会主义现代化国家新征程。党的十九大擘画了新时代中国特色社会主义宏伟蓝图，吹响了坚决打赢脱贫攻坚战的最强劲号角。

作为我国工程科技界的最高荣誉性、咨询性学术机构，中国工程院深入贯彻落实党中央关于精准扶贫的决策部署，发挥院士群体的智力优势，支持云南生物医药和大健康产业发展，扎实开展对云南会泽县和澜沧县的定点扶贫工作，积极推动科技扶贫、扶贫攻坚、定点开发战略举措的实施。按照“扶贫先扶智，致富靠产业”的帮扶思路，组织院士专家深入贫困地区开展调查研究、科学论证、制订规划，在会泽县和澜沧县分别设立了“院士工作站”，扎根贫困基层实施针对性帮扶。

澜沧县生物资源丰富，中药和民族药文化特色突出。在澜沧县大力发展中药材种植加工业，对优化农业产业结构，推动区域经济发展，带领贫困区域脱贫致富具有重要意义。根据当地的生物医药资源特色和优势，工程院的院士专家们将中药材产业作为高原特色现代农业中的一项发展重点，积极引导和指导中药材种植，助推资源优势转化为经济优势，依靠科技力量将精准扶贫落到实处，从根本上增强贫困农民发展的内生动力。

为了促进澜沧县中药产业科学发展，中国工程院医药卫生学部黄璐琦院士和农业学部朱有勇院士率队对澜沧县中药资源展开了为期一年的调查，基本摸清了澜沧县中药资源本底情况，并汇总常用、常见和有地方特色的药用植物 200 种，主持编写了《澜沧县常见药用植物》一书。全面深入的调查、丰富翔实的数据为澜沧县中药产业发展提供了第一手资料和技术支持。相信该书的出版将有力推进澜沧县中药资源保护、开发和合理利用，为澜沧县全面推进中药资源相关产业发展打下良好的基础，也将为贫困地区依托资源优势打赢脱贫攻坚战提供很好的借鉴。

中国工程院党组书记
中国工程院院士
李晓红

2017 年 10 月

前　言

澜沧县位于我国云南省西南边陲，山川秀美，气候宜人，是拉祜族祖先扎迪娜迪诞生之地，约有42%的拉祜族人口；同时也是典型的边、少、山、穷地区，被列为国家扶贫开发工作重点县之一。澜沧县全县面积8 807平方千米，地势西高东低，五山六水纵横交错，立体气候明显，具有丰富的中药和民族药资源，为当地中药和民族药产业发展提供了物质基础。

2015年，中国工程院积极响应党中央“精准扶贫”号召，在澜沧县设立了“院士工作站”，旨在依托人才和技术优势，为澜沧县脱贫攻坚工作提供技术支持。在工程院的组织领导下，我们对澜沧县生态环境及生物资源保护和利用情况展开调查，发现澜沧县存在中药资源家底不清、中药产业发展不足等问题。结合澜沧县在生物资源及气候条件等方面的优势，提出了通过开展中药资源普查摸清澜沧县资源家底，厘清中药资源种源，挖掘并发展地方特色中药产业，依托资源和产业优势实现精准扶贫、帮助边疆地区人民脱贫致富的建议。

在工程院扶贫办、工程院医药卫生学部办公室的支持下，我们与环境保护部和国家中医药管理局沟通，于2016年8月将澜沧县中药资源普查工作纳入环保部牵头组织实施的生物多样性保护重大工程中，并组建了由中国中医科学院中药资源中心、普洱市民族传统医药研究所、中国医学科学院药用植物研究所云南分所、云南省林业科学研究院以及澜沧县土地、农林、环保和卫计委等部门共35人组成的普查队，于2016年10月正式开展普查工作。普查队员们不辞辛劳，历时一年，统计汇总野生植物2 000多种，其中，中药和民族药1 200余种。

在普查成果的基础上，本书编委会选取了澜沧县常用、常见和有地方特色的药用植物200种，编撰了《澜沧县常见药用植物》一书。本书图文并茂、内容翔实，每张照片都是普查队员深入实地调查拍摄所得。书中对药用植物的形态特征、县域尺度的地理分布情况、生长环境和药用部位（药材名），以及药材的性味归经、功能主治、拉祜族民间特色用法等均作了详细说明。书中药用植物的中文名、拉丁学名、形态特征参考自《中国植物志》《中国苔藓志》等权威分类典籍；拉祜族名称由地方拉祜语专家确定，部分外来词（如砂仁等）

则根据其原义发音用中文形式呈现；地理分布及海拔分布范围均为实际调查数据；药材名、性味归经、功能主治参考《中华人民共和国药典　第一部（2015年版）》《中药大辞典》及地方药材典籍；拉祜族特殊民间用法则依据实际调研所得及地方拉祜典籍编写而成。对于性味归经不明确的，本书在相应位置备注为“(性味）归经不明确”。全书按照药用植物的药用部位进行顺序编排，首先为单个部位入药的药用植物，分别归为根及根茎类、茎木类、皮类、叶类、花类、果实及种子类、其他类（孢子、树脂）入药的植物，其次为多个部位入药的药用植物，最后为全草类药用植物；对于入药部位相同的药用植物则按拼音顺序编排。同时，书后附有拉丁学名和药材名索引，方便读者查询和使用。

本书的编撰是对“第四次全国中药资源普查试点工作”和“生物多样性调查与评估试点工作”部分成果的梳理，也是对《中药材产业扶贫行动计划（2017—2020年）》工作任务的贯彻落实。期望本书的出版能够科学指导澜沧县更好地将药用生物资源优势转化为经济优势，有力推进该地区中药材产业精准扶贫工作的实施，并促进该地区中药和民族药资源的保护和可持续开发利用。

衷心感谢所有为澜沧县中药资源普查以及本书的编写和修订付出艰辛劳动的伙计们，感谢各部门对此次普查工作的大力支持。由于时间紧，任务重，书中难免有疏漏之处，望读者、同行给予谅解和批评指正。

2017年10月

目　录

单个药用部位植物

多个药用部位植物

一、根和根茎、茎 126

二、根和根茎、叶 134

三、根和根茎、果实和种子 140

四、茎、叶 149

五、茎、花 158

六、皮、叶 163

七、皮、果实和种子 166

八、叶、果实和种子 171

九、根和根茎、茎、叶 174

十、根和根茎、叶、果实和种子 182

十一、其他 187

全草药用植物

单个药用部位植物

一、根和根茎

菝　葜

【拉丁学名】*Smilax china* L.

【科属】百合科 Liliaceae 菝葜属 *Smilax*

【别名】金刚藤。

【拉祜族名称】菝葜那此。

【形态特征】攀缘灌木。根状茎粗厚，坚硬，为不规则的块状，粗 2~3 cm。茎长 1~3 m，少数可达 5 m，疏生刺。叶薄革质或坚纸质，干后通常红褐色或近古铜色，圆形、卵形或其他形状，下面通常淡绿色；叶柄几乎都有卷须，少有例外，脱落点位于靠近卷须处。伞形花序生于叶尚幼嫩的小枝上，具十几朵或更多的花，常呈球形；花序托稍膨大，近球形，较少稍延长，具小苞片；花绿黄色，内花被片稍狭；雄花中花药比花丝稍宽，常弯曲；雌花与雄花大小相似，有 6 枚退化雄蕊。浆果熟时红色，有粉霜。花期 2~5 月，

图 1-1-1　菝葜植株及生境特征

图 1–1–2　菝葜的根茎

图 1–1–3　菝葜地理分布

果期 9~11 月。(图 1–1–1)

【地理分布】全县均有分布。(图 1–1–3)

【生长环境】生于海拔 600~2 100 m 的林下、灌丛中、路旁、河谷或山坡上。

【药用部位】根茎入药，名为菝葜。(图 1–1–2)

【性味归经】性平，味甘、微苦、涩。归肝、肾经。

【功能主治】利湿去浊，祛风除痹，解毒散瘀。用于小便淋浊，带下量多，风湿痹痛，疔疮痈肿。

【拉祜族民间疗法】**风湿关节痛**　取菝葜鲜根茎 100 克，瓜子金 50 克，捣烂，酒为引，水煎 30 分钟，内服，每日 1 剂，分早、中、晚 3 次服下，连服 3 日。

白　及

【拉丁学名】*Bletilla striata* (Thunb. ex A. Murray) Rchb. f.

【科属】兰科 Orchidaceae 白及属 *Bletilla*

【别名】白根、地螺丝、羊角七。

【拉祜族名称】Biq phu

【形态特征】草本，高 18~60 cm。假鳞茎扁球形，上面具荸荠似的环带，富黏性。茎粗壮，劲直。叶 4~6 枚，狭长圆形或披针形，先端渐尖，基部收狭成鞘并抱茎；基部有 2 片基生叶。穗状花序顶生，具 3~10 朵花，常不分枝或极罕分枝；花序轴或多或少呈“之”字状曲折；花苞片长圆状披针形，

图 1–1–4　白及植株

图 1–1–5　白及鲜药材

开花时常凋落；花大，紫红色或粉红色；唇瓣较萼片和花瓣稍短，倒卵状椭圆形，白色带紫红色，具紫色脉；唇盘上面具 5 条纵褶片，从基部伸至中裂片近顶部，仅在中裂片上面为波状；蕊柱长 18~20 mm，柱状，具狭翅，稍弓曲。花期 4~5 月。(图 1–1–4)

【地理分布】勐朗镇、糯福乡。(图 1–1–6)

【生长环境】生于海拔 1 000~1 900 m 的林下或较潮湿的草地上。

【药用部位】块茎入药，名为白及。(图 1–1–5)

【性味归经】性微寒，味苦、甘、涩。归肺、肝、胃经。

【功能主治】收敛止血，消肿生肌。用于咯血，吐血，外伤出血，疮疡肿毒，皮肤皲裂。

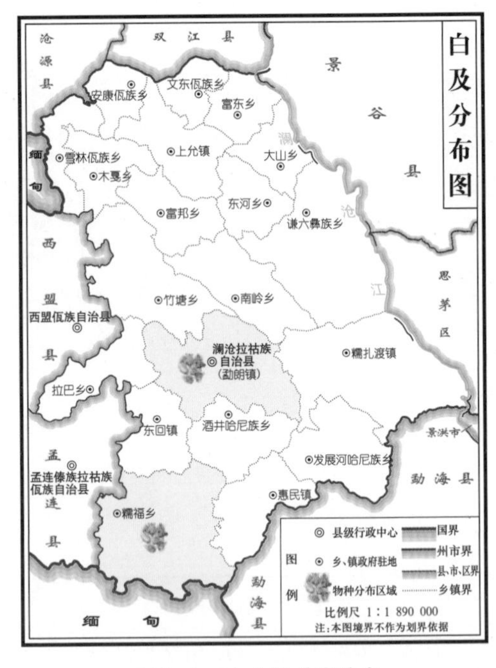

图 1–1–6　白及地理分布

【拉祜族民间疗法】1. **溃疡疼痛**　本品 10 克，百合 15 克，五味子 10 克，生甘草 6 克。水煎 25 分钟，内服，每日 1 剂，分早、中、晚 3 次服下，连服 5 日。

2. **干咳无痰**　按本品 3 份、白芍 3 份、生甘草 2 份、滇威灵仙 2 份的比例，研粉温开水送服，每次 3 克，每日 3~4 次，空腹服下，连服 3 日。

白　茅

【拉丁学名】*Imperata cylindrica* (L.) Raeusch.

【科属】禾本科 Gramineae 白茅属 *Imperata*

【别名】茅针、茅根、白茅根。

【拉祜族名称】Peof maor keo

【形态特征】多年生草本。根茎密生鳞片。秆丛生，直立，高 30~90 cm，具 2~3 节，节上有长 4~10 mm 的柔毛。叶多丛集基部；叶鞘无毛，或上部及边缘和鞘口具纤毛，老时基部或破碎呈纤维状；叶舌干膜质，钝头；叶片线形或线状披针形，先端渐尖，基部渐狭，根生叶长，几与植株相等，茎生叶较短。圆锥花序稠密，基盘具丝状柔毛；两颖草质及边缘膜质，近相等，具 5~9 脉，顶端渐尖或稍钝，常具纤毛，脉间疏生长丝状毛，第一外稃卵状披针形，长为颖片的 2/3，透明膜质，无脉，顶端尖或齿裂，第二外稃与其内稃近相等，长约为颖之半，卵圆形，顶端具齿裂及纤毛；雄蕊 2 枚；花柱细长，基部多少连合，柱头 2，紫黑色，羽状。颖果椭圆形，胚长为颖果之半。花果期 4~6 月。(图 1–1–7、图 1–1–8)

【地理分布】全县均有分布。(图 1–1–10)

【生长环境】生于低山带平原河岸草地、沙质草甸、荒漠与海滨，海拔 900~2 100 m。

图 1–1–7　白茅植株及生境特征

图 1–1–8　白茅的花序

【药用部位】根茎入药，名为白茅根。(图1-1-9)

【性味归经】性寒，味甘。归脾、胃、膀胱经。

【功能主治】凉血止血，清热利尿。用于血热吐血，衄血，尿血，热病烦渴，湿热黄疸，水肿尿少，热淋涩痛。

【拉祜族民间疗法】**内外伤止血**　本品15克，金银花15克，蒲公英15克，桉树叶20克，鱼腥草15克。水煎25分钟，内服，每日1剂，分早、中、晚3次服下，连服5日。

图1-1-9　**白茅鲜药材**

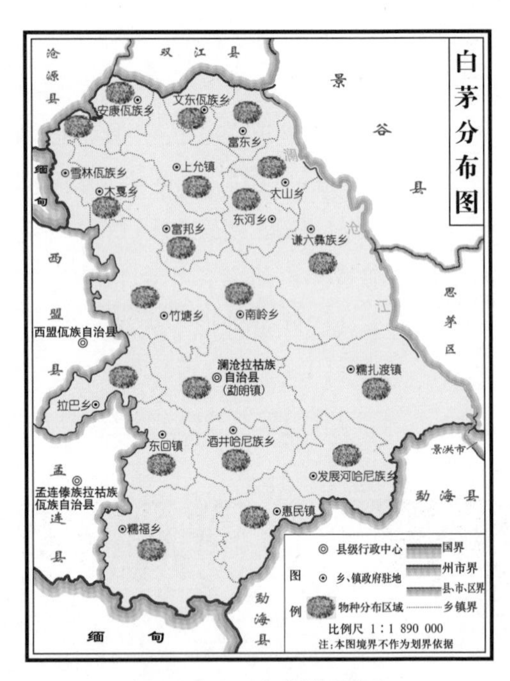

图1-1-10　**白茅地理分布**

百　部

【拉丁学名】*Stemona japonica* (Bl.) Miq.

【科属】百部科 Stemonaceae 百部属 *Stemona*

【别名】百部草、百条根、闹虱、玉箫、箭杆、药虱药。

【拉祜族名称】Peor puq

【形态特征】多年生草本。地下簇生纺锤状肉质块根，茎上部攀缘他物上升。卵形叶，2~4片轮生节上，纸质或薄革质。花序柄贴生于叶片中脉上，花单生或数朵排成聚伞状花序，花柄纤细；苞片线状披针形；初春开淡绿色花，花梗贴生于叶主脉上，像花从叶上长出一样。蒴果卵形，扁，赤褐色，顶端锐尖，熟果2爿开裂，常具2颗种子。种子椭圆形，稍扁平，深紫褐色，表面具纵槽纹，一端簇生多数淡黄色、膜质短棒状附属物。花期5~7月，果期7~10月。(图1-1-11)

图 1–1–11　**百部植株**

图 1–1–12　**百部鲜药材**

【地理分布】勐朗镇、糯扎渡镇、发展河乡、谦六乡。(图 1–1–13)

【生长环境】生于海拔 900~2 100 m 的山坡草丛、路旁和林下。

【药用部位】块根入药，名为百部。(图 1–1–12)

【性味归经】性微温，味甘、苦。归肺经。

【功能主治】润肺止咳，杀虫灭虱。用于新久咳嗽，肺痨咳嗽，顿咳；外用于头虱，体虱，蛲虫病，阴痒。蜜百部润肺止咳，用于阴虚劳嗽。

【拉祜族民间疗法】肺痨病　本品 15 克，冬瓜子 15 克，柴胡 10 克，地骨皮 15 克，麦冬 20 克。水煎 30 分钟，内服，每日 1 剂，分早、中、晚 3 次服下，连服 6 日。

图 1–1–13　**百部地理分布**

半夏（栽培）

【拉丁学名】*Pinellia ternata* (Thunb.) Breit.

【科属】天南星科 Araceae 半夏属 *Pinellia*

【别名】地珠半夏、三步跳、田里心、无心菜、老鸦眼、燕子尾、地慈姑、球半夏。

【拉祜族名称】Pag shiaq

【形态特征】多年生草本。块茎圆球形，具须根。叶 2~5 枚，有时 1 枚。叶柄基部具鞘，有珠芽；幼苗叶片卵状心形至戟形，为全缘单叶；老株叶片 3 全裂，长圆状椭圆形或披针形。佛焰苞绿色或绿白色，檐部边缘有时青紫色；肉穗花序，花序柄长于叶柄；附属器绿色变青紫色，直立，有时“S”形弯曲。浆果卵圆形，黄绿色。花期 5~7 月，果期 8 月。（图 1–1–14、图 1–1–15）

图 1–1–14 半夏植株

图 1–1–15 半夏植株及生境特征

【地理分布】惠民镇。（图 1–1–16）

【生长环境】生于海拔 1 000~2 500 m，多为栽培。

【药用部位】块茎入药，名为半夏。

【性味归经】性温，味辛；有毒。归脾、胃、肺经。

【功能主治】燥湿化痰，降逆止呕，消痞散结。用于湿痰寒痰，咳喘痰多，痰饮眩悸，风痰眩晕，痰厥头痛，呕吐反胃，胸脘痞闷，梅核气；外治痈肿痰核。

【拉祜族民间疗法】**急慢性支气管炎、哮喘** 本品 6 克，麻黄 10 克，杏仁 10 克，桑皮 10 克，椿树皮 5 克，苏子 10 克，紫菀 10 克，贝母 10 克，甘草 10 克，水灯草 5 克。水煎 25 分钟，内服，每日 1 剂，分早、中、晚 3 次服下，连服 3 日。

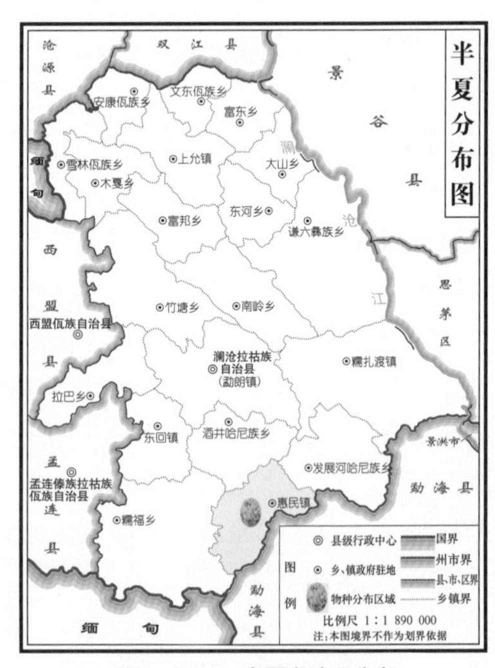

图 1–1–16 半夏木地理分布

草血竭

【拉丁学名】*Polygonum paleaceum* Wall. ex Hook. f.

【科属】蓼科 Polygonaceae 蓼属 *Polygonum*

【别名】弓腰老、老腰弓、小么公、地蜂子、地马蜂。

【拉祜族名称】Ko yao laod

【形态特征】多年生草本。根状茎肥厚，弯曲，黑褐色。茎直立，不分枝，无毛，具细条棱。基生叶革质，狭长圆形或披针形，顶急尖或微渐尖，基部楔形，稀近圆形，微外卷，上面绿色，下面灰绿色，两面无毛；茎生叶披针形，较小，具短柄，最上部的叶为线形；托叶鞘筒状膜质，下部绿色，上部褐色，开裂。总状花序呈穗状，紧密；苞片卵状披针形，膜质，顶端长渐尖；花梗细弱，开展，比苞片长；花被片椭圆形，淡红色或白色。瘦果卵形，具 3 锐棱，有光泽，包于宿存花被内。花期 7~8 月，果期 9~10 月。(图 1–1–17、图 1–1–18)

【地理分布】糯扎渡镇、发展河乡、糯福乡、木戛乡、竹塘乡、勐朗镇。(图 1–1–20)

【生长环境】生于海拔 1 500~2 516 m 的山坡草地、林缘。

【药用部位】根茎入药，名为弓腰老。(图 1–1–19)

【性味归经】性凉，味酸。归肝、胃、大肠经。

图 1–1–17　草血竭植株及生境特征

图 1–1–18　草血竭的花序

【功能主治】止血止痛，收敛止泻。用于慢性胃炎，胃溃疡，十二指肠溃疡，食积，癥瘕积聚，月经不调，浮肿，跌打损伤，外伤出血。

【拉祜族民间疗法】**痈疮肿毒** 根据患者需要，取本品鲜品根茎适量，捣烂敷患处，每日换 1 次，连敷 5 日。

图 1-1-19 **草血竭鲜药材**

图 1-1-20 **草血竭地理分布**

常 山

【拉丁学名】*Dichroa febrifuga* Lour.

【科属】虎耳草科 Saxifragaceae 常山属 *Dichroa*

【别名】黄常山、鸡骨风、风骨木、白常山、大金刀、蜀漆。

【拉祜族名称】Char sha

【形态特征】灌木，高 1~2 m。叶形状常椭圆形、倒卵形、椭圆状长圆形或披针形，先端渐尖，基部楔形，边缘具锯齿或粗齿，稀波状，两面绿色或一至两面紫色。伞房状圆锥花序顶生，有时叶腋有侧生花序，花蓝色或白色；花蕾倒卵形，花萼倒圆锥形；花瓣长圆状椭圆形，稍肉质，花后反折；雄蕊 10~20 枚，一半与花瓣对生，花丝线形，扁平，初与花瓣合生，后分离，花药椭圆形；花柱 4 或偶有 5~6，棒状，柱头长圆形，子房 3/4 下位。浆果蓝色，干时黑色。种子具网纹。花期 2~4 月，果期 5~8 月。(图 1-1-21~ 图 1-1-23)

【地理分布】勐朗镇、糯扎渡镇、发展河乡、东河乡。(图 1-1-24)

【生长环境】生于海拔 800~2 200 m 的阴湿林中。

【药用部位】根入药，名为常山。拉祜族民

图 1-1-21　常山植株及生境特征

图 1-1-22　常山植株

图 1-1-23　常山的花

图 1-1-24　常山地理分布

间常用全株入药。

【性味归经】性寒，味苦、辛；有毒。归肺、肝、心经。

【功能主治】涌吐痰涎，截疟。用于痰饮停聚，胸膈痞塞，疟疾。

【拉祜族民间疗法】**疟疾**　用本品全株20克，马鞭草10克，加草果引，水煎30分钟，内服，每日1剂，分早、中、晚3次服下，连服3日。

大观音座莲

【拉丁学名】*Angiopteris magna* Ching

【科属】观音座莲科 Angiopteridaceae 观音座莲属 *Angiopteris*

【别名】马蹄根、马蹄蕨、牛蹄劳。

【拉祜族名称】Paftart nawt-awf

【形态特征】植株高大。根状茎块状，直立，下面簇生有圆柱状的粗根。叶柄粗壮，干后褐色。叶片宽广，宽卵形，互生，基部近截形或几圆形，顶部向上微弯，下部小羽片较短，近基部的小羽片长仅 3 cm 或过之，顶生小羽片分离，有柄，和下面的同形，叶缘全部具有规则的浅三角形锯齿。孢子囊群棕色，长圆形，彼此接近，有孢子囊 14~18 个。(图 1-1-25、图 1-1-26)

【地理分布】糯扎渡镇、发展河乡、糯福乡。(图 1-1-27)

【生长环境】生于海拔 1 400~1 900 m 的林下。

【药用部位】根茎入药，名为马蹄根。

【性味归经】性寒，味苦、涩。归心、肺、大肠经。

【功能主治】清热解毒，止血，祛湿利尿。治肠炎，痢疾，食滞腹胀，肾炎水肿，肺结核，咳血，血崩，跌打，风湿，胃及十二指肠溃疡。

图 1-1-25　大观音座莲植株及生境特征

【拉祜族民间疗法】1. **痢疾**　本品与马尾连根、杨梅树皮各取 20 克，生姜 6 克，加水煎 30 分钟，每日 1 剂，分早、中、晚 3 次服下，连服 3 日。

2. **慢性肠胃炎、食滞腹胀**　取本品 20 克，加水煎服，每日 1 剂，连服 1 个月。

图 1–1–26　**大观音座莲的孢子囊群**

图 1–1–27　**大观音座莲地理分布**

大叶千斤拔

【拉丁学名】*Flemingia macrophylla* (Willd.) Prain

【科属】豆科 Leguminosae 千斤拔属 *Flemingia*

【别名】夹眼皮、噶三比龙（傣族）。

【拉祜族名称】Ciar yed phir

【形态特征】直立灌木，高 0.8~2.5 m。幼枝有明显纵棱，密被紧贴丝质柔毛。叶具指状 3 小叶：托叶大，披针形，先端长尖，被短柔毛，具腺纹，常早落；叶柄具狭翅，被毛与幼枝同；小叶纸质或薄革质，顶生小叶宽披针形至椭圆形，先端渐尖，基部楔形；小叶柄密被毛。总状花序常数个聚生于叶腋，常无总梗；花多而密集；花梗极短；花序轴、苞片、花梗均密被灰色至灰褐色柔毛；花冠紫红色。荚果椭圆形，褐色，略被短柔毛，先端具小尖喙。种子 1~2 颗，球形光亮黑色。花期 6~9 月，果期 10~12 月。（图 1–1–28、图 1–1–29）

【地理分布】勐朗镇、糯扎渡镇、发展河乡、糯福乡。（图 1–1–30）

【生长环境】生于旷野草地上或灌丛中，山

图 1–1–28 **大叶千斤拔植株**

图 1–1–29 **大叶千斤拔的花**

谷路旁和疏林阳处亦有生长，海拔 1 000~1 600 m。

【药用部位】根入药，名为夹眼皮。

【性味归经】性温，味甘、涩。归经不明确。

【功能主治】调经，行气止痛，祛风活血，强腰壮骨。用于风湿骨痛。

【拉祜族民间疗法】1. **痛经** 本品 20 克，芦子藤 20 克，胡椒 5 粒，水煎 20 分钟，内服，每日 1 剂，分早、中、晚 3 次服下，连服 2 日。

2. **腹泻** 本品 30 克，胡椒 5 粒，水煎 20 分钟，内服，每日 1 剂，分早、中、晚 3 次服下，连服 3 日。

图 1–1–30 **大叶千斤拔地理分布**

大叶仙茅

【拉丁学名】*Curculigo capitulata* (Lour.) O. Ktze.

【科属】石蒜科 Amaryllidaceae 仙茅属 *Curculigo*

【别名】大仙茅、野棕、船仔草。

【拉祜族名称】猴子背巾那此。

【形态特征】草本，高达 1 m。根状茎粗厚，块状，具细长的走茎。叶通常 4~7 枚，长圆状披针形或近长圆形，纸质，全缘，顶端长渐尖，具折扇状脉，背面脉上被短柔毛或无毛；叶柄上面有槽，侧背面均密被短柔毛。花茎通常短于叶，被褐色长柔毛；总状花序强烈缩短成头状，球形或近卵形，俯垂，具多数排列密集的花；苞片卵状披针形至披针形，被毛；花黄色；花被裂片卵状长圆形，顶端钝，外轮的背面被毛，内轮的仅背面中脉或中脉基部被毛。浆果近球形，白色，无喙。种子黑色，表面具不规则的纵凸纹。花期 5~6 月，果期 8~9 月。(图 1–1–31)

【地理分布】勐朗镇、木戛乡、糯扎渡镇、谦六乡、发展河乡。(图 1–1–33)

【生长环境】生于海拔 700~2 300 m 的林下或阴湿处。

【药用部位】根入药，名为大仙茅。(图 1–1–32)

【性味归经】性温，味苦、辛。归肝、肺经。

图 1–1–31　大叶仙茅植株及生境特征

【功能主治】补虚，祛风湿，行血，润肺化痰，补肾固精，镇静健脾，妇女调经。用于虚劳咳，遗精，白浊白带，腰腿脚酸软痛，骨痛，阳痿，小便频数，遗尿，脘腹冷痛，寒湿痹痛，风湿，脾痛。

【拉祜族民间疗法】1. **慢性支气管炎**　取本品根20克，水煎25分钟，内服，每日1剂，分早、中、晚3次服下，连服7日。

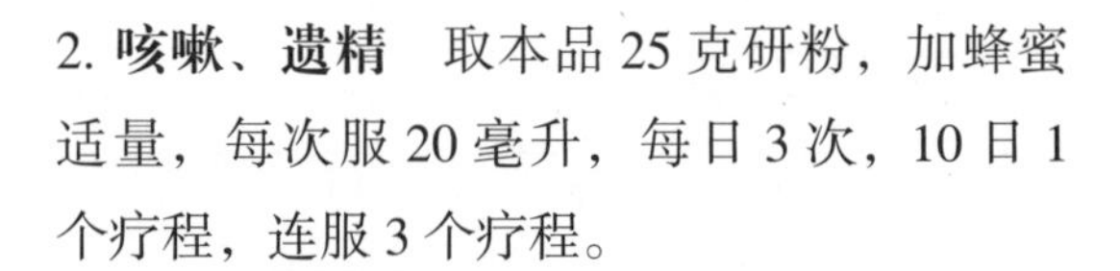

2. **咳嗽、遗精**　取本品25克研粉，加蜂蜜适量，每次服20毫升，每日3次，10日1个疗程，连服3个疗程。

3. **风湿性关节炎**　本品300克加白酒1 000毫升，密封浸泡后内服，每日早、晚各服30毫升，连服5日。也可外用将鲜品捣烂加白酒做成膏敷于患处。一般内服外用联合使用3~5剂痊愈。

图 1–1–32　**大叶仙茅鲜药材**

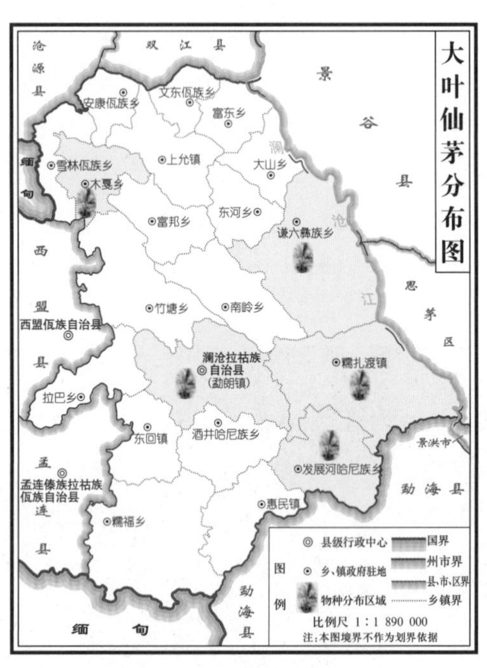

图 1–1–33　**大叶仙茅地理分布**

地不容

【拉丁学名】*Stephania epigaea* Lo

【科属】防己科 Menispermaceae 千金藤属 *Stephania*

【别名】山乌龟、金线吊乌龟。

【拉祜族名称】Pil qu phu

【形态特征】草质、落叶藤本。全株无毛。块根硕大，通常扁球状，暗灰褐色。嫩枝稍肉质，紫红色，有白霜，干时现条纹。叶干时膜质，扁圆形，顶端圆或偶有骤尖，基部通常圆，下面稍粉白；掌状脉纤细。单伞形聚伞花序腋生，稍肉质，常紫红色而有白粉；

图 1-1-34　地不容植株及生境特征

图 1-1-35　地不容叶

图 1-1-36　地不容鲜药材

雄花：萼片 6，常紫色，卵形或椭圆状卵形；花瓣 3 或偶有 5~6，紫色或橙黄而具紫色斑纹，稍肉质，阔楔形或近三角形；聚药雄蕊长 0.4~0.5 mm；雌花：萼片 1，倒卵形或楔状倒卵形；花瓣 2 或 1，倒卵状圆形或阔倒卵

图 1-1-37　地不容地理分布

形，长与萼片近相等。果梗短而肉质，核果红色；果核倒卵圆形，胎座迹不穿孔。花期春季，果期夏季。(图 1–1–34、图 1–1–35)

【地理分布】糯扎渡镇、糯福乡、东河乡。(图 1–1–37)

【生长环境】常生于石山，亦常见栽培，生于海拔 700~1 200 m。

【药用部位】块根入药，名为山乌龟。(图 1–1–36)

【性味归经】性寒，味苦、辛；有小毒。归膀胱、肝、脾经。

【功能主治】清热解毒，镇静，理气，止痛。用于热证。

【拉祜族民间疗法】**胃炎、胃痛** 取本品适量，舂细，撒上适量的白酒，文火炒热后，敷于肚脐上。

滇黄精

【拉丁学名】*Polygonatum kingianum* Coll. et Hemsl.

【科属】百合科 Liliaceae 黄精属 *Polygonatum*

【别名】龙衔、白及、兔竹、垂珠、鸡格、米脯、菟竹、鹿竹。

【拉祜族名称】Lad qhad

【形态特征】多年生草本，根状茎近圆柱形或近连珠状，结节有时作不规则菱状，肥厚。茎顶端作攀缘状。叶轮生，每轮 3~10 枚，条形、条状披针形或披针形，先端拳卷。花序具 2~4 花，总花梗下垂，苞片膜质，微小，通常位于花梗下部；花被粉红色；花丝丝状或两侧扁。浆果红色，具 7~12 颗种子。花期 3~5 月，果期 9~10 月。(图 1–1–38、图 1–1–40)

【地理分布】勐朗镇、糯扎渡镇、发展河乡、雪林乡、木戛乡。(图 1–1–41)

【生长环境】生于海拔 700~2 430 m 的林下、灌丛或阴湿草坡，有时生岩石上。

【药用部位】根茎入药，名为黄精。(图 1–1–39)

【性味归经】性平，味甘。入脾、肺、肾经。

图 1–1–38　滇黄精植株及生境特征

图 1–1–39　**滇黄精鲜药材**

图 1–1–40　**滇黄精的花**

【功能主治】补气养阴，健脾，润肺，益肾。用于脾胃虚弱，体倦乏力，口干食少，肺虚燥咳，精血不足，内热消渴。

【拉祜族民间疗法】1. **干咳无痰**　本品 10 克，百合 15 克，五味子 10 克，生甘草 6 克。水煎 25 分钟，内服，每日 1 剂，分早、中、晚 3 次服下，连服 3 日。

2. **溃疡疼痛**　本品 15 克，白芍 15 克，生甘草 9 克，滇威灵仙 9 克。打粉，温开水送服，每次 3 克，每日 3~4 次，空腹服。

3. **延年益寿**　鲜品黄精 500 克，鲜品山药 800 克，乌鸡 1 只。先将黄精洗净切片，煮 1 小时，再将乌鸡宰杀后共煮，待鸡八成熟后加入山药，食盐等材料，食用。

图 1–1–41　**滇黄精地理分布**

滇龙胆草

【拉丁学名】 *Gentiana rigescens* Franch. ex Hemsl.

【科属】 龙胆科 Gentianaceae 龙胆属 *Gentiana*

【别名】 坚龙胆、苦草、青鱼胆、小秦艽、蓝花根、炮仗花。

【拉祜族名称】 Mal shiq luai

【形态特征】 多年生草本，高 30~50 cm。须根肉质。主茎粗壮，有分枝。花枝多数，丛生，直立，坚硬，紫色或黄绿色，中空，近圆形。无莲座状叶丛，茎生叶多对，二型；下部叶 2~4 对，鳞片状；中上部叶片卵状长圆形、倒卵形或卵形，基部楔形，边缘略外卷。花多数，簇生枝端呈头状；无花梗；花萼倒锥形，萼筒膜质，全缘不开裂；花冠蓝紫色或蓝色，冠檐具多数深蓝色斑点，漏斗形或钟形。蒴果内藏，椭圆形或椭圆状披针形。种子黄褐色，有光泽，矩圆形，表面有蜂窝状网隙。花果期 8~12 月。（图 1–1–42）

【地理分布】 勐朗镇、谦六乡、糯扎渡镇、发展河乡、竹塘乡、上允镇。（图 1–1–44）

【生长环境】 生于海拔 1 700~2 100 m 的山坡草地、灌丛中、林下及山谷中。

【药用部位】 根和根茎入药，名为龙胆。（图 1–1–43）

【性味归经】 性寒，味苦。归肝、胆经。

【功能主治】 清热燥湿，泻肝胆火。用于湿热黄疸，阴肿阴痒，带下，湿疹瘙痒，肝火目

图 1–1–42　滇龙胆草植株及生境特征

赤，耳鸣耳聋，胁痛口苦，强中，惊风抽搐。

【拉祜族民间疗法】1. **精神分裂症**　龙胆草15克，肾炎草15克，白火草15克，胡椒3粒。水煎30分钟，内服，每日1剂，分早、中、晚3次服下，连服3日。

2. **急性肝炎、胆囊炎**　取本品30克，水煎25分钟，内服，每日1剂，分早、中、晚3次服下，连服3日。

图 1–1–43　**滇龙胆草鲜药材**

图 1–1–44　**滇龙胆草地理分布**

滇南杭子梢

【拉丁学名】*Campylotropis rockii* Schindl.

【科属】豆科 Leguminosae 杭子梢属 *Campylotropis*

【别名】干枝柳、三叶豆、化食草。

【拉祜族名称】Har zid shao

【形态特征】灌木，高1~2 m。小枝贴生或近贴生短或长柔毛，嫩枝毛密，少有具绒毛，老枝常无毛。羽状复叶具3小叶；托叶狭三角形、披针形或披针状钻形；小叶椭圆形或宽椭圆形，有时过渡为长圆形，先端圆形、钝或微凹，具小凸尖，基部圆形。总状花序腋生并顶生，花萼钟形，花冠紫红色或近粉红色。荚果长圆形、近长圆形或椭圆形，边缘生纤毛。花果期6~10月。（图1–1–45、图1–1–46）

【地理分布】勐朗镇、糯扎渡镇、糯福乡、东河乡。（图1–1–47）

图 1–1–45　滇南芫子梢植株及生境特征

图 1–1–46　滇南芫子梢的花

【生长环境】生于海拔 1 000~1 800 m 的山坡、灌丛、林缘及林中。

【药用部位】根入药，名为化食草。

【性味归经】性温，味甘。归经不明确。

【功能主治】祛风散寒，舒筋活血。用于痢疾，肢体麻木，半身不遂，感冒，水肿，皮肤瘙痒，筋骨疼痛。

【拉祜族民间疗法】**痢疾**　干品 50 克，水煎 25 分钟，内服，每日 1 剂，分早、中、晚 3 次服下，连服 3 日即可。

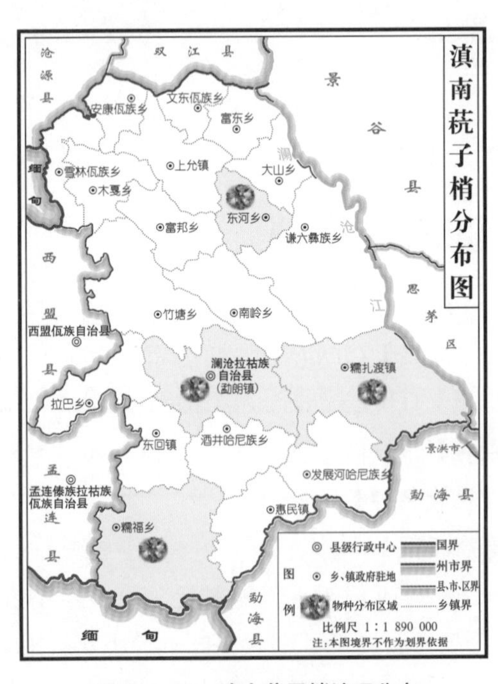

图 1–1–47　滇南芫子梢地理分布

滇南天门冬

【拉丁学名】*Asparagus subscandens* Wang et S. C. Chen

【科属】百合科 Liliaceae 天门冬属 *Asparagus*

【别名】三百棒、丝冬、老虎尾巴根、天冬草、明天冬。

【拉祜族名称】The meor to

【形态特征】草本，下部直立，上部多少攀缘，高约 1 m。根在距基部约 8 cm 处成纺锤状膨大，膨大部分长约 5 cm，宽约 1.2 cm。茎平滑，仅在幼嫩时具棱，分枝有纵棱，棱上多少具软骨质齿。叶状枝通常每 3~7 枚成簇，扁平或由于中脉龙骨状而略呈锐三棱形，镰刀状；鳞片状叶基部延伸为刺状短距，无硬一刺。花每 1~2 朵腋生，绿黄色；花梗长 1.5~2 mm，关节位于近中部；雄蕊中 3 枚较长，花丝中部以下贴生于花被片上；雌花大小和雄花相似。浆果直径约 5 mm。花期 7~8 月，果期 9~11 月。(图 1–1–48)

【地理分布】勐朗镇、谦六乡、南岭乡、糯福乡、发展河乡、雪林乡、木戛乡。(图 1–1–50)

【生长环境】生于海拔 800~2 400 m 的山坡、路旁、疏林下、山谷或荒地上。

【药用部位】块根入药，名为天门冬。(图 1–1–49)

【性味归经】性寒，味甘、苦。归肺、肾经。

【功能主治】养阴润燥，清肺生津。用于肺燥干咳，顿咳痰黏，腰膝酸痛，骨蒸潮

图 1–1–48　滇南天门冬植株及生境特征

热，内热消渴，热病津伤，咽干口渴，肠燥便秘。

【拉祜族民间疗法】1. **乳腺小叶增生**　每日取鲜天门冬 60 克，剥去外皮，隔水蒸熟，分 3 次服完，10 日为 1 个疗程。

2. **习惯性便秘**　取本品 30 克，知母 15 克，枳壳适量，研粉，温开水送服，每日 3 次，每次 3 克，空腹服下，连服 7 日。

图 1-1-49　**滇南天门冬鲜药材**

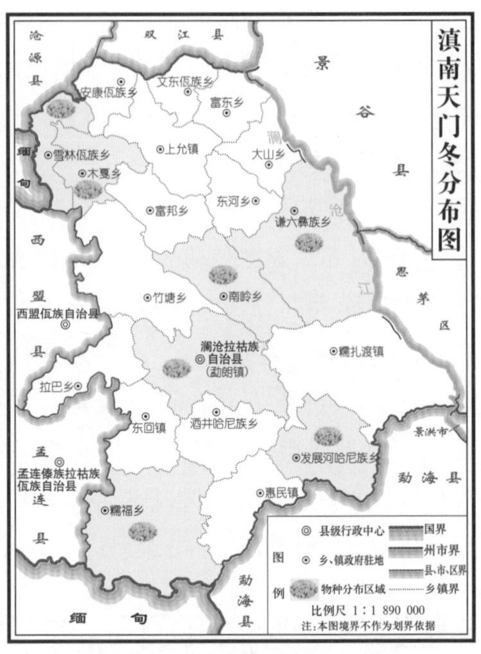

图 1-1-50　**滇南天门冬地理分布**

分叉露兜

【拉丁学名】*Pandanus furcatus* Roxb.

【科属】露兜树科 Pandanaceae 露兜树属 *Pandanus*

【别名】帕梯、山菠萝。

【拉祜族名称】Phag thi

【形态特征】常绿乔木，高 7~12 m。常于茎端二歧分枝，具粗壮气根。叶聚生茎端；叶片革质，带状，先端内凹变窄，具三棱形鞭状尾尖，边缘具较密的细锯齿状利刺，刺上弯，贴附叶缘，背面沿中脉具较稀疏而上弯的利刺，中脉两边各有 1 个明显凸出的侧脉。雌雄异株；雄花序由若干穗状花序组成，穗状花序金黄色，圆柱状，其下佛焰苞长达 1 m，宽约 10 cm；雄花多数，雄蕊常 3~5 枚簇生于花丝束顶端，花药线形，药隔顶端具长而弯的芒尖；雌花序头状，具多数佛焰苞；雌花心皮通常 1 枚，稀为 2 枚，柱头呈二歧刺状而弯曲。聚花果椭圆形，红棕

图 1-1-51　分叉露兜植株及生境特征

图 1-1-52　分叉露兜的叶

色；外果皮肉质而有香甜味；核果或核果束骨质，顶端突出部分呈金字塔形，1~2 室，宿存柱头呈二歧刺状。花期 8 月。(图 1-1-51、图 1-1-52)

【地理分布】糯扎渡镇、发展河乡。(图 1-1-53)

【生长环境】生于海拔 1 300~1 900 m 的水边或林中沟边。

【药用部位】根入药，名为帕梯。

【性味归经】性凉，味甘淡。归脾、胃经。

【功能主治】清热利尿，发汗止痛。用于感冒发烧，尿路感染，肾炎水肿，结膜炎，肝炎，风湿腰腿痛，疝气痛。

【拉祜族民间疗法】**肺结核咯血、小儿高热**　取鲜品 20~30 克，水煎服，每日 1 剂，分早、中、晚 3 次服下，连服 7 日。

图 1-1-53　分叉露兜地理分布

葛

【拉丁学名】*Pueraria lobata* (Willd.) Ohwi

【科属】豆科 Leguminosae 葛属 *Pueraria*

【别名】葛藤、甘葛、野葛。

【拉祜族名称】Zhi kud

【形态特征】粗壮藤本。全体被黄色长硬毛，茎基部木质，有粗厚的块状根。羽状复叶具3小叶；托叶背着，卵状长圆形，具线条；小托叶线状披针形，与小叶柄等长或较长；小叶三裂，偶尔全缘，顶生小叶宽卵形或斜卵形，先端长渐尖，侧生小叶斜卵形，稍小，上面被淡黄色、平伏的疏柔毛。总状花序中部以上有颇密集的花；花2~3朵聚生于花序轴的节上；花萼钟形，被黄褐色柔毛，裂片披针形，渐尖，比萼管略长；花冠紫色，旗瓣倒卵形，基部有2耳及一黄色硬痂状附属体，具短瓣柄，翼瓣镰状，较龙骨瓣为狭，基部有线形、向下的耳，龙骨瓣镰状长圆形，基部有极小、急尖的耳；对旗瓣的1枚雄蕊仅上部离生；子房线形，被毛。荚果长椭圆形，扁平，被褐色长硬毛。花期9~10月，果期11~12月。(图1–1–54、图1–1–55)

【地理分布】勐朗镇、谦六乡、糯扎渡镇、发展河乡。(图1–1–57)

【生长环境】生于海拔700~2 200 m的山地疏林或密林中。

【药用部位】根入药，名为葛根。(图1–1–56)

图1–1–54　葛植株

图1–1–55　葛的花

【性味归经】性凉，味甘、辛。归脾、胃经。

【功能主治】解肌退热，生津止渴，透疹，升阳止泻，通经活络，解酒毒。用于外感发热头痛，项背强痛，口渴，消渴，麻疹不透，热痢，泄泻，眩晕头痛，中风偏瘫，胸痹心痛，酒毒伤中。

【拉祜族民间疗法】1. **癫痫**　取鹅掌楸、金星蕨各 20 克，葛根 30 克，水煎 25 分钟，连煎 3 次，内服，每日 1 剂，分早、中、晚 3 次服下，连服 10 日。

2. **高血压、心绞痛**　葛根 20 克，水煎 25 分钟，连煎 3 次，分早、中、晚 3 次服下，每日 1 剂，连服 3 日。

3. **糖尿病**　葛根 20 克，黄精 20 克，水煎 25 分钟，连煎 3 次，每日 1 剂，分早、中、晚 3 次服下，可根据实际情况长期当茶饮。

图 1-1-56　**葛药材**

图 1-1-57　**葛地理分布**

槲　蕨

【拉丁学名】*Drynaria roosii* Nakaike

【科属】槲蕨科 Drynariaceae 槲蕨属 *Drynaria*

【别名】骨碎补、崖姜、岩连姜、爬岩姜、肉碎补、石碎补、飞天鼠。

【拉祜族名称】Kur shuiq pud

【形态特征】通常附生岩石或树干上，螺旋状攀缘。根状茎密被鳞片，鳞片斜升，盾状着生，边缘有齿。叶二型，基生不育叶圆形，基部心形，浅裂至叶片宽度的 1/3，边缘全缘，黄绿色或枯棕色，厚干膜质，下面有疏

图 1–1–58　槲蕨植株

图 1–1–59　槲蕨的孢子囊群

短毛；正常能育叶叶柄具明显的狭翅；叶片长20~45 cm，深羽裂到距叶轴2~5 mm处，裂片7~13对，互生，稍斜向上，披针形，边缘有不明显的疏钝齿，顶端急尖或钝；叶脉两面均明显；叶干后纸质。孢子囊群圆形，椭圆形，叶片下面全部分布，沿裂片中肋两侧各排列成2~4行，成熟时相邻2侧脉间有圆形孢子囊群1行，或幼时成1行长形的孢子囊群，混生有大量腺毛。(图 1–1–58、图 1–1–59)

【地理分布】勐朗镇、木戛乡、雪林乡、糯福乡、发展河乡、糯扎渡镇。(图 1–1–60)

【生长环境】附生树干或石上，海拔578~1 800 m。

【药用部位】根茎入药，名为骨碎补。

【性味归经】性温，味苦。归肝、肾经。

【功能主治】疗伤止痛，补肾强骨；外用祛风消斑。用于跌扑闪挫，筋骨折伤，肾虚腰痛，筋骨痿软，耳鸣耳聋，牙齿松动；外治斑秃，白癜风。

【拉祜族民间疗法】1. **肾虚、耳鸣、跌打损伤**　本品水煎服或兑酒服，每次15~20克。2. **骨折**　取本品鲜品适量（根据骨折部位）舂细，用酒或醋调匀后，外敷于患处，1日换1次，连敷7日。

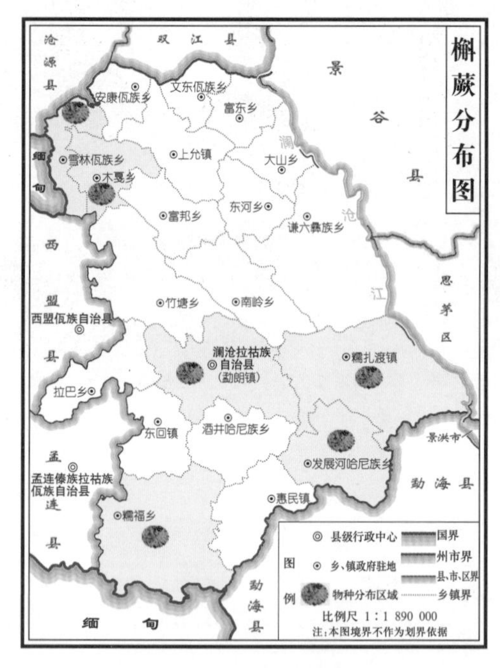

图 1–1–60　槲蕨地理分布

虎 杖

【拉丁学名】*Reynoutria japonica* Houtt.

【科属】蓼科 Polygonaceae 虎杖属 *Reynoutria*

【别名】花斑竹、酸筒杆、酸汤梗、斑杖根、黄地榆。

【拉祜族名称】Fud caq

【形态特征】多年生灌木状草本。根茎横卧地下，木质，黄褐色，节明显。茎直立，圆柱形，丛生，无毛，中空，散生紫红色斑点。叶互生；托叶鞘膜质，褐色，早落；叶片宽卵形或卵状椭圆形，先端急尖，基部圆形或楔形，全缘，无毛。花单性，雌雄异株，成腋生圆锥花序；苞片漏斗状，顶端渐尖，无缘毛，每苞内具 2~4 花；花梗中下部具关节；花被 5 深裂，淡绿色，雄花花被片具绿色中脉，无翅，雄蕊 8，比花被长；雌花花被片外面 3 片背部具翅，果时增大，翅扩展下延，花柱 3，柱头流苏状。瘦果椭圆形，有 3 棱，黑褐色，有光泽，包于宿存花被内。花期 8~9 月，果期 9~10 月。(图 1–1–61、图 1–1–62)

【地理分布】糯扎渡镇。(图 1–1–63)

【生长环境】生于 600~2 000 m 的山坡灌丛、山谷、路旁、田边湿地。

【药用部位】根茎及根入药，名为虎杖。

【性味归经】性微寒，味微苦。归肝、胆、肺经。

【功能主治】利湿退黄，清热解毒，散瘀止

图 1–1–61 虎杖植株

痛，止咳化痰。用于湿热黄疸，淋浊，带下，风湿痹痛，痈肿疮毒，水火烫伤，经闭，癥瘕，跌打损伤，肺热咳嗽。

【拉祜族民间疗法】**股骨头坏死症** 本品20克，生黄芪30克，当归10克，红花10克，蜜桶花根20克，鹿角霜10克。水煎25分钟，内服，每日1剂，分早、中、晚3次服下，连服15日即可。

图1-1-62 **虎杖的叶**

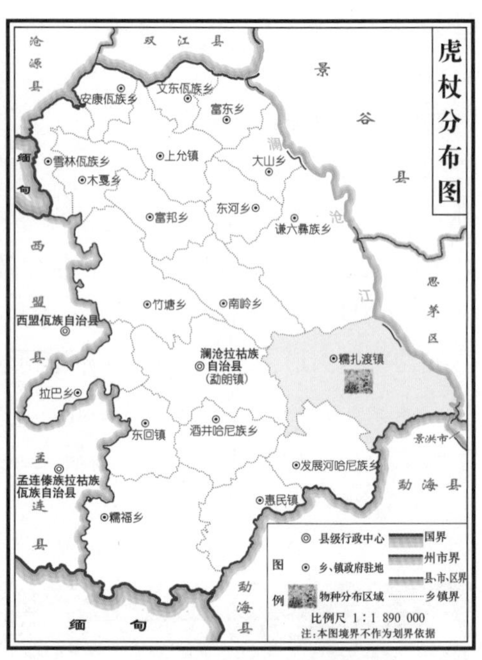

图1-1-63 **虎杖地理分布**

黄花倒水莲

【拉丁学名】*Polygala fallax* Hemsl.

【科属】远志科 Polygalaceae 远志属 *Polygala*

【别名】黄花远志、倒吊黄、鸡仔树、鸭仔兜（瑶族）。

【拉祜族名称】Huar hua yed zig

【形态特征】落叶灌木或小乔木，高1~5 m。根木质，外皮淡褐色，肉质，内面淡黄色。茎直立，圆柱形，少分枝。单叶互生，叶片披针形、倒卵状披针形或长椭圆形，先端渐尖，基部楔形至圆形，全缘。总状或圆锥状花序顶生或腋生，下垂；花黄色，有红晕。蒴果扁平，成熟时红褐色，两瓣开裂。种子2枚，黑色，密被白色短柔毛；种阜盔状，顶端突起。花期5~8月，果期8~10月。（图1-1-64、图1-1-65）

【地理分布】勐朗镇、东河乡、上允镇。（图1-1-66）

【生长环境】生于山谷林下水旁阴湿处，海拔1 150~1 800 m。

【药用部位】根入药，名为黄花远志。(图1-1-67)

【性味归经】性平，味甘、微苦。归肝、肾、脾经。

【功能主治】祛风除湿，补虚消肿，调经活血。用于感冒，风湿疼痛，肺痨，水肿，产后虚弱，月经不调，跌打损伤，祛痰利窍，安神益智。

【拉祜族民间疗法】**肝炎** 本品根20克，锅铲叶15克，蜜桶花树皮20克，红糖15克，水煎25分钟，分早、中、晚3次服下，每日1剂，连服7~20日，或根据病情而定。

图 1-1-64 黄花倒水莲植株及生境特征

图 1-1-65 黄花倒水莲植株

图 1-1-66 黄花倒水莲鲜药材

图 1-1-67 黄花倒水莲地理分布

姜 黄

【拉丁学名】*Curcuma longa* L.

【科属】姜科 Zingiberaceae 姜黄属 *Curcuma*

【别名】郁金、宝鼎香、毫命（傣族）。

【拉祜族名称】Cia huar

【形态特征】多年生草本，株高 1~1.5 m。根茎很发达，成丛，分枝很多，椭圆形或圆柱状，橙黄色，极香；根粗壮，末端膨大呈块根。叶基生，5~7 片，叶片长圆形或椭圆形，顶端短渐尖，基部渐狭，绿色，两面均无毛。花葶由叶鞘内抽出；穗状花序圆柱状；苞片卵形或长圆形，淡绿色，顶端钝，上部无花的较狭，顶端尖，开展，白色，边缘染淡红晕；花萼白色，具不等的钝 3 齿，被微柔毛；花冠淡黄色，裂片三角形；侧生退化雄蕊比唇瓣短，与花丝及唇瓣的基部相连成管状；唇瓣倒卵形，淡黄色，中部深黄，花

图 1–1–68 姜黄植株及生境特征

图 1–1–69 姜黄的花

药无毛，药室基部具 2 角状的距；子房被微毛。花期 8 月。(图 1–1–68、图 1–1–69)

【地理分布】勐朗镇、木戛乡、糯扎渡镇、谦六乡、发展河乡。(图 1–1–70)

【生长环境】生于海拔 1 000~1 800 m 的向阳地方。

【药用部位】根茎入药，名为姜黄。

【性味归经】性温，味苦、辛。归脾、肝经。

【功能主治】破血行气，通经止痛。用于胸胁刺痛，胸痹心痛，痛经经闭，癥瘕，风湿肩臂疼痛，跌扑肿痛。

【拉祜族民间疗法】风寒、腰背疼痛 本品与防风、吊吊香各取 15 克，水煎 30 分钟，内服，每日 1 剂，分早、中、晚 3 次服下，连服 3 日。

图 1–1–70 **姜黄地理分布**

姜状三七

【拉丁学名】*Panax zingiberensis* C. Y. Wu et K. M. Feng

【科属】五加科 Araliaceae 人参属 *Panax*

【别名】野三七、香刺、土三七、竹节七、白三七。

【拉祜族名称】Yied sha chil

【形态特征】多年生草本，高 20~60 cm。地下茎长，匍匐生长，节间短缩而增厚。肉质根姜块状。叶为掌状复叶，3~7 枚轮生于茎顶；小叶片长椭圆状倒卵形，先端长渐尖，基部楔形，边缘有重锯齿，两面脉上疏生刚毛；无小叶柄或近无柄。伞形花序单个顶生，有花 80~100 朵；花小，紫色；花瓣早落；子房 2~3 室；花柱 2，合生至中部，柱

图 1–1–71 **姜状三七植株及生境特征**

图 1–1–72　姜状三七鲜药材及叶

头下弯。果实卵圆形，红色，熟时变黑。种子白色，微皱。3~4 月根茎上萌发新芽，5 月展叶，6 月开花，10 月果熟。（图 1–1–71、图 1–1–72b）

【地理分布】东河乡、大山乡、糯扎渡镇、发展河乡。（图 1–1–73）

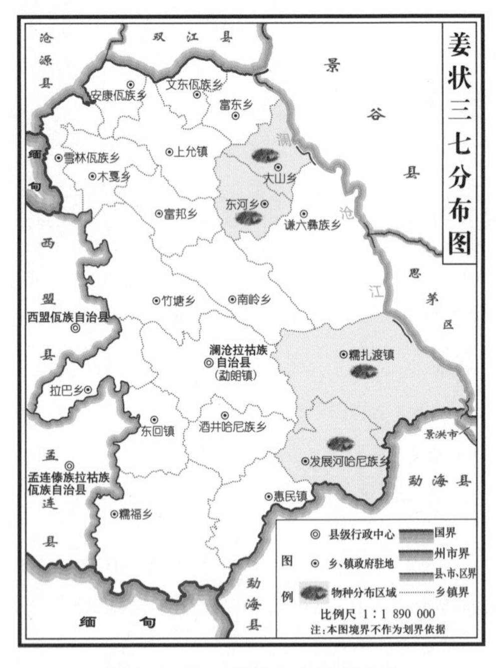

图 1–1–73　姜状三七地理分布

【生长环境】生于海拔 1 000~1 800 m 的常绿阔叶林下。

【药用部位】块根入药，名为野三七。（图 1–1–72a）

【性味归经】性温，味甘、微苦。归肺、心经。

【功能主治】散瘀止血，消肿定痛。用于劳伤咳嗽，内外伤出血，贫血，跌打损伤。

【拉祜族民间疗法】1. **肺结核咳血**　取本品 30 克，白茅根 12 克，小红参 16 克，水煎 30 分钟，连煎 3 次，分早、中、晚 3 次服下，每日 1 剂，连服 3 日。

2. **跌打损伤**　取本品 500 克研粉，加白酒 2 000 毫升，浸泡 20 日后，每晚睡前内服 50 毫升，连服 15 日。

金毛狗

【拉丁学名】*Cibotium barometz* (L.) J. Sm.

【科属】蚌壳蕨科 Dicksoniaceae 金毛狗属 *Cibotium*

【别名】金毛狗蕨、狗脊、金毛狗脊。

【拉祜族名称】Ce maor koud cir

【形态特征】根状茎卧生，粗大，顶端生出一丛大叶，柄长达 100 cm 以上，棕褐色，基部被有一大丛垫状的金黄色茸毛，有光泽，上部光滑。叶片大，长达 200 cm 以上，宽约相等，广卵状三角形，三回羽状分裂；下部羽片为长圆形，有柄，互生；一回小羽片互生，开展，接近，有小柄，线状披针形，长渐尖，基部圆截形，羽状深裂几达小羽轴；末回裂片线形略呈镰刀形，尖头，开展，上部的向上斜出，边缘有浅锯齿，向先端较尖，中脉两面凸出，侧脉两面隆起，斜出，单一，但在不育羽片上分为二叉；叶几为革质或厚纸质，干后上面褐色，有光泽，下面为灰白或灰蓝色，两面光滑，或小羽轴上下两面略有短褐毛疏生。孢子囊群在每一末回能育裂片 1~5 对，生于下部的小脉顶端，囊群盖坚硬，棕褐色，横长圆形，两瓣状，内瓣较外瓣小，成熟时张开如蚌壳。孢子为三角状的四面形，透明。(图 1–1–74、图 1–1–75)

图 1–1–74　**金毛狗植株及生境**

图 1–1–75　**金毛狗的叶柄基部**

【地理分布】勐朗镇、谦六乡、糯扎渡镇、木戛乡、糯福乡、发展河乡。(图 1–1–76)

【生长环境】生于海拔 800~2 300 m 的山麓沟边及林下阴处酸性土上。

【药用部位】根茎入药，名为狗脊。

【性味归经】性温，味苦、甘。归心、大肠经。

【功能主治】祛风湿，补肝肾，强腰膝。用于风湿痹痛，腰膝酸软，下肢无力。

【拉祜族民间疗法】1. **腰肌劳损、腰腿酸痛**　本品 20 克，杜仲 15 克，地桃花 15 克，酒和姜为引。水煎 20 分钟，内服，每日 1 剂，分早、中、晚 3 次服下，连服 7 日。

2. **止血**　本品茸毛适量，消毒后敷贴创面稍压片刻，治疗刀伤出血、拔牙创面出血。

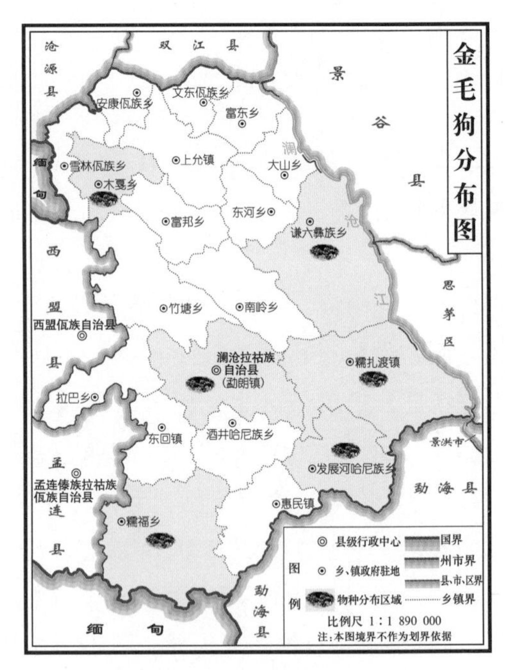

图 1–1–76　金毛狗地理分布

金荞麦

【拉丁学名】*Fagopyrum dibotrys* (D. Don) Hara

【科属】蓼科 Polygonaceae 荞麦属 *Fagopyrum*

【别名】天荞麦、赤地利、透骨消、苦荞头。

【拉祜族名称】Ce chiaor meof

【形态特征】多年生草本。根状茎木质化，黑褐色。茎直立，高 50~100 cm，分枝，具纵棱，无毛。叶三角形，顶端渐尖，基部近戟形，边缘全缘，两面具乳头状突起或被柔毛；叶鞘筒状，膜质，褐色，偏斜，顶端截形，无缘毛。花序伞房状，顶生或腋生；苞片卵状披针形，顶端尖，边缘膜质，每苞内具 2~4 花；花梗中部具关节，与苞片近等长；花被 5 深裂，白色，花被片长椭圆形；雄蕊 8，比花被短；花柱 3，柱头头状。瘦果宽卵形，具 3 锐棱，黑褐色，无光泽超出宿存花被 2~3 倍。花期 7~9 月，果期 8~10 月。(图 1–1–77)

【地理分布】糯扎渡镇、发展河乡、木戛乡、竹塘乡、惠民镇。(图 1–1–79)

【生长环境】生于海拔 578~2 516 m 的山谷湿地、山坡灌丛。

【药用部位】块根入药，名为金荞麦。(图 1–1–78)

【性味归经】性凉，味辛、涩。归肺经。

【功能主治】清热解毒，祛瘀。用于肺痈吐脓，肺热喘咳，乳蛾肿痛。

【拉祜族民间疗法】1. **肺痈、肺热咳喘、咽**

喉肿痛、痢疾 取本品15~30克，水煎25分钟，内服，每日1剂，分早、中、晚3次服下，连服3日。

2. **跌打损伤** 取鲜品适量，捣烂成汁或磨成汁，加适量酒引，成泥状直接涂敷于患处，每日1剂，连敷6日。

图1-1-77 **金荞麦植株及生境特征**

图1-1-78 **金荞麦药材**

图1-1-79 **金荞麦地理分布**

昆明山海棠

【拉丁学名】*Tripterygium hypoglaucum* (Levl.) Hutch.

【科属】卫矛科 Celastraceae 雷公藤属 *Tripterygium*

【别名】紫金藤、雷公藤。

【拉祜族名称】Zid ce theor

【形态特征】木质藤本，高 1~4 m。小枝常具 4~5 棱，密被棕红色毡毛状毛，老枝无毛。叶薄革质，长方卵形、阔椭圆形或窄卵形，大小变化较大，先端长渐尖，短渐尖，偶为急尖而钝，基部圆形、平截或微心形，边缘具极浅疏锯齿，稀具密齿，侧脉 5~7 对，疏离，在近叶缘处结网，三生脉常与侧脉近垂直，小脉网状，叶面绿色偶被厚粉，叶背常被白粉呈灰白色，偶为绿色。圆锥聚伞花序生于小枝上部，呈蝎尾状多次分枝，顶生者最大，有花 50 朵以上，侧生者较小，花序梗、分枝、小花梗、苞片及小苞片均密被锈色毛；花瓣长圆形或窄卵形；花盘微 4 裂，雄蕊着生近边缘处，花丝细长，花药侧裂；子房具三棱，花柱圆柱状，柱头膨大，椭圆状。翅果多为长方形或近圆形，果翅宽大，先端平截，内凹或近圆形，基部心形，果体长仅为总长的 1/2，宽近占翅的 1/4 或 1/6，窄椭圆线状，中脉明显，侧脉稍短，与中脉密接。花期 4~5 月。(图 1-1-80、图 1-1-81)

图 1-1-80 昆明山海棠植株及生境特征

图 1-1-81 昆明山海棠的花

【地理分布】糯扎渡镇、勐朗镇、谦六乡、南岭乡、酒井乡。(图 1-1-82)

【生长环境】生于海拔 1 300~1 850 m 的山野向阳的灌木丛中或疏林下。

【药用部位】根入药，名为雷公藤。

【性味归经】性微温，味苦、辛。归肝、脾、肾经。

【功能主治】舒筋活络，散瘀止血。用于风湿性关节炎，皮肤发痒，杀蛆虫、孑孓，灭钉螺，毒鼠。

【拉祜族民间疗法】1. **痛风**　本品配肾茶、盾翅藤、秦皮各 10 克，水煎 30 分钟，连煎 3 次，分早、中、晚 3 次服下，每日 1 剂，连服 10 日。

2. **风湿性骨痛**　本品泡酒，适量内服外擦。

图 1-1-82　昆明山海棠地理分布

蓝耳草

【拉丁学名】*Cyanotis vaga* (Lour.) Roem. et Schult.

【科属】鸭跖草科 Commelinaceae 蓝耳草属 *Cyanotis*

【别名】露水草。

【拉祜族名称】Hie nud-aud

【形态特征】多年生披散草本。被白色绒毛。须根多，稍肉质。叶长状披针形，先端短尖或钝。蝎尾状聚伞花序腋生和顶生，有叶状苞片；花瓣蓝色或蓝紫色，顶端裂片匙状长圆形；花丝被蓝色绵毛。蒴果小，短圆形。种子灰褐色，具许多小窝孔。花期 6~10 月，果期 10 月。(图 1-1-83、图 1-1-84)

【地理分布】竹塘乡、发展河乡、勐朗镇、糯扎渡镇、东回镇。(图 1-1-85)

图 1-1-83　蓝耳草植株及生境特征

图 1-1-84　蓝耳草的花

【生长环境】生于海拔 900~1 750 m 的疏林下或山坡草地。

【药用部位】根入药，名为露水草。

【性味归经】性平，味甘。归肾经。

【功能主治】舒筋活络，祛风湿，利尿。用于风湿关节疼痛。

【拉祜族民间疗法】1. **急慢性风湿、水肿、肾炎**　取本品鲜品、牛膝、扁竹、小合包根、芭蕉苞、鸡刺根各 200 克，猪脚 1 只，煮汤，喝汤食肉，每周 1 次，连吃 5 周。

2. **风湿性关节炎**　用本品鲜根 50 克，洗尽，水煎 30 分钟，连煎 3 次，加白酒为引，每日早、晚各服 1 次，连服 5 日。

图 1-1-85　蓝耳草地理分布

麦　冬

【拉丁学名】*Ophiopogon japonicus* (L. f.) Ker-Gawl.

【科属】百合科 Liliaceae 沿阶草属 *Ophiopogon*

【别名】麦门冬、沿阶草。

【拉祜族名称】Meof to

【形态特征】多年生常绿草本植物。根较粗，中间或近末端常膨大成椭圆形或纺锤形的小块根，小块根淡褐色。地下走茎细长，节上具膜质的鞘。叶基生成丛，禾叶状，边缘具细锯齿。花单生或成对着生于苞片腋内；苞片披针形，先端渐尖；花被片常稍下垂而不展开，披针形，白色或淡紫色；花药三角状披针形；花柱较粗，基部宽阔，向上渐狭。浆果球形，成熟后为深绿色或黑蓝色。花期 5~8 月，果期 8~9 月。(图 1-1-86、图 1-1-87)

【地理分布】勐朗镇、糯扎渡镇、发展河乡、谦六乡、南岭乡、竹塘乡、糯福乡、木戛乡、东河乡。(图 1-1-89)

【生长环境】生于海拔 1 100~2 300 m 的山坡阴湿处、林下或溪旁。

【药用部位】块根入药，名为麦冬。(图 1-1-88)

【性味归经】性微寒，味甘、微苦。归心、肺、胃经。

【功能主治】养阴生津，润肺清心。用于肺

图 1-1-86　麦冬植株及生境特征

图 1-1-87　麦冬的花序

燥干咳，阴虚痨嗽，喉痹咽痛，津伤口渴，内热消渴，心烦失眠，肠燥便秘。

【拉祜族民间疗法】**小儿高热**　本品6克，淡竹叶6克，石菖蒲6克，车前草6克。米酒为引，水煎20分钟，内服，每日1剂，分早、中、晚3次服下，连服3日。

图 1-1-88　**麦冬的根**

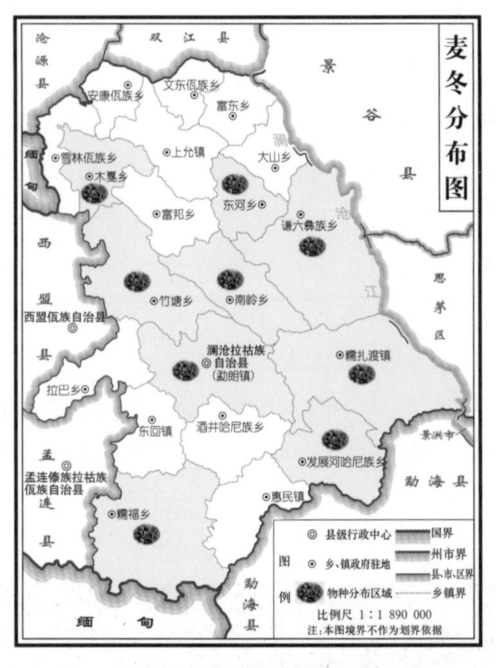

图 1-1-89　**麦冬地理分布**

茅　瓜

【拉丁学名】*Solena amplexicaulis* (Lam.) Gandhi

【科属】葫芦科 Cucurbitaceae 茅瓜属 *Solena*

【别名】老鼠黄瓜、老鼠拉冬瓜、土花粉、土白蔹。

【拉祜族名称】laoshuhuangguanab

【形态特征】攀缘草本。块根纺锤状。茎、枝柔弱，无毛，具沟纹。叶片薄革质，多型，变异极大，卵形、长圆形、卵状三角形或戟形等，不分裂、3~5浅裂至深裂，裂片长圆状披针形、披针形或三角形，先端钝或渐尖，上面深绿色，稍粗糙，脉上有微柔毛，背面灰绿色，叶脉凸起，几无毛，基部心形，弯缺半圆形，有时基部向后靠合，边缘全缘或有疏齿。卷须纤细，不分歧。雌雄异株；雄花：10~20朵生于花序梗顶端，呈伞房状花序；花冠黄色，外面被短柔毛，裂片开展，三角形，顶端急尖；雄蕊3，分离，着生在花萼筒基部，花丝纤细，无毛，花药近圆形，药室弧状弓曲，具毛；雌花：单生于叶腋；花梗被微柔毛；子房卵形，无毛或

图 1–1–90　茅瓜植株及生境特征

图 1–1–91　茅瓜的叶

疏被黄褐色柔毛，柱头 3。果实红褐色，长圆状或近球形，表面近平滑。种子数枚，灰白色，近圆球形或倒卵形，边缘不拱起，表面光滑无毛。花期 5~8 月，果期 8~11 月。(图 1–1–90、图 1–1–91)

【地理分布】勐朗镇、糯扎渡镇、发展河乡、竹塘乡。(图 1–1–92)

【生长环境】生于海拔 600~2 500 m 的山坡林下、灌丛中、草地。

【药用部位】根入药，名为老鼠黄瓜。

【性味归经】性凉，味甘、苦。归肺经。

【功能主治】清热解毒，消肿散结。用于咽喉肿痛，结膜炎；外用治疮疡肿毒，淋巴结结核，睾丸炎，皮肤湿疹。

图 1–1–92　茅瓜地理分布

【拉祜族民间疗法】1. **疮毒、淋巴结核、皮肤湿疹**　取本品鲜根、叶捣烂敷患处，用量依据患处大小而定，每日敷 1 次，连敷 5 日。

2. **红斑狼疮**　取本品 20 克，水煎 25 分钟，内服，每日 1 剂，分早、中、晚 3 次服下，连服 5 日。

七叶一枝花

【拉丁学名】 *Paris polyphylla* Sm.

【科属】 百合科 Liliaceae 重楼属 *Paris*

【别名】 金线重楼、灯台七、铁灯台、白河车。

【拉祜族名称】 Coq leod

【形态特征】 多年生草本，直立。茎单一，圆柱形，光滑无毛，基部常带紫红色。根状茎棕褐色，横走而肥厚，表面粗糙具节，节上生纤维状须根。叶通常 7 片，轮生于茎顶，壮如伞，其上生花 1 朵，故称“七叶一枝花”。外轮花被片绿色，狭卵状披针形；内轮花被片狭条形，通常比外轮长；子房近球形，具棱，顶端具一盘状花柱基，花柱粗短。蒴果紫色。种子多数，具鲜红色多浆汁的外种皮。花期 4~7 月，果期 8~11 月。(图 1–1–93)

【地理分布】 勐朗镇、糯扎渡镇、发展河乡、雪林乡。(图 1–1–95)

【生长环境】 生于海拔 1 500~2 200 m 的林下。

【药用部位】 根茎入药，名为重楼。(图 1–1–94)

图 1–1–93　七叶一枝花植株及生境特征

图 1–1–94　七叶一枝花鲜药材

【性味归经】性微寒，味苦；有小毒。归肝经。

【功能主治】清热解毒，消肿止痛，凉肝定惊。用于疔疮痈肿，咽喉肿痛，蛇虫咬伤，跌扑伤痛，惊风抽搐。

【拉祜族民间疗法】1. **毒蛇咬伤，腮腺炎、乳腺炎**　取本品适量，研末调醋或酒外敷，每日 1 次，连敷 7 日。

2. **咽喉肿痛、肠胃炎、结肠炎**　取本品 15 克，水煎 30 分钟，连煎 3 次，每日 1 剂，分早、中、晚 3 次服下，连服 3 日。

3. **抗肿瘤**　本品 15 克，白花蛇舌草 20 克，美登木 30 克，水煎 30 分钟，连煎 3 次，每日 1 剂，分早、中、晚 3 次服下，连服 7 日。

图 1–1–95　七叶一枝花地理分布

茜　草

【拉丁学名】*Rubia cordifolia* L.

【科属】茜草科 Rubiaceae 茜草属 *Rubia*

【别名】血茜草、血见愁、蒨草、地苏木、活血丹、土丹参、红内消。

【拉祜族名称】Cheq chaod

【形态特征】草质攀缘藤本。根状茎和其节上的须根均红色；茎多条，细长，方柱形，棱上生倒生皮刺。叶片轮生，纸质，披针形或长圆状披针形，顶端渐尖，心形，边缘有齿状皮刺，两面粗糙，脉上有微小皮刺；基出脉 3 条，极少外侧有 1 对很小的基出脉；叶柄有倒生皮刺。聚伞花序腋生和顶生，多回分枝，有花 10 余朵至数十朵，花序和分枝均细瘦，有微小皮刺；花冠淡黄色，花冠裂片近卵形，微伸展，外面无毛。果球形，橘黄色。花期 8~9 月，果期 10~11 月。(图 1–1–96)

【地理分布】勐朗镇、糯扎渡镇、发展河乡、木戛乡。(图 1–1–98)

【生长环境】生于海拔 800~2 300 m 的疏林、林缘、灌丛或草地上。

【药用部位】根和根茎入药，名为茜草。(图 1–1–97)

【性味归经】性寒，味苦。归肝经。

【功能主治】凉血，祛瘀，止血，通经。用于吐血，衄血，崩漏，外伤出血，瘀阻经闭，关节痹痛，跌扑肿痛。

【拉祜族民间疗法】1. **荨麻疹**　本品 15 克，阴地蕨 10 克，水煎 30 分钟，连煎 3 次，加黄酒100毫升，分早、中、晚3次服下，每日1剂，连服3日。

2. **慢性支气管炎** 本品15克，通关散15克，五味子10克，九子15克，生甘草10克。水煎20分钟，内服，每日1剂，分早、中、晚3次服下，连服7日即可。

图1-1-96 **茜草植株**

图1-1-97 **茜草鲜药材**

图1-1-98 **茜草地理分布**

山　姜

【拉丁学名】*Alpinia japonica* (Thunb.) Miq.

【科属】姜科 Zingiberaceae 山姜属 *Alpinia*

【别名】箭杆风、九姜连、九龙盘。

【拉祜族名称】Chud piq theof

【形态特征】多年生草本，高 35~70 cm。根茎横生，分枝。叶片通常 2~5 片；叶片披针形或狭长椭圆形，两端渐尖，先端具小尖头，两面，特别是叶下面被短柔毛。总状花序顶生，花序轴密生绒毛；总苞片披针形，开花时脱落；花通常 2 朵聚生，在 2 朵花之间常有退化的小花残迹可见。果球形或椭圆形，被短柔毛，熟时橙红色，先端具宿存的萼筒；种子多角形，有樟脑味。花期 4~8 月，果期 7~12 月。(图 1–1–99、图 1–1–100)

【地理分布】勐朗镇、糯扎渡镇、发展河乡、糯福乡、竹塘乡、木戛乡、雪林乡。(图 1–1–101)

【生长环境】生于海拔 1 000~2 100 m 的林下阴湿处。

【药用部位】根茎入药，名为山姜。

【性味归经】性温，味辛。归胃、肺经。

【功能主治】祛风通络，理气止痛，活血通络。用于风湿性关节炎，跌打损伤，牙痛，胃痛，腹痛，消化不良，呕吐。

【拉祜族民间疗法】**风湿性关节炎、跌打损伤、牙痛、胃痛**　本品 10~15 克，水煎 25 分钟，内服，每日 1 剂，分早、中、晚 3 次服下，连服 3 日。

图 1–1–99　山姜植株

图 1–1–100　山姜的花序

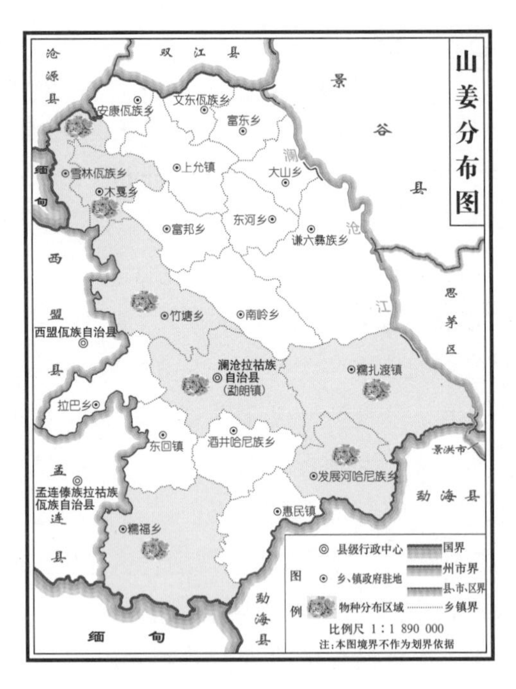

图 1–1–101　山姜地理分布

商　陆

【拉丁学名】*Phytolacca acinosa* Roxb.

【科属】商陆科 Phytolaccaceae 商陆属 *Phytolacca*

【别名】章柳、山萝卜、见肿消、王母牛、倒水莲、金七娘、猪母耳。

【拉祜族名称】Sha lor

【形态特征】多年生草本。根肥大，肉质，倒圆锥形。茎直立，圆柱形，有纵沟，肉质，绿色或红紫色，多分枝。叶片薄纸质，椭圆形、长椭圆形或披针状椭圆形，顶端急尖或渐尖，基部楔形，渐狭，两面散生细小白色斑点（针晶体），背面中脉凸起；叶柄粗壮，上面有槽，下面半圆形，基部稍扁宽。总状花序顶生或与叶对生，圆柱状，直立，通常比叶短，密生多花；花梗基部的苞片线形，上部 2 枚小苞片线状披针形，均膜质；花梗细，基部变粗；花两性；花被片 5，白色、黄绿色，椭圆形、卵形或长圆形，顶端圆钝，大小相等，花后常反折；雄蕊 8~10，与花被片近等长，花丝白色，钻形，基部成片状，宿存，花药椭圆形，粉红色；花柱短，直立，顶端下弯，柱头不明显。果扁球形，熟时黑色。种子肾形，黑色。花期 5~8 月，果期 6~10 月。（图 1–1–102、图 1–1–103）

【地理分布】糯扎渡镇、雪林乡。（图 1–1–104）

【生长环境】生于海拔 578~2 516 m 的沟谷、山坡林下、林缘路旁。

【药用部位】根入药，名为商陆。（图 1–1–105）

【性味归经】性寒，味苦；有毒。归肺、脾、肾、大肠经。

【功能主治】逐水消肿，通利二便，外用解毒散结。用于水肿胀满，二便不通；外治痈肿疮毒。

【拉祜族民间疗法】1. **消化道出血、过敏性紫癜、子宫糜烂出血** 本品 30 克，母鸡 1 只或猪蹄 1 只，煮到熟烂，加食盐适量，分 2~3 次食。

2. **咽喉炎** 取鲜品 30 克，水煎 30 分钟，内服，每日 1 剂，分早、中、晚 3 次服下，连服 3 日。

图 1–1–102　商陆植株

图 1–1–103　商陆的花

图 1–1–104　商陆鲜药材

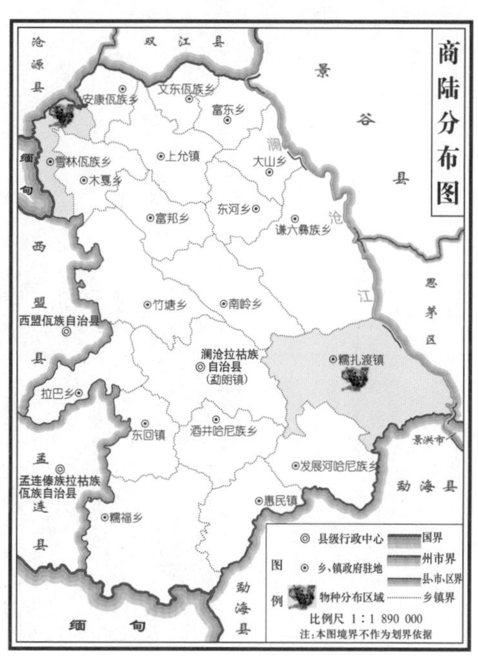

图 1–1–105　商陆地理分布

射　干

【拉丁学名】*Belamcanda chinensis* (L.) DC.

【科属】鸢尾科 Iridaceae 射干属 *Belamcanda*

【别名】交剪草、野萱花。

【拉祜族名称】Sheoq ka

【形态特征】多年生草本。根状茎为不规则的块状，斜伸，黄色或黄褐色；须根多数，带黄色。茎实心。叶互生，嵌迭状排列，剑形，基部鞘状抱茎，顶端渐尖，无中脉。花序顶生，叉状分枝，每分枝的顶端聚生有数朵花；花橙红色，散生紫褐色的斑点。蒴果倒卵形或长椭圆形，顶端无喙，常残存有凋萎的花被，成熟时室背开裂，果瓣外翻，中央有直立的果轴。种子圆球形，黑紫色。花期 6~8 月，果期 7~9 月。(图 1–1–106、图 1–1–107)

【地理分布】勐朗镇、木戛乡、糯扎渡镇、谦六乡、发展河乡。(图 1–1–108)

【生长环境】生于海拔 2 000~2 200 m 的林缘或山坡草地。

【药用部位】根茎入药，名为射干。

【性味归经】性寒，味苦。归肺经。

【功能主治】清热解毒，消痰，利咽。用于热毒痰火郁结，咽喉肿痛，痰涎壅盛，咳嗽气喘。

【拉祜族民间疗法】1. **精神分裂症**　本品 12 克，五加皮 12 克，八角枫 10 克，桑树皮 10

图 1–1–106　射干植株及生境特征

克，白茅根15克，柴胡10克，断续16克，僵蚕10克，南星10克，蜈蚣4条。取蜈蚣放入蜂蜜内，待其死后取出，与上药共同水煎25分钟，内服，每日1剂，分早、中、晚3次服下，连服3日。

2. **脚气病** 取鲜品桃叶、柳树枝、苦参叶、射干各等量，煎水泡脚，每晚睡前泡20分钟，连泡7日。

图 1–1–107 **射干的花**

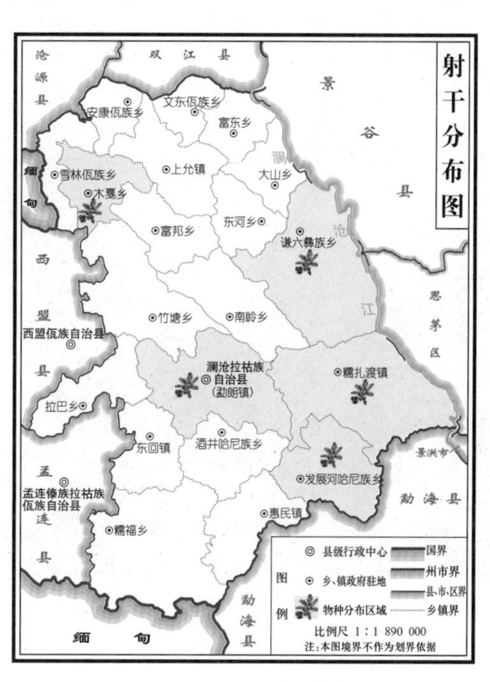

图 1–1–108 **射干地理分布**

石菖蒲

【拉丁学名】 *Acorus tatarinowii* Schott

【科属】 天南星科 Araceae 菖蒲属 *Acorus*

【别名】 九节菖蒲、山菖蒲、药菖蒲、金钱蒲、水剑草、香菖蒲。

【拉祜族名称】 Haq shuf

【形态特征】 多年生草本植物。根茎芳香，外部淡褐色，根肉质，具多数须根，根茎上部分枝甚密，植株因而成丛生状，分枝常被纤维状宿存叶基。叶无柄，叶片薄，基部两侧膜质叶鞘宽，上延几达叶片中部，渐狭，脱落；叶片暗绿色，线形，基部对折，中部以上平展，先端渐狭，无中肋，平行脉多数，稍隆起。花序柄腋生，三棱形；佛焰苞叶状，为肉穗花序长的2~5倍或更长，稀近等长；肉穗花序圆柱状，上部渐尖，直立或稍弯；花白色。幼果绿色，成熟时黄绿色或黄白色。花果期2~6月。(图 1–1–109)

【地理分布】 谦六乡、南岭乡。(图 1–1–111)

图 1–1–109　石菖蒲植株及生境特征

图 1–1–110　石菖蒲鲜药材

【生长环境】常见于海拔 1 200~2 300 m 的密林下，生长于湿地或溪旁石上。

【药用部位】根茎入药，名为石菖蒲。（图 1–1–110）

【性味归经】性温，味辛、苦。归心、胃经。

【功能主治】开窍豁痰，醒神益智，化湿开胃。用于神昏癫痫，健忘失眠，耳鸣耳聋，脘痞不饥，噤口下痢。

【拉祜族民间疗法】1. **消化不良，胸腹胀闷**　干品 15~20 克，水煎 25 分钟，内服，每日 1 剂，分 3 次空腹时服下，连服 5 日。

2. **痈疖**　取鲜品（根据痈疖大小取量）捣烂直接外敷于患处，每日换 1 次，连敷 5 日。

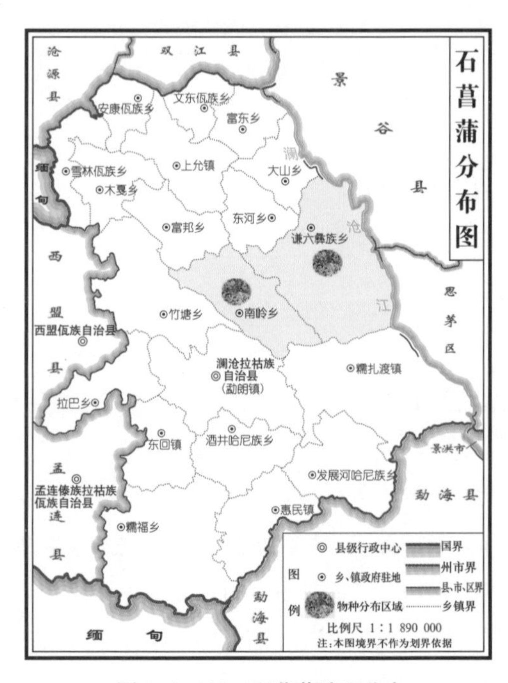

图 1–1–111　石菖蒲地理分布

水菖蒲

【拉丁学名】*Acorus calamus* L.

【科属】天南星科 Araceae 菖蒲属 *Acorus*

【别名】泥昌、水昌、水宿、茎蒲、白昌、溪荪、兰荪、水菖蒲、昌阳、泥菖蒲、蒲剑、水八角草、家菖蒲、臭蒲、大叶菖蒲。

【拉祜族名称】Xeul shuf

【形态特征】多年生草本。根茎横走，稍扁，分枝，外皮黄褐色，芳香，肉质根多数，具毛发状须根。叶基生，叶片剑状线形，基部宽、对褶，中部以上渐狭，草质，绿色，光亮。花序柄三棱形；叶状佛焰苞剑状线形；肉穗花序斜向上或近直立，狭锥状圆柱形。花黄绿色。浆果长圆形，红色。花期 6~9 月。(图 1-1-112)

图 1-1-112　水菖蒲植株

【地理分布】谦六乡。(图 1-1-113)

【生长环境】生于海拔 640~2 516 m 的水边，多为栽培。

【药用部位】根茎入药，名为水菖蒲。

【性味归经】性温，味辛、甘。归心、脾、胃经。

【功能主治】化痰开窍，除湿健胃，杀虫止痒。用于痰厥昏迷，中风，癫痫，惊悸健忘，耳鸣耳聋，食积腹痛，痢疾泄泻，风湿疼痛，湿疹，疥疮。

图 1-1-113　水菖蒲地理分布

【拉祜族民间疗法】1. **感冒高热**　取本品10克，椿树皮5克，淡竹叶5克，车前草10克，紫苏10克，石膏15克，葛根12克，水灯心草5克。水煎25分钟，内服，每日1剂，分早、中、晚3次服下，连服3日。2. **除湿健胃**　取本品200克，乌鸡1只，生姜30克，加适量盐炖汤，食肉喝汤，每周2次，连吃3周。

松叶西风芹

【拉丁学名】*Seseli yunnanense* Franch.

【科属】伞形科 Umbelliferae 西风芹属 *Seseli*

【别名】松叶防风。

【拉祜族名称】Sho yier far fo

【形态特征】多年生草本，高30~80 cm。根茎短，上端被覆枯鞘纤维；根圆柱形，末端渐细，通常不分叉，有时1~2分枝，表皮棕色或棕红色，有不规则的纵向皱纹。茎单一或数茎丛生，中部以下不分枝，圆柱形，髓部充实，有细密条纹，光滑无毛。复伞形花序多分枝，常呈二歧式分枝，稍弯曲；小伞形花序；花柄粗壮；花瓣圆形，长圆形或近方形等多种形状，小舌片内曲，很大，长超过花瓣的一半，浅黄色，有3条显著的红黄色脉

图1-1-114　松叶西风芹植株

纹，有时边缘2条各分叉近似5条脉纹；萼齿不显；花柱粗短，花柱基扁圆锥形。分生果卵形，果棱不显著，光滑无毛；每棱槽内油管1~2，合生面油管2~4；胚乳腹面平直。花期8~9月，果期9~10月。(图1–1–114)

【地理分布】勐朗镇、糯扎渡镇、发展河乡。(图1–1–116)

图1–1–115　**松叶西风芹鲜药材**

【生长环境】生于海拔1 100~2 300 m的山坡、林下、灌木和草丛中，也有生长于疏林山沟阴湿处的，也有生长于干旱草坡的。

【药用部位】根入药，名为松叶防风。(图1–1–115)

【性味归经】性平，味辛。归肺经。

【功能主治】祛风解表，胜湿止痛，止痉。用于外感表证，风疹瘙痒，风湿痹痛，破伤风，脾虚湿盛。

【拉祜族民间疗法】**风湿骨痛、感冒、头痛**　本品20~30克，水煎20分钟，内服，每日1剂，分早、中、晚3次服下，连服5日。

图1–1–116　**松叶西风芹地理分布**

苏铁蕨

【拉丁学名】*Brainea insignis* (Hook.) J. Sm.

【科属】乌毛蕨科 Blechnaceae 苏铁蕨属 *Brainea*

【别名】贯众。

【拉祜族名称】Shu thier cier

【形态特征】草本，高约 1.2 m。根茎木质，粗短，直立，有圆柱状主轴，密被红棕色、长钻形鳞片。叶簇生于主轴顶端；叶柄棕禾秆色，基部密被鳞片，向上近光滑；叶片革质，长圆状披针形至卵状披针形，先端短渐尖，基部略缩狭，两面光滑，一回羽状；羽片多数，线状披针形，互生或近对生，平展，中部的较长，顶端长渐尖，基部为不对称的心形，下侧耳片较大，边缘有细密锯齿，常向下反卷，下部羽片逐渐缩短或略缩短，有时浅裂或呈波状；叶脉羽状，上面稍下凹，下面隆起，中脉两侧各有一行斜上的三角形网眼，网眼外的小脉分离，单一或分叉。孢子囊群幼时沿网脉生长，以后向外满布叶脉；无囊群盖。(图 1–1–117、图 1–1–118)

【地理分布】勐朗镇、糯扎渡镇、发展河乡、雪林乡、木戛乡、糯福乡、谦六乡、东河乡。(图 1–1–119)

【生长环境】生于海拔 600~1 800 m 的山坡向阳地方。

【药用部位】根茎入药，名为贯众。

图 1–1–117　苏铁蕨植株及生境

【性味归经】性微寒，味苦涩。归肝、胃经。
【功能主治】清热解毒，活血止血，驱虫。用于感冒，烧伤，外伤出血，蛔虫病。
【拉祜族民间疗法】**感冒、烧伤、外伤出血、蛔虫病** 按本品150克，白酒1 000毫升的比例，浸泡15日后，每日早、晚各服1次，每次30毫升，10日为1个疗程，根据病情连服2~3个疗程。

图 1-1-118 **苏铁蕨的孢子囊群**

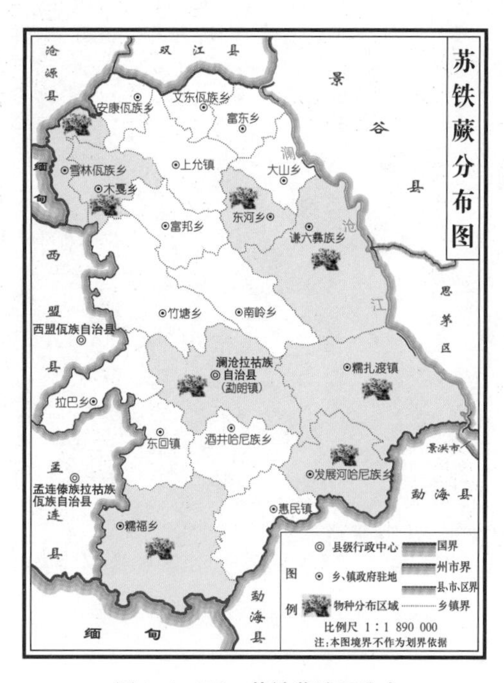

图 1-1-119 **苏铁蕨地理分布**

土茯苓

【拉丁学名】*Smilax glabra* Roxb.
【科属】百合科 Liliaceae 菝葜属 *Smilax*
【别名】冷饭团、硬饭头、红土苓。
【拉祜族名称】Thud fur ler
【形态特征】攀缘状灌木。根状茎块状，有明显结节，着生多数须根。茎无刺。单叶互生；革质，披针形至椭圆状披针形，先端渐尖，基部圆形，全缘，下面常被白粉；叶柄略呈翅状，近基部具开展的叶鞘，叶鞘先端常变成2条卷须。花单性，雌雄异株；伞形花序腋生，花序梗极短；小花梗纤细，基部有多数宿存的三角形小苞片；花小，白色。浆果球形，红色。花期6~8月，果期9~10月。(图 1-1-120、图 1-1-121)
【地理分布】木戛乡、糯扎渡镇、谦六乡、发展河乡。(图 1-1-122)
【生长环境】生于海拔700~2 200 m的林中、灌丛下、河岸或山谷中，也见于林缘与疏

图 1-1-120　土茯苓植株及生境特征

图 1-1-121　土茯苓的叶

林中。

【药用部位】根茎入药，名为土茯苓。

【性味归经】性平，味甘、淡。归肝、胃经。

【功能主治】解毒，除湿，通利关节。用于梅毒及汞中毒所致的肢体拘挛、筋骨疼痛，湿热淋浊，带下，痈肿，瘰疬，疥癣。

【拉祜族民间疗法】**贫血、腰痛、湿疹、梅毒**　取本品 20 克，水煎 30 分钟，内服，每日 1 剂，分早、中、晚 3 次服下，连服 3 日。

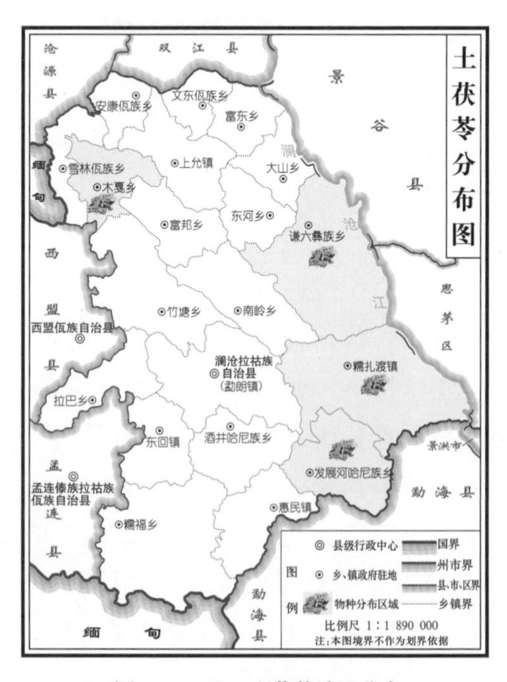

图 1-1-122　土茯苓地理分布

万寿竹

【拉丁学名】*Disporum cantoniense* (Lour.) Merr.

【科属】百合科 Liliaceae 万寿竹属 *Disporum*

【别名】白龙须、白毛七、白毛须、百尾笋。

【拉祜族名称】Waq sheoq cuf

【形态特征】多年生草本。根状茎横出，质地硬，呈结节状；根粗长，肉质。茎上部有较多的叉状分枝。叶纸质，披针形至狭椭圆状披针形，先端渐尖至长渐尖，基部近圆形，显脉，下面脉上和边缘有乳头状突起，叶柄短。伞形花序有花 3~10 朵，着生在与上部叶对生的短枝顶端；花梗稍粗糙；花紫色；花被片斜出，倒披针形，先端尖，边缘有乳头状突起。浆果，种子暗棕色。花期 5~7 月，果期 8~10 月。(图 1–1–123、图 1–1–124)

【地理分布】勐朗镇、南岭乡、糯扎渡镇、

图 1–1–123　**万寿竹植株及生境特征**

图 1–1–124　**万寿竹的花**

发展河乡、竹塘乡、东河乡、木戛乡。(图 1–1–125)

【生长环境】生于海拔 700~3 000 m 的灌丛中或林下。

【药用部位】根茎及根入药，名为狗尾巴参。

【性味归经】性凉，味甘。归肺、脾、肝经。

【功能主治】益气阴，润肺燥。用于肺热咳嗽，虚劳损伤，风湿疼痛，手足麻木，小儿高热，骨折，烧烫伤，毒蛇咬伤。

【拉祜族民间疗法】风湿疼痛、手足麻木　取本品 30 克，水煎 25 分钟，内服，每日 1 剂，分早、中、晚 3 次服下，连服 5 日。

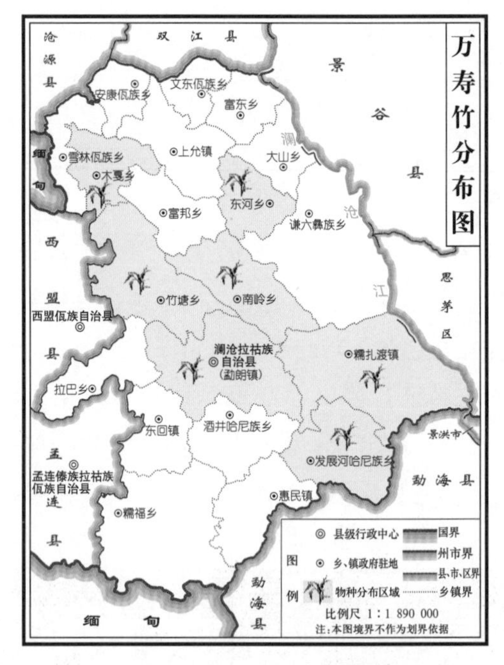

图 1–1–125　万寿竹地理分布

仙　茅

【拉丁学名】*Curculigo orchioides* Gaertn.

【科属】石蒜科 Amaryllidaceae 仙茅属 *Curculigo*

【别名】地棕、独茅、山党参、仙茅参、海南参、婆罗门参、芽瓜子。

【拉祜族名称】She maor

【形态特征】根状茎近圆柱状。叶线形、线状披针形或披针形，顶端长渐尖，基部渐狭成短柄或近无柄，两面散生疏柔毛或无毛。苞片披针形，具缘毛；总状花序呈伞房状，通常具 4~6 朵花；花黄色，花被裂片长圆状披针形，外轮的背面有时散生长柔毛；雄蕊长约为花被裂片的 1/2；柱头 3 裂，分裂部分较花柱为长；子房狭长，顶端具长喙，被疏毛。浆果近纺锤状，顶端有长喙。种子表面具纵凸纹。花果期 4~9 月。(图 1–1–126、图 1–1–127)

【地理分布】糯扎渡镇、谦六乡、勐朗镇。(图 1–1–128)

【生长环境】生于海拔 900~1 800 m 的林中、草地或荒坡上。

【药用部位】根茎入药，名为仙茅。

【性味归经】性热，味辛；有毒。归肾、肝、脾经。

【功能主治】补肾阳，强筋骨，祛寒湿。用于阳痿精冷，筋骨痿软，腰膝冷痛，阳虚冷泻。

【拉祜族民间疗法】1. 疝气、脱肛　本品 20 克，苎麻根 30 克，土党参 15 克，生黄芪 30

图 1-1-126　仙茅植株及生境特征

图 1-1-127　仙茅的花

克，水煎 20 分钟，内服，每日 1 剂，分早、中、晚 3 次服下，连服 5 日。

2. **肾虚腰痛、阳痿**　本品 20 克，巴戟天 15 克，鹿茸 10 克，龙眼肉 20 克，细辛 5 克，骨碎补 15 克，白酒 1000 毫升，密封浸泡 20 日后，每日早、晚各服 1 次，每次 20~30 毫升，连服 30 日。

3. **枪伤**　取本品嫩尖与扫把茶叶适量，嚼细外敷于伤口上，再用本品根 20 克，煎水内服。

4. **无名肿毒**　取本品鲜根（根据肿毒面积定量）捣烂后直接包敷于患部，1 日 1 换。

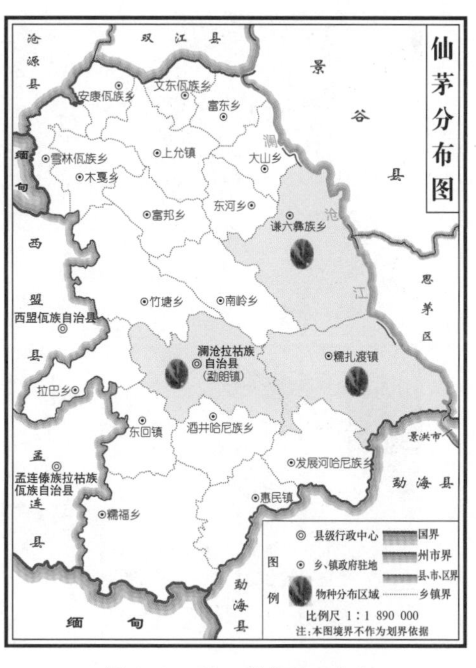

图 1-1-128　仙茅地理分布

小花党参

图 1-1-129　小花党参植株

【拉丁学名】*Codonopsis micrantha* Chipp

【科属】桔梗科 Campanulaceae 党参属 *Codonopsis*

【别名】土党参。

【拉祜族名称】Tad sheo

【形态特征】茎叶疏生柔毛或近于无毛。茎基长约 10 cm，有多数瘤状茎痕。根长圆柱状，弯曲，一般较少分枝，表面灰黄色，疏生横长皮孔，断面黄白色，肉质。茎缠绕，有分枝，黄绿色或绿色。叶对生或互生，叶片卵形至阔卵形，顶端钝或急尖，基部深心形，上面绿色，下面灰绿色。花腋生；花萼仅贴生至子房中部，筒部半球状，裂片三角形，顶端急尖；花冠钟状，白色。蒴果下部半扁球状，上部圆锥状并有尖喙。种子多数，卵状，微扁，具短尾，光滑，棕黄色。

图 1-1-130　小花党参鲜药材

花果期 7~10 月。(图 1-1-129)

【地理分布】发展河乡、木戛乡、东河乡、糯福乡。(图 1-1-131)

【生长环境】生于海拔 1 000~2 200 m 的山地灌丛或山坡林下草丛中。

【药用部位】根入药，名为土党参。(图 1-1-130)

【性味归经】性平，味甘。归脾、肺经。

【功能主治】补中益气，健脾益肺，活血化瘀。用于脾胃虚弱，中气不足，肺气亏虚，热病伤津，气短口渴，血虚萎黄和头晕心慌。

【拉祜族民间疗法】1. **妇女乳汁稀少** 本品(鲜品)200 克，树木瓜(鲜品)300 克，茯苓(干品)50 克，母鸡 1 只或猪蹄 1 只煮熟及烂，加食盐少许，分 2~3 次食，连服 7 日。2. **神经衰弱** 本品 20 克，五味子 10 克，鹿仙草 20 克，冰糖或蜂蜜为引，水煎 25 分钟，内服，每日 1 剂，分早、中、晚 3 次服下，连服 3 日即可。

图 1-1-131 小花党参地理分布

宿苞豆

【拉丁学名】*Shuteria involucrate* (Wall.) Wight et Arn.

【科属】豆科 Leguminosae 宿苞豆属 *Shuteria*

【别名】铜钱麻黄。

【拉祜族名称】Thor chermar huar

【形态特征】草质藤本。茎细弱，基部被白色长柔毛。羽状复叶具 3 小叶；托叶卵圆披针形，基部心脏形；小叶膜质至薄纸质，有柄，椭圆形、倒卵形、卵形或圆形，基部抱茎，无叶柄。总状花序腋生，基部 2~3 节上具缩小的 3 小叶，无柄，圆形或肾形；花小；苞片和小苞片披针形；花萼管状，裂齿 4，披针形；花冠红色、紫色、淡紫色，旗瓣大，椭圆状倒卵形，先端稍钝，微凹，具瓣柄，翼瓣长圆形，与龙骨瓣近相等，均比旗瓣小；子房无柄。荚果线形，扁平，先端具喙；果瓣开裂，有时扭曲，具种子 5~6 颗，褐色，光亮。花期 11 月至翌年 3 月，果期 12 月至翌年 3 月。(图 1-1-132)

【地理分布】全县均有分布。(图 1-1-133)

图 1–1–132　宿苞豆植株

【生长环境】生于海拔 900~2 000 m 的山坡路旁灌木丛中或林缘。

【药用部位】根入药，名为铜钱麻黄。

【性味归经】性凉，味微苦。归经不明确。

【功能主治】清热解毒，祛风止痛。用于流感，咳嗽，咽喉炎，扁桃体炎。

【拉祜族民间疗法】1. **流感、感冒咳嗽**　本品 15 克，柴胡 15 克，藁本 15 克，生姜 10 克。水煎 25 分钟，内服，每日 1 剂，分早、中、晚 3 次服下，连服 3 日。

2. **咽喉炎、扁桃体炎**　本品 15 克，通关散 20 克，水煎 25 分钟，内服，每日 1 剂，分早、中、晚 3 次服下，连服 3 日。

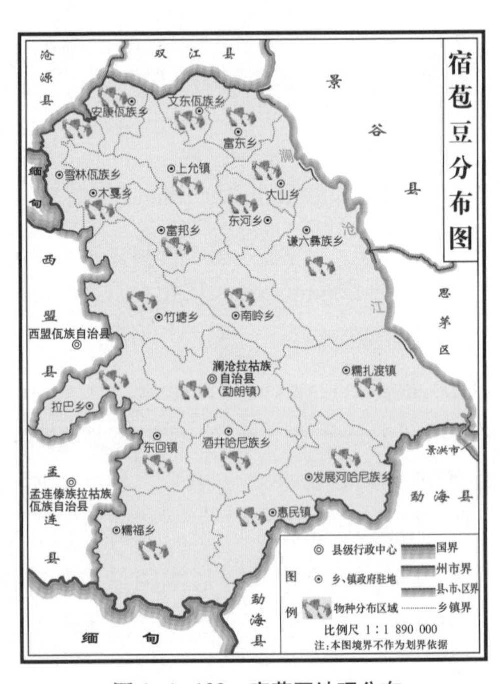

图 1–1–133　宿苞豆地理分布

野百合

【拉丁学名】*Lilium brownii* F.E.Br.ex Miellez

【科属】百合科 Liliaceae 百合属 *Lilium*

【别名】百合、山百合、淡紫百合、老鸦蒜。

【拉祜族名称】If

【形态特征】鳞茎球形，鳞片披针形，无节，白色。茎有的有紫色条纹，有的下部有小乳头状突起。叶散生，通常自下向上渐小，披针形、窄披针形至条形，先端渐尖，基部渐狭，全缘，两面无毛。花单生或几朵排成近伞形；花梗稍弯；苞片披针形；花喇叭形，有香气，乳白色，外面稍带紫色，无斑点，向外张开或先端外弯而不卷。蒴果矩圆形，有棱，具多数种子。花期 5~6 月，果期 9~10 月。(图 1–1–134~ 图 1–1–136)

【地理分布】勐朗镇、谦六乡、糯扎渡镇、发展河乡、雪林乡。(图 1–1–138)

图 1–1–134　野百合植株

图 1–1–135　野百合的鳞茎

图 1–1–136　野百合的花

图 1–1–137　野百合鲜药材

【生长环境】生于海拔 578~2 516 m 的山坡、灌木林下、路边、溪旁或石缝中。

【药用部位】肉质鳞茎入药，名为百合。(图 1–1–137)

【性味归经】性寒，味甘。归心、肺经。

【功能主治】养阴润肺，清心安神。用于阴虚燥咳，劳嗽咳血，虚烦惊悸，失眠多梦，精神恍惚。

【拉祜族民间疗法】1. **肺结核、咳嗽、痰中带血、神经衰弱、心烦不安**　取本品 10~15 克，水煎 25 分钟，内服，每日 1 剂，分早、中、晚 3 次服下，连服 3 日。

2. **小儿急惊风**　取本品干花适量，水煎 10 分钟，内服，每日 1 剂，分早、中、晚 3 次服下，连服 2 日。

图 1–1–138　野百合地理分布

圆盖阴石蕨

【拉丁学名】*Humata tyermanni* Moore

【科属】骨碎补科 Davalliaceae 阴石蕨属 *Humata*

【别名】白毛蛇。

【拉祜族名称】Peof maor sheor

【形态特征】植株高约 20 cm。根茎粗壮，长而横生，密被棕色至灰白色、基部近圆形、向上为狭披针形鳞片，膜质，盾状着生。叶远生，无毛；叶柄基部有鳞片；叶片革质，宽卵状三角形；羽片有柄，基部 1 对最大，三角状披针形，其各回小羽片以基部下侧的较大，第 2 对以上的羽片较小，披针形，钝头。孢子囊群生于小脉先端；囊群盖近圆形，全缘，浅棕色，仅基部一点着生，其余分离。(图 1–1–139)

【地理分布】勐朗镇、糯扎渡镇、糯福乡。(图 1–1–141)

【生长环境】生于海拔 700~1 700 m 的林中树干上或石上。

图 1–1–139　圆盖阴石蕨植株

图 1–1–140　圆盖阴石蕨的根茎

【药用部位】根茎入药，名为白毛蛇。(图 1–1–140)

【性味归经】性味归经不明确。

【功能主治】祛风除湿，止血，利尿。用于风湿性关节炎，慢性腰腿痛，腰肌劳损，跌打损伤，骨折，黄疸性肝炎，吐血，便血，血尿。外用于疮疖。

【拉祜族民间疗法】1. **黄疸型肝炎** 本品(鲜) 30 克，黄栀子 20 克，水煎 25 分钟，内服，每日 1 剂，分早、中、晚 3 次服下，连服 5 日。

2. **风湿、腰疼、腰肌劳损** 本品 200 克，白酒 1 000 毫升，密封浸泡，15 日后，每日早、晚各服 1 次，连服 10 日。

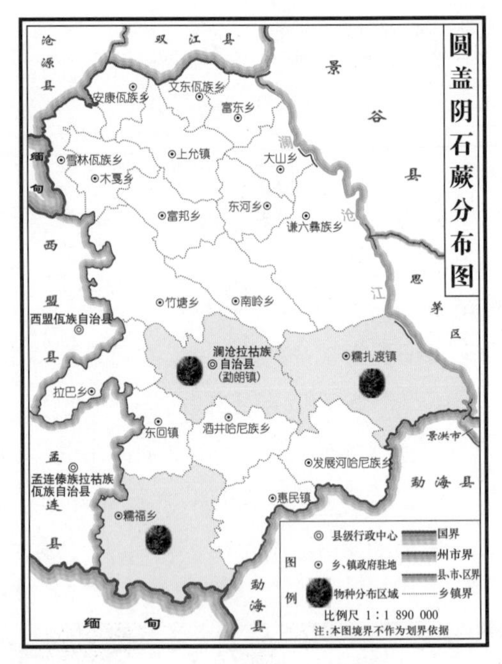

图 1–1–141 圆盖阴石蕨地理分布

猪肚木

【拉丁学名】*Canthium horridum* Bl.

【科属】茜草科 Rubiaceae 鱼骨木属 *Canthium*

【别名】山石榴、跌掌随、老虎刺。

【拉祜族名称】Cu tud mur

【形态特征】具刺灌木，高 2~3 m。小枝纤细，圆柱形，被紧贴土黄色柔毛。刺长 3~30 mm，对生，劲直，锐尖。叶纸质，卵形、椭圆形或长卵形，顶端钝、急尖或近渐尖，基部圆或阔楔形。花小，具短梗或无花梗，单生或数朵簇生于叶腋内；萼管倒圆锥形，萼檐顶部有不明显波状小齿；花冠白色，近瓮形，冠管短，外面无毛，喉部有倒生髯毛，顶部 5 裂，裂片长圆形，顶端锐尖；花丝短，花药内藏或微突出，基部被柔毛；柱头橄榄形，粗糙。核果卵形，单生或孪生，顶部有微小宿存萼檐，内有小核 1~2 个；小核具不明显小瘤状体。花期 4~6 月。(图 1–1–142、图 1–1–143)

【地理分布】勐朗镇、糯扎渡镇、惠民镇、发展河乡、糯福乡。(图 1–1–144)

【生长环境】生于海拔 578~2 430 m 的灌丛。

【药用部位】根入药，名为猪肚木。

【性味归经】性寒，味淡、辛。归肺、肾经。

【功能主治】清热利尿，活血解毒。用于痢疾，黄疸，水肿，小便不利，疮毒，跌打肿痛。

【拉祜族民间疗法】1. **肝炎** 取本品 6~15

图 1-1-142　**猪肚木的果**

图 1-1-143　**猪肚木的叶**

克，水煎 30 分钟，内服，每日 1 剂，分早、中、晚 3 次服下，连服 3 日。

2. **跌打肿痛、疮毒**　取本品鲜品适量，捣烂，敷于患处，每日换 1 次，连敷 3 日。

图 1-1-144　**猪肚木地理分布**

硃砂根

【拉丁学名】*Ardisia crenata* Sims

【科属】紫金牛科 Myrsinaceae 紫金牛属 *Ardisia*

【别名】大罗伞、平地木、红铜盘、八角金龙。

【拉祜族名称】Cu sha keo

【形态特征】常绿小灌木，不分枝或分枝少，有匍匐根状茎。叶纸质至革质，椭圆状披针形至倒披针形，先端短尖或渐尖，基部短尖或楔尖；侧脉 12~18 对，极纤细，近边缘处结合而成一边脉，但常隐于卷边内。花序伞状或聚伞状，顶生；花白色或淡红色；萼钝头，卵形或矩圆形，或更短点，有稀疏的腺点；花冠裂片披针状卵形，急尖，有黑腺点；雄蕊短于花冠裂片，花药披针状，背面有黑腺点；雌蕊与花冠裂片几等长。果球形，鲜红色，有黑色的斑点。花期 5~6 月，果期 10~12 月。(图 1–1–145、图 1–1–146)

【地理分布】勐朗镇、糯扎渡镇、发展河乡、东河乡、木戛乡。(图 1–1–147)

【生长环境】生于海拔 1 000~2 500 m 的疏、密林下或阴湿的灌木丛中。

图 1–1–145　硃砂根植株

图 1–1–146　硃砂根的果

【药用部位】根入药，名为朱砂根。

【性味归经】性平，味微苦、辛。归肺、肝经。

【功能主治】解毒消肿，活血止痛，祛风除湿。用于咽喉肿痛，风湿痹痛，跌打损伤。

【拉祜族民间疗法】1. **跌打肿痛** 本品10~15克，水煎20分钟，内服，每日1剂，分早、中、晚3次服下，连服7日即可。

2. **咽喉肿痛、肾炎** 本品15克，耳草10克，水煎20分钟，内服，每日1剂，分早、中、晚3次服下，连服7日；或取鲜叶5~10克口嚼，慢慢咽服。

图1-1-147 硃砂根地理分布

紫茉莉

【拉丁学名】*Mirabilis jalapa* L.

【科属】紫茉莉科 Nyctaginaceae 紫茉莉属 *Mirabilis*

【别名】金丝木通、山棉花、风藤草。

【拉祜族名称】紫茉莉那此。

【形态特征】一年生草本，高可达1 m。根肥粗，倒圆锥形，黑色或黑褐色。茎直立，圆柱形，多分枝，无毛或疏生细柔毛，节稍膨大。叶片卵形或卵状三角形，顶端渐尖，基部截形或心形，全缘，两面均无毛，脉隆起。花常数朵簇生枝端；总苞钟形，长约1 cm，5裂，裂片三角状卵形，顶端渐尖，无毛，具脉纹，果时宿存；花被紫红色、黄色、白色或杂色，高脚碟状，筒部长2~6 cm，檐部直径2.5~3 cm，5浅裂；花午后开放，有香气，次日午前凋萎；雄蕊5，花丝细长，常伸出花外，花药球形；花柱单生，线形，伸出花外，柱头头状。瘦果球形，革质，黑色，表面具皱纹。种子胚乳白粉质。花期6~10月，果期8~11月。(图1-1-148~图1-1-150)

【地理分布】勐朗镇、南岭乡、谦六乡、糯扎渡镇、发展河乡、惠民镇、竹塘乡、木戛乡、东河乡。(图1-1-151)

【生长环境】生于海拔1 000~2 300 m，常见栽培，有时逸为野生。

【药用部位】根入药，名为紫茉莉根。

【性味归经】性凉，味苦、涩。归肝、胃、

膀胱经。

【功能主治】清热利湿，活血消肿。用于乳痈，赤白带下，月经不调，热淋，痈疮肿毒。

【拉祜族民间疗法】**急性关节炎**　鲜紫茉莉根150克，水煎服，体热加豆腐煮汤，体寒加猪脚煮汤，喝汤食渣。

图1-1-148　紫茉莉植株及生境特征

图1-1-149　紫茉莉植株

图1-1-150　紫茉莉的花

图1-1-151　紫茉莉地理分布

二、茎

灯心草

【拉丁学名】*Juncus effusus* L.

【科属】灯心草科 Juncaceae 灯心草属 *Juncus*

【别名】秧草、水灯心、野席草。

【拉祜族名称】Feoq qawf

【形态特征】多年生草本。有匍匐状根茎和直立、单生的茎，具纵条纹，淡绿色，茎内充满白色的髓心。叶全部为低出叶，呈鞘状或鳞片状，包围在茎的基部，基部红褐至黑褐色；叶片退化为刺芒状。聚伞花序假侧生，含多花，排列紧密或疏散；总苞片圆柱形，生于顶端，似茎的延伸，直立，顶端尖锐；小苞片 2 枚，宽卵形，膜质，顶端尖；花淡绿色；花被片线状披针形，顶端锐尖，背脊增厚突出，黄绿色，边缘膜质，外轮者稍长于内轮；雄蕊 3 枚（偶有 6 枚），长约为花被片的 2/3 ；花药长圆

图 1–2–1　灯心草植株及生境特征

图 1–2–2　灯心草植株

图 1–2–3　灯心草群落

形，黄色；雌蕊具 3 室子房；花柱极短；柱头 3 分叉。蒴果长圆形或卵形，顶端钝或微凹，黄褐色。种子卵状长圆形，黄褐色。花期 4~7 月，果期 6~9 月。(图 1–2–1~图 1–2–3)

【地理分布】竹塘乡、勐朗镇、糯扎渡镇、发展河乡、糯福乡。(图 1–2–4)

图 1–2–4　灯心草地理分布

【生长环境】生于海拔 1 200~2 450 m 的河边、池旁、水沟，稻田旁、草地及沼泽湿处。

【药用部位】茎髓入药，名为灯心草。

【性味归经】性微寒，味甘、淡。归心、肺、小肠经。

【功能主治】清心火，利小便。用于心烦失眠，尿少涩痛，口舌生疮。

【拉祜族民间疗法】**感冒**　椿树皮 5 克，淡竹叶 5 克，车前草 10 克，紫苏 10 克，高热加石膏 10 克，葛根 12 克，咳重加水菖蒲 15 克，灯心草 3 克。水煎 25 分钟，内服，每日 1 剂，分早、中、晚 3 次服下，连服 3 日。

盾翅藤

【拉丁学名】*Aspidopterys glabriuscula* (Wall.) A. Juss.

【科属】金虎尾科 Malpighiaceae 盾翅藤属 *Aspidopterys*

【别名】倒心盾翅藤、吼盖罐（傣族）。

【拉祜族名称】Tuiq zhiq theor

【形态特征】木质藤本。叶片薄纸质，卵形、倒卵形或阔椭圆形，先端短渐尖，基部圆形或近心形，全缘；幼时两面被锈色绢质短柔毛，老时仅背面沿主脉被锈色短柔毛，余疏被平伏丁字毛。圆锥花序顶生或腋生，花芽长椭圆形，花小，萼片椭圆形，外面被柔毛；花瓣椭圆形，先端圆形；雄蕊 10，长约 2 mm ；子房无毛，柱头头状。翅果卵形，

图 1-2-5　盾翅藤植株

图 1-2-6　盾翅藤鲜药材

上部变狭，顶端圆钝，基部圆形，最宽处在中部。种子线形，位于翅果之中部。花期 8~9 月，果期 10~11 月。(图 1–2–5)

【地理分布】糯扎渡镇、发展河乡、木戛乡、糯福乡。(图 1–2–7)

【生长环境】生于海拔 600~2 000 m 的山谷林中。

【药用部位】茎藤入药，名为倒心盾翅藤。(图 1–2–6)

【性味归经】性凉，味微苦。归肾、膀胱经。

【功能主治】清热利尿，祛风通络。用于热淋，石淋，风湿热痹。

【拉祜族民间疗法】消炎利尿、清热排石 本品 30 克，肾茶 25 克，藤茶 25 克。水煎 20 分钟，内服，每日 1 剂，分早、中、晚 3 次服下，连服 5 日即可。

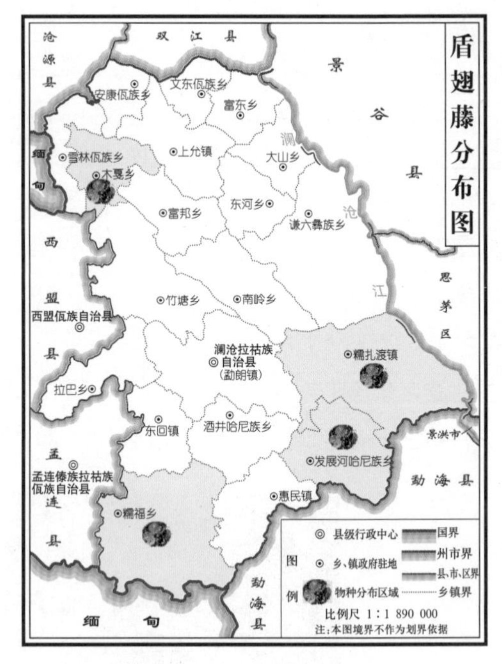

图 1–2–7　盾翅藤地理分布

钩　藤

【拉丁学名】*Uncaria rhynchophylla* (Miq.) Miq. ex Havil.

【科属】茜草科 Rubiaceae 钩藤属 *Uncaria*

【别名】双钩藤、鹰爪风、吊风根、金钩草、倒挂刺。

【拉祜族名称】Kou theor

【形态特征】藤本。嫩枝较纤细，方柱形或略有 4 棱角，无毛。叶腋有成对或单生的钩，向下弯曲，先端尖。叶纸质，椭圆形或椭圆状长圆形，两面均无毛，干时褐色或红褐色，下面有时有白粉，顶端短尖或骤尖，基部楔形至截形，有时稍下延；托叶狭三角形，外面无毛，里面无毛或基部具黏液毛，裂片线形至三角状披针形。头状花序单生叶腋，总花梗具一节，苞片微小，或成单聚伞状排列，总花梗腋生；小苞片线形或线状匙形；花近无梗；花萼管疏被毛，萼裂片近三角形，疏被短柔毛，顶端锐尖；花柱伸出冠喉外，柱头棒形。小蒴果被短柔毛，宿存萼裂片近三角形，星状辐射。花果期 5~12 月。(图 1–2–8、图 1–2–9)

【地理分布】糯扎渡镇、发展河乡、惠民镇、雪林乡、糯福乡、谦六乡。(图 1–2–10)

【生长环境】常生于海拔 800~1 900 m 的山谷溪边的疏林或灌丛中。

【药用部位】带钩茎枝入药，名为钩藤。

图 1–2–8　钩藤的带钩茎枝

图 1–2–9　钩藤的叶

【性味归经】性凉，味甘。归肝、心包经。

【功能主治】息风定惊，清热平肝。用于肝风内动，惊痫抽搐，高热惊厥，感冒夹惊，小儿惊啼，妊娠子痫，头痛眩晕。

【拉祜族民间疗法】**伤风感冒**　三椏苦、三对节、钩藤各 10 克，鱼子兰 15 克，生姜 3 片。水煎 20 分钟，内服，每日 1 剂，分早、中、晚 3 次服下，连服 2 日即可。

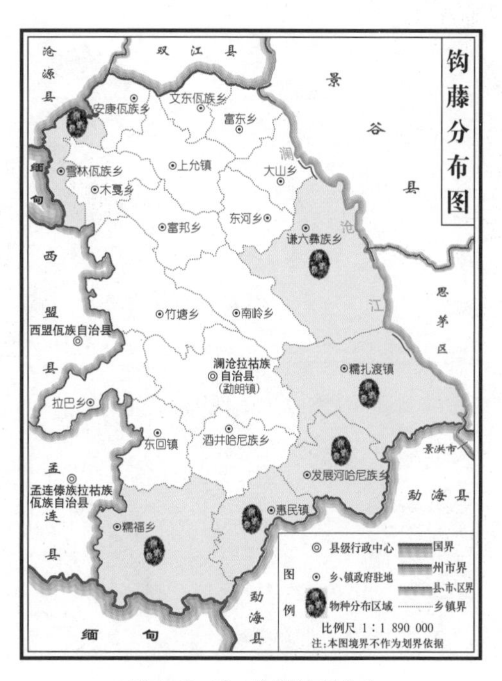

图 1–2–10　钩藤地理分布

密花豆

【拉丁学名】*Spatholobus suberectus* Dunn

【科属】豆科 Leguminosae 密花豆属 *Spatholobus*

【别名】鸡血藤。

【拉祜族名称】Ci shier theor

【形态特征】攀缘木质藤本。小叶纸质或近革质，异形，顶生的两侧对称，宽椭圆形、宽倒卵形至近圆形，先端骤缩为短尾状，尖头钝，基部宽楔形，侧生的两侧不对称，与顶生小叶等大或稍狭，基部宽楔形或圆形，两面近无毛或略被微毛，下面脉腋间常有髯毛。圆锥花序腋生或生于小枝顶端，花序轴、花梗被黄褐色短柔毛，苞片和小苞片线形，宿存；花萼短小；花瓣白色，旗瓣扁圆形。荚果近镰形，密被棕色短绒毛。种子扁长圆形，种皮紫褐色，薄而脆，光亮。花期6月，果期11~12月。(图1–2–11)

【地理分布】发展河乡、糯福乡、谦六乡、东河乡、木戛乡。(图1–2–13)

【生长环境】生于海拔700~2 200 m的山地疏林或密林沟谷或灌丛中。

【药用部位】藤茎入药，名为鸡血藤。(图1–2–12)

图 1–2–11　密花豆植株

【性味归经】性温，味苦、甘。归肝、肾经。

【功能主治】活血补血，调经止痛，舒筋活络。用于月经不调，痛经，经闭，风湿痹痛，麻木瘫痪，虚虚萎黄。

【拉祜族民间疗法】**坐骨神经痛**　本品 20 克，钻骨风 20 克，八角枫 15 克，钩藤 20 克，芦子藤 20 克，川芎 15 克，牛膝 20 克，木瓜 30 克，用 1 000 毫升白酒浸泡密封 15 日后，内服，每日 3 次，每次 30 毫升，连服 10 日。

图 1–2–12　**密花豆的藤茎**

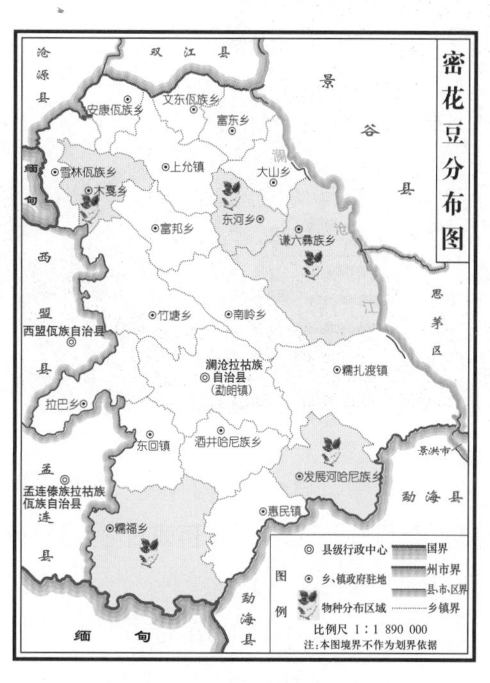

图 1–2–13　**密花豆地理分布**

苏　木

【拉丁学名】*Caesalpinia sappan* L.

【科属】豆科 Leguminosae 云实属 *Caesalpinia*

【别名】苏枋、苏方、苏方木、窊木、棕木、赤木、红柴。

【拉祜族名称】Shu mur

【形态特征】小乔木。具疏刺；除老枝、叶下面和荚果外，多少被细柔毛；枝上的皮孔密而显著。二回羽状复叶；小叶对生，紧靠，无柄，小叶片纸质，长圆形至长圆状菱形，先端微缺，基部歪斜，以斜角着生于羽轴上；侧脉纤细，在两面明显，至边缘附近连结。圆锥花序顶生或腋生，长约与叶相等；花托浅钟形；花瓣黄色，阔倒卵形，最上面一片基部带粉红色，具柄；雄蕊稍伸出，花丝下部密被柔毛；子房被灰色绒毛，具柄，花柱细长，被毛，柱头截平。荚果木质，稍

图 1–2–14　苏木植株

图 1–2–15　苏木的花

压扁，近长圆形至长圆状倒卵形基部稍狭，不开裂，红棕色，有光泽。种子 3~4 颗，长圆形，稍扁，浅褐色。花期 5~10 月，果期 7 月至翌年 3 月。(图 1–2–14、图 1–2–15)

【地理分布】糯扎渡镇、勐朗镇、发展河乡、木戛乡、雪林乡。(图 1–2–16)

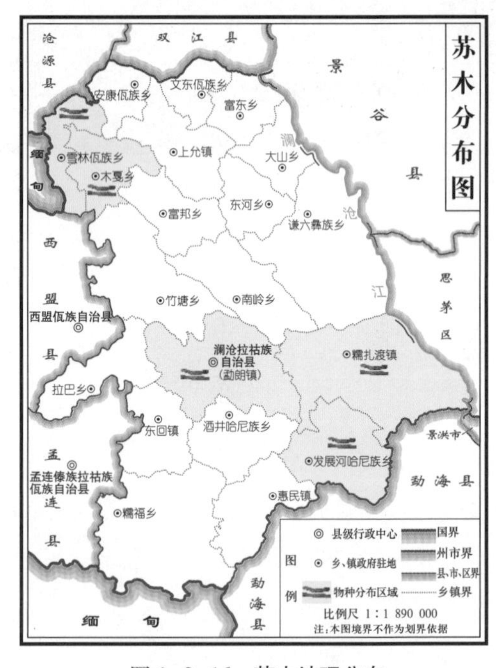

图 1–2–16　苏木地理分布

【生长环境】生于海拔 578~1 800 m 的地边、住宅围墙边或村边栽种。

【药用部位】心材入药，名为苏木。

【性味归经】性平，味甘、咸。归心、肝、脾经。

【功能主治】活血祛瘀，消肿止痛。用于跌打损伤，骨折筋伤，瘀滞肿痛，经闭痛经，产后瘀阻，胸腹刺痛，痈疽肿痛。

【拉祜族民间疗法】**腰痛**　本品 15 克，大血藤 50 克，伸筋草 20 克，羌活 15 克，桂枝 15 克，千张纸 12 克，木瓜 20 克，白酒 1 000 毫升，密封浸泡 15 日后，内服，每日 3 次，每次 30 毫升，连服 20 日。

通光散

【拉丁学名】 *Marsdenia tenacissima* (Roxb.) Wight et Arn.

【科属】 萝藦科 Asclepiadaceae 牛奶菜属 *Marsdenia*

【别名】 通关藤、乌骨藤、确络风、牛耳风、火索藤。

【拉祜族名称】 Tho kua theor

【形态特征】 坚韧木质藤本。嫩尖折断立即出乳白色浆。茎密被柔毛。叶宽卵形，基部深心形，两面均被茸毛，或叶面近无毛。伞形状复聚伞花序腋生；花萼裂片长圆形，内有腺体；花冠黄紫色；副花冠裂片短于花药，基部有距；花粉块长圆形，每室1个直立，着粉腺三角形；柱头圆锥状。蓇葖果长披针形，密被柔毛。种子顶端具白色绢质种毛。花期6月，果期11月。(图 1-2-17、图 1-2-18)

【地理分布】 发展河乡、雪林乡、南岭乡、发展河乡、竹塘乡。(图 1-2-19)

【生长环境】 生于海拔 800~2 200 m 的疏林中。

【药用部位】 藤茎入药，名为通关藤。

【性味归经】 性微寒，味苦。归肺经。

【功能主治】 止咳平喘，祛痰，通乳，清热解毒。用于喘咳痰多，产后乳汁不通，风湿肿痛，疮痈。

【拉祜族民间疗法】 1. **咳嗽痰多**　本品15克，穿山龙15克，五味子10克，生甘草10克，生姜5克。水煎20分钟，内服，每日1剂，分早、中、晚3次服下，连服2日即可。2. **乳少**　本品15克，大飞扬草10克，麦冬15克，生黄芪20克，加适量生姜、盐等炖猪蹄，食肉喝汤。

图 1-2-17　**通光散植株**

图 1–2–18　通光散的叶

图 1–2–19　通光散地理分布

须药藤

【拉丁学名】*Stelmatocrypton khasianum* (Benth.) H. Baill.

【科属】萝藦科 Asclepiadaceae 须药藤属 *Stelmatocrypton*

【别名】生藤、冷水发汗、水逼药、够哈哄（傣族）。

【拉祜族名称】Sheo theor

【形态特征】缠绕木质藤本，具乳汁。茎浅棕色，具有突起的皮孔，茎与根有香气。叶对生，近革质，椭圆形或者长椭圆形，先端渐尖，基部楔形，全缘，两面无毛。花小，腋生，黄绿色，4~5 朵排列成具短梗的聚伞花序；花萼内面具有 5 个腺体；花冠近钟状，花冠筒短，裂片卵圆形，向右覆盖；副花冠裂片卵形，与花丝同时着生于花冠基部，花药长卵形，顶端具长毛，伸出花喉之外；花粉器匙形，具长的载粉器柄；子房具 2 个离生心皮，无毛，柱头盘状五角形，顶部微凸起，2 裂。蓇葖果呈平行展开，熟时开裂，外果皮无毛。种子顶端具长白色绢质种毛。花期 9 月。(图 1–2–20、图 1–2–22)

【地理分布】糯福乡、木戛乡、糯扎渡镇、谦六乡、发展河乡。(图 1–2–23)

【生长环境】生于海拔 700~2 100 m 的山坡、山谷杂木林中或路旁灌木丛中。

【药用部位】藤茎入药，名为生藤。(图 1–2–21)

【性味归经】性温，味甘、辛。归脾、胃经。

【功能主治】祛风解表，温中行气，止痛。

用于治感冒，头痛，咳嗽，支气管炎，胃痛，食积气胀等。

【拉祜族民间疗法】**风湿性心脏病** 本品15克，丹参15克，玉竹15克，桂枝10克，龙眼肉10克，生姜8克。水煎25分钟，内服，每日1剂，分早、中、晚3次服下，连服5日。

图1-2-20 须药藤植株及生境特征

图1-2-21 须药藤鲜药材

图1-2-22 须药藤的果实

图1-2-23 须药藤地理分布

三、皮

大叶玉兰

【拉丁学名】*Magnolia henryi* Dunn

【科属】木兰科 Magnoliaceae 木兰属 *Magnolia*

【别名】思茅玉兰。

【拉祜族名称】Tag yier yiq lar

【形态特征】常绿乔木。嫩枝被平伏毛，后脱落无毛。叶革质，倒卵状长圆形，先端圆钝或急尖，基部阔楔形，中脉凸起，下面疏被平伏柔毛；托叶痕几达叶柄顶端。花蕾卵圆形，苞片无毛；花梗向下弯垂，有 2 苞片脱落痕；花被片 9，外轮 3 片绿色，卵状椭圆形，先端钝圆，中、内两轮乳白色，厚肉质，倒卵状匙形；雄蕊药隔伸出成尖或钝尖

图 1-3-1　大叶玉兰植株

图 1-3-2　大叶玉兰的花

头；雌蕊群狭椭圆体形；心皮狭长椭圆体形，背面有 4~5 棱。聚合果卵状椭圆体形。花期 5 月，果期 8~9 月。(图 1–3–1、图 1–3–2)

【地理分布】木戛乡、糯扎渡镇。(图 1–3–3)

【生长环境】生于海拔 578~1 500 m 的密林中。

【药用部位】树皮入药，名为大叶玉兰。

【性味归经】性温，味苦、辛。归经不明确。

【功能主治】燥湿化痰，下气除满。用于湿滞伤中，脘痞吐泻，食积气滞，腹胀，便秘，痰饮喘咳。

【拉祜族民间疗法】便秘　取干品树皮 15~20 克，水煎 25 分钟，内服，每日 1 剂，分早、中、晚 3 次服下，连服 3 日。

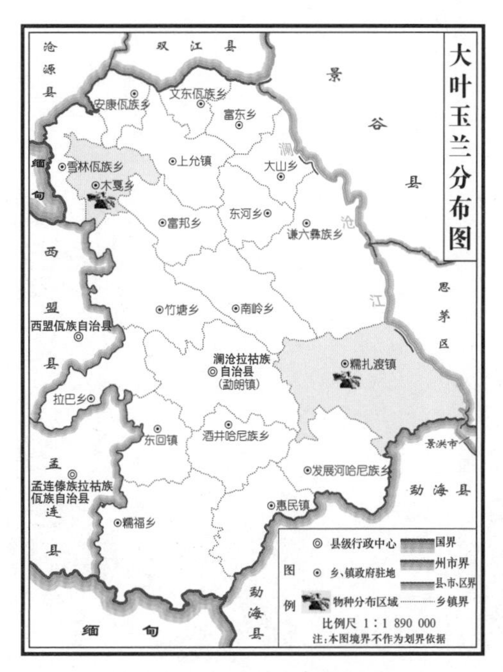

图 1–3–3　**大叶玉兰地理分布**

猴耳环

【拉丁学名】*Pithecellobium clypearia* (Jack) Benth.

【科属】豆科 Leguminosae 猴耳环属 *Pithecellobium*

【别名】围涎树、鸡心树、三不正、尿桶公、洗头树、落地金钱。

【拉祜族名称】Hour eod chaod

【形态特征】乔木，高可达 10 m。小枝无刺，有明显的棱角，密被黄褐色绒毛。托叶早落；二回羽状复叶；羽片 3~8 对，通常 4~5 对；总叶柄具四棱，密被黄褐色柔毛，叶轴上及叶柄近基部处有腺体；小叶革质，斜菱形，顶部的最大，往下渐小，上面光亮，两面稍被褐色短柔毛。头状花排成顶生和腋生的圆锥花序；花萼钟状，与花冠同密被褐色柔毛；花冠白色或淡黄色。荚果旋卷，边缘在种子间溢缩。种子 4~10 颗，椭圆形或阔椭圆形，黑色，种皮皱缩。花期 2~6 月，果期 4~8 月。(图 1–3–4、图 1–3–5)

【地理分布】糯扎渡镇、东河乡、谦六乡、雪林乡、木戛乡、糯福乡、竹塘乡、发展河乡。(图 1–3–6)

【生长环境】生于海拔 650~1 750 m 的林中。

【药用部位】树皮入药，名为猴耳环。

【性味归经】性微寒，味苦、涩。归脾、胃、肝经。

【功能主治】清热解毒，凉血消肿，止泻。用于上呼吸道感染，急性咽喉炎，急性扁桃体炎，急性胃肠炎，亦可用于细菌性痢疾。

【拉祜族民间疗法】1. **胃热痛** 本品叶 30 克，饿饭果根 20 克。水煎 30 分钟，内服，每日 1 剂，分早、中、晚 3 次服下，连服 3 日。2. **咽喉炎** 本品叶 30 克，水煎 30 分钟，内服，每日 1 剂，分早、中、晚 3 次服下，连服 3 日。

图 1-3-4 猴耳环植株及生境特征

图 1-3-5 猴耳环的叶

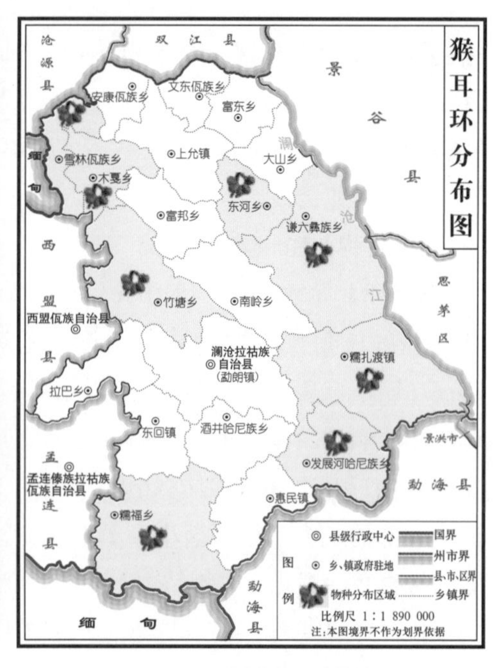

图 1-3-6 猴耳环地理分布

假鹊肾树

【拉丁学名】*Streblus indicus* (Bur.) Corner

【科属】桑科 Moraceae 鹊肾树属 *Streblus*

【别名】青树跌打、滑叶跌打。

【拉祜族名称】Che shug tier tad

【形态特征】乔木，高可达 15 m。有乳状树液；树皮褐色，平滑；幼枝微被柔毛。叶革质，排为两列，椭圆状披针形，幼树枝之叶狭椭圆状披针形，全缘；表面绿色，背面浅绿色，两面光亮，无毛；托叶线形，细小，早落。雌雄同株或同序；雄花为腋生蝎尾形聚伞花序，单生或成对；花白色微红，苞片 3，三角形，基部合生，花被片 5，覆瓦状排列，长椭圆形，边缘有缘毛；雄蕊 5 枚，与花被片对生，花丝扁平，退化雌蕊小，圆锥柱形；雌花单生叶腋或生于雄花序上，边缘有缘毛，花柱深 2 裂，密被深褐色短柔毛；子房球形，为花被片紧密包围。核果球形，中部以下渐狭，基部一边肉质，包围在增大的花被内。花期 10~11 月。(图 1–3–7、图 1–3–8)

【地理分布】糯福乡、糯扎渡镇、发展河乡、竹塘乡、东河乡。(图 1–3–9)

【生长环境】生于海拔 650~1 400 m 的山地

图 1–3–7 假鹊肾树植株及生境特征

图 1–3–8 假鹊肾树植株

林中或阴湿地区。

【药用部位】树皮入药，名为青树跌打。

【性味归经】性温，味辛。归经不明确。

【功能主治】散瘀止血，消肿定痛。用于跌打损伤，风湿痛，咳血，外伤出血，吐血，衄血，便血，崩漏，病后虚弱，肺痨。

【拉祜族民间疗法】**风湿关节痛**　本品20克，桂花跌打30克，生草乌10克，八角枫15克，排骨灵20克，加白酒1 000毫升，密封浸泡30日后，外擦患处。切记不能内服，只能外用。

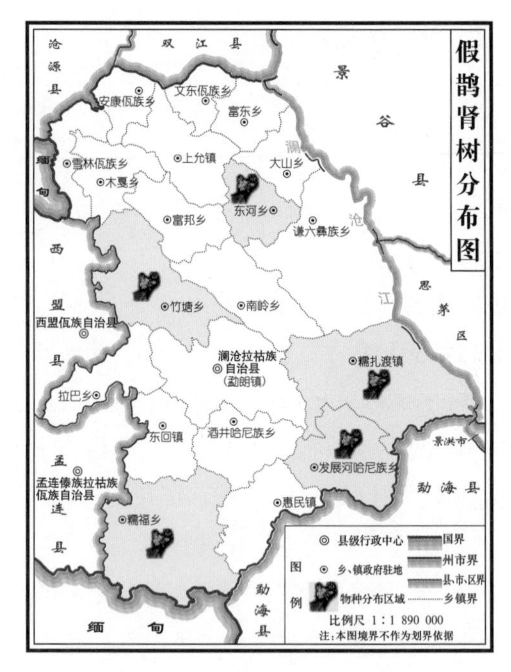

图 1-3-9　假鹊肾树地理分布

四、叶

艾

【拉丁学名】*Artemisia argyi* Levl. et Van.

【科属】菊科 Compositae 蒿属 *Artemisia*

【别名】艾蒿。

【拉祜族名称】Aiq hao

【形态特征】多年生草本或略成半灌木状，植株有浓烈香气。主根明显，略粗长，侧根多；常有横卧地下根状茎及营养枝。茎枝有明显纵棱，褐色或灰黄褐色，基部稍木质化，上部草质，并有少数短的分枝；茎、枝均被灰色蛛丝状柔毛。叶厚纸质，上面被灰白色短柔毛，并有白色腺点与小凹点，背面密被灰白色蛛丝状密绒毛。头状花序椭圆形，无梗或近无梗，每数枚至 10 余枚在分枝上排成小型的穗状花序或复穗状花序，并在茎上通常再组成狭窄、尖塔形的圆锥花序，花后头状花序下倾；总苞片 3~4 层，覆瓦状排列，外层

图 1–4–1　艾植株及生境特征

图 1–4–2　艾叶

总苞片小，草质，边缘膜质，中层总苞片较外层长，长卵形，背面被蛛丝状绵毛，内层总苞片质薄，背面近无毛；雌花 6~10 朵，花冠狭管状，檐部具 2 裂齿，紫色，花柱细长，伸出花冠外甚长，先端 2 叉；两性花 8~12 朵，花冠管状或高脚杯状，外面有腺点。瘦果长卵形或长圆形。花果期 7~10 月。(图 1–4–1)

【地理分布】全县均有分布。(图 1–4–3)

【生长环境】多生于海拔 640~1 800 m 的荒地、路旁河边及山坡等地。

【药用部位】叶入药，名为艾叶。(图 1–4–2)

【性味归经】性温，味辛、苦、温；有小毒。归肝、脾、肾经。

【功能主治】温经止血，散寒止痛；外用祛湿止痒。用于吐血，衄血，崩漏，月经过多，胎漏下血，少腹冷痛，经寒不调，宫冷不孕；外治皮肤瘙痒。醋艾炭温经止血，用于虚寒性出血。

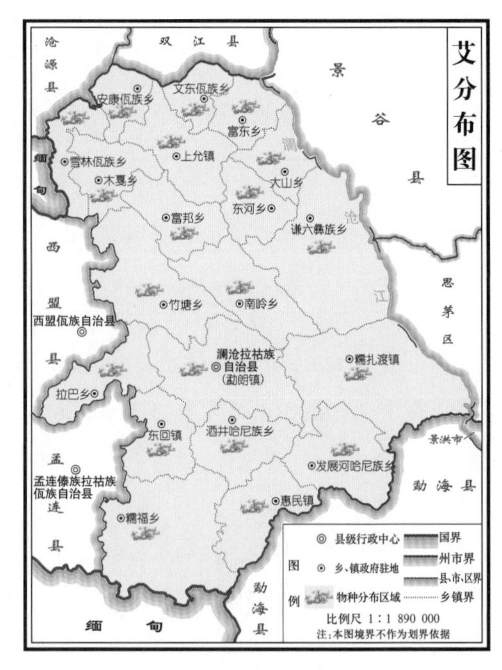

图 1–4–3　艾地理分布

【拉祜族民间疗法】**脾胃冷痛**　取本品 10 克，加白酒 5 滴为引，水煎 25 分钟，内服，每日 1 剂，分早、中、晚 3 次服下，连服 3 日。

刺通草

【拉丁学名】*Trevesia palmate* (Roxb.) Vis.

【科属】五加科 Araliaceae 刺通草属 *Trevesia*

【别名】党楠、裂叶木通、棁木、挡凹、天罗伞。

【拉祜族名称】Zhiq tho chaod

【形态特征】常绿小乔木。枝淡黄棕色，幼时密被棕色绒毛，疏生短刺。叶片长，椭圆形至披针形，又具小裂片，边缘有粗锯齿，两面或仅在下面散生棕黄色星状鳞片毛；苞片长圆形。圆锥花序大，主轴和分枝幼时被铁锈色绒毛，后毛渐脱落；伞形花序大，有花多数；花褐色，花瓣常合生成一帽状体，密被铁锈色绒毛；花丝与花瓣近等长；子房下位，7~12 室，花盘肉质，花柱合生为短柱状，柱头呈钝齿状。果近球形，无毛，棱不明显；花柱宿存，内具种子。花期 10 月，果期次年 5~7 月。(图 1–4–5)

【地理分布】糯扎渡镇、发展河乡、糯福乡。(图 1–4–6)

【生长环境】生于海拔 800~1 400 m 的森林中。

【药用部位】叶入药，名为刺通。(图 1-4-4)

【性味归经】性平，味微苦。归心经。

【功能主治】消肿止痛，利尿。用于跌打损伤，小便不利。

【拉祜族民间疗法】消肿 内服：取本品 15 克，水煎 25 分钟，每日 1 剂，分早、中、晚 3 次服下，连服 3 日。外用：取本品 300 克，白酒 1 000 毫升，密封浸泡 30 日后，外擦患处。

图 1-4-4 **刺通草的叶**

图 1-4-5 **刺通草的花**

图 1-4-6 **刺通草地理分布**

木紫珠

【拉丁学名】*Callicarpa arborea* Roxb

【科属】马鞭草科 Verbenaceae 紫珠属 *Callicarpa*

【别名】南洋紫珠、大树紫珠、梅发破（傣族）。

【拉祜族名称】Taq yier zid cu

【形态特征】乔木，高 8~10 m。小枝略四方形，被褐色柔毛。单叶对生，卵形至卵形披针形，革质，背面有白色柔毛，全缘或有微齿。聚伞花序腋生，花序梗四棱形，长于或等于叶柄；苞片细小，线形；花萼杯状，萼齿钝三角形或不明显，外面密生灰白色星状茸毛；花冠紫色或淡紫色，被细毛；雄蕊伸出花冠外，花药细小，卵圆形，药室纵裂；子房圆球形，密生星状毛。果球形，熟时紫褐色，干后变黑色。花期 5~7 月，果期 8~12 月。（图 1-4-7、图 1-4-9）

图 1-4-7　木紫珠植株

【地理分布】勐朗镇、糯扎渡镇、发展河乡、谦六乡、木戛乡。（图 1-4-8）

【生长环境】生于海拔 900~1 800 m 的路旁、坡地、阳光充足的地方。

【药用部位】叶入药，名为大树紫珠。

【性味归经】性平，味苦。归经不明确。

【功能主治】凉血止血。用于外伤出血，消化道出血，妇女崩漏。

【拉祜族民间疗法】1. **外伤出血**　取本品 20 克，水煎 30 分钟，内服，每日 1 剂，分早、中、晚 3 次服下，连服 3 日。

2. **外伤出血**　取本品研成粉，直接敷于出血处。

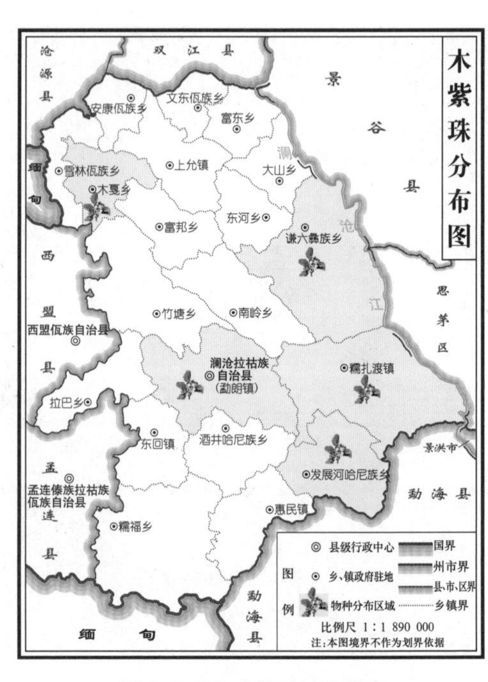

图 1-4-8　木紫珠地理分布

图 1–4–9　木紫珠的花

枇　杷

【拉丁学名】*Eriobotrya japonica* (Thunb.) Lindl.

【科属】蔷薇科 Rosaceae 枇杷属 *Eriobotrya*

【别名】卢桔、金丸、芦枝。

【拉祜族名称】Maq nawt

【形态特征】常绿小乔木，高可达 10 m。小枝粗壮，黄褐色，密生锈色或灰棕色绒毛。叶片革质，披针形、倒披针形、倒卵形或椭圆长圆形，先端急尖或渐尖，基部楔形或渐狭成叶柄。圆锥花序顶生，具多花；总花梗和花梗密生锈色绒毛；萼筒浅杯状，萼片三角卵形，先端急尖，萼筒及萼片外面有锈色绒毛；花瓣白色，长圆形或卵形，基部具爪，有锈色绒毛。果实球形或长圆形，黄色或橘黄色，外有锈色柔毛，不久脱落。种子球形或扁球形，褐色，光亮；种皮纸质。花期 10~12 月，果期 5~6 月。(图 1–4–10)

【地理分布】糯扎渡镇、竹塘乡、糯福乡、雪林乡。(图 1–4–12)

【生长环境】生于海拔 500~2 000 m 的山坡、山谷、林缘、林中、灌木丛中、河边潮湿地、村庄路旁或荒地。

【药用部位】叶入药，名为枇杷叶。(图 1–4–11)

【性味归经】性微寒，味苦。归肺、胃经。

【功能主治】清肺止咳，降逆止呕。用于肺热咳嗽，气逆喘急，胃热呕逆，烦热口渴。

【拉祜族民间疗法】**百日咳**　野芝麻根 50 克，枇杷叶 20 克，酸味草 20 克。水煎 20 分钟，内服，每日 1 剂，分早、中、晚 3 次服下，连服 3 日。

图 1-4-10　枇杷植株及生境特征

图 1-4-11　枇杷的叶

图 1-4-12　枇杷地理分布

石海椒

图 1-4-13　石海椒植株

【拉丁学名】*Reinwardtia indica* Dum.

【科属】亚麻科 Linaceae 石海椒属 *Reinwardtia*

【别名】黄亚麻、小王不留行、白骨树、迎春柳、黄花香草。

【拉祜族名称】Sif haid ciao

【形态特征】小灌木，高可达 1 m。树皮灰色。叶纸质，全缘或有圆齿状锯齿，表面深绿色，背面浅绿色，托叶小，花序顶生或腋生；花直径可达 3 cm；萼片 5，分离，披针形，花瓣黄色，花丝基部合生成环，退化雄蕊 5，锥尖状，与雄蕊互生；腺体 5，与雄蕊环合生；子房 3 室，每室有 2 小室，每小室有胚珠 1 枚；花柱 3 枚，下部合生，柱头头状。蒴果球形，3 裂，每裂瓣有种子 2 粒。

图 1-4-14　石海椒地理分布

种子具膜质翅，翅长稍短于蒴果。花果期4~12月，直至翌年1月。(图1-4-13)

【地理分布】勐朗镇、糯扎渡镇。(图1-4-14)

【生长环境】生于海拔700~2 000 m的林下、山坡灌丛、路旁和沟坡潮湿处，常喜生于石灰岩土壤上。

【药用部位】嫩枝和叶入药，名为石海椒。

【性味归经】性寒，味甘。归小肠、膀胱经。

【功能主治】清热利尿。用于小便不利、肾炎、黄疸型肝炎。

【拉祜族民间疗法】**清热利尿、肾炎、黄疸型肝炎** 取本品9~12克，泡水，每日当茶饮。

石 韦

【拉丁学名】*Pyrrosia lingua* (Thunb.) Farw.

【科属】水龙骨科 Polypodiaceae 石韦属 *Pyrrosia*

【别名】石皮、石苇、石樜。

【拉祜族名称】Sif uid

【形态特征】中型附生蕨类植物。根状茎横走，鳞片披针形。叶远生，近二型；叶柄与叶片大小和长短变化很大，能育叶通常比不育叶长得高而较狭窄，两者的叶片略比叶柄长，少为等长，罕有短过叶柄的；不育叶片近长圆形，或长圆披针形，全缘，上面灰绿色，近光滑无毛，下面淡棕色或砖红色，被星状毛。孢子囊群近椭圆形，在侧脉间整齐成多行排列，布满整个叶片下面，或聚生于叶片的大上半部，初时为星状淡棕色，成熟

图1-4-15　石韦植株

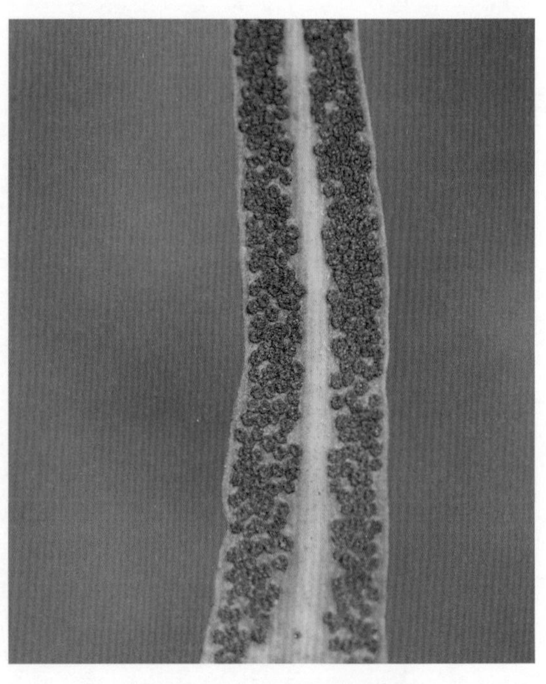

图1-4-16　石韦的孢子囊群

呈砖红色。(图 1–4–15、图 1–4–16)

【地理分布】全县均有分布。(图 1–4–17)

【生长环境】附生于海拔 600~2 300 m 的林下树干上，或稍干的岩石上。

【药用部位】叶入药，名为石韦。

【性味归经】性微寒，味甘、苦。归肺、膀胱经。

【功能主治】利尿通淋，清肺止咳，凉血止血。用于热淋，血淋，石淋，小便不通，淋沥涩痛，肺热喘咳，吐血，衄血，尿血，崩漏。

【拉祜族民间疗法】**肺热咳嗽、虚劳损伤、风湿疼痛、手足麻木、小儿高热、烧烫伤、毒蛇咬伤** 取本品 9~15 克，水煎 25 分钟，内服，每日 1 剂，分早、中、晚 3 次服下，连服 5 日。

图 1–4–17　石韦地理分布

水红木

【拉丁学名】*Viburnum cylindricum* Buch.–Ham. ex D. Don

【科属】忍冬科 Caprifoliaceae 荚蒾属 *Viburnum*

【别名】粉桐叶、狗肋巴、斑鸠石、斑鸠柘、炒面叶、扯白叶。

【拉祜族名称】Feod thor yier

【形态特征】常绿灌木或小乔木。枝带红色或灰褐色，散生小皮孔，小枝无毛或初时被簇状短毛。叶革质，椭圆形至矩圆形或卵状矩圆形，顶端渐尖或急渐尖，基部渐狭至圆形，全缘或中上部疏生浅齿；通常无毛；下面散生带红色或黄色微小腺点（有时扁化而类似鳞片），近基部两侧各有 1 至数个腺体。聚伞花序伞形式，顶圆形，无毛或散生簇状微毛，连同萼和花冠有时被微细鳞腺；萼筒卵圆形或倒圆锥形，有微小腺点，萼齿极小而不显著；花冠白色或有红晕，钟状，有微细鳞腺，裂片圆卵形，直立；雄蕊高出花冠约 3 mm，花药紫色，矩圆形。果实先红色后变蓝黑色，卵圆形；核卵圆形，扁，有 1 条浅腹沟和 2 条浅背沟。花期 6~10 月，果熟期 10~12 月。(图 1–4–18、图 1–4–19)

【地理分布】全县均有分布。(图 1–4–21)

【生长环境】生于阳坡疏林或灌丛中，海拔 578~2 516 m。

【药用部位】叶入药，名为水红木叶。(图 1–4–20)

【性味归经】性凉，味淡涩。归经不明确。

【功能主治】清热解毒，收敛，凉血。用于胃肠炎，腹泻，痢疾，水火烫伤，眼睛红肿。

【拉祜族民间疗法】1. **水火烫伤** 用鲜叶洗净，绞汁后，涂抹于患处。

2. **眼睛红肿** 根据患者实际情况，取本品适量的鲜叶洗净，捣烂后泡水，清洗眼睛，1日洗2次。

图 1-4-18 水红木植株及生境特征

图 1-4-19 水红木的花

图 1-4-20 水红木的叶

图 1-4-21 水红木地理分布

糖胶树

图 1–4–22　糖胶树植株及生境特征

【拉丁学名】*Alstonia scholaris* (L.) R. Br.

【科属】夹竹桃科 Apocynaceae 鸡骨常山属 *Alstonia*

【别名】灯台树。

【拉祜族名称】Sit qa pie

【形态特征】常绿乔木，通常高约 10 m。树皮灰白色，嫩枝绿色，具白色乳汁。叶 3~8 片轮生，常倒卵状长圆形、倒披针形或匙叶，顶端钝圆形或渐尖，基部楔形，几平行，在叶缘处联结。聚伞花序顶生，多花，被柔毛；花冠高脚碟状，花冠筒中部以上膨大，内面被柔毛，裂片在花蕾时或裂片基部向左覆盖，长圆形或卵状长圆形；雄蕊长圆形，着生在花冠筒膨大处，内藏；子房由 2 枚离生心皮组成，密被柔毛，花柱丝状，柱头棍棒状，顶端 2 深裂；花盘环状。蓇葖果 2 枚，细长，线形，外果皮近革质，灰白色。

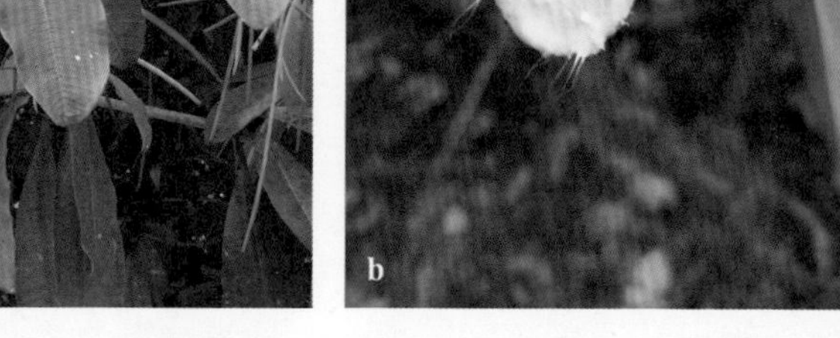
图 1–4–23　糖胶树植株

种子长圆形，红棕色，两端具缘毛。花期6~11月，果期10月至翌年4月。（图1-4-22、图1-4-23）

【地理分布】惠民镇、糯扎渡镇、糯福乡、谦六乡。（图1-4-24）

【生长环境】生于海拔800~1 600 m的低丘陵山地疏林中、路旁或水沟边。

【药用部位】叶入药，名为灯台叶。

【性味归经】性凉，味苦。归经不明确。

【功能主治】止咳，化痰。用于慢性支气管炎、百日咳。

【拉祜族民间疗法】**发热咳嗽、百日咳** 本品皮、叶各15克，大树黄连10克，七叶一枝花6克。水煎20分钟，内服，每日1剂，分早、中、晚3次服下，连服3日。

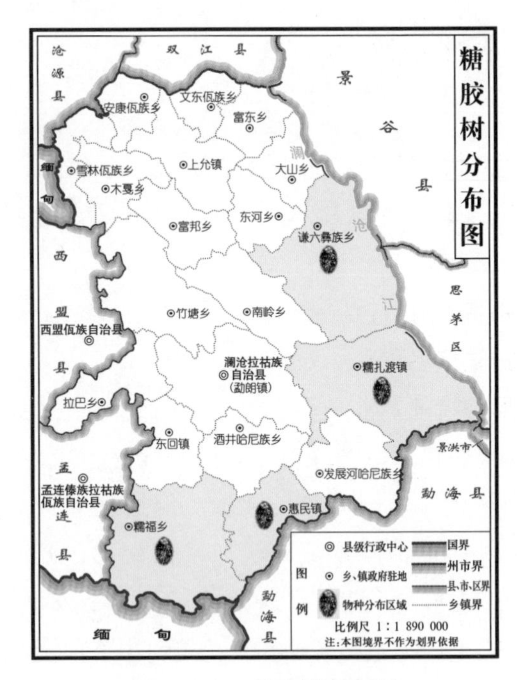

图1-4-24 糖胶树地理分布

五、花

鸡蛋花（栽培）

【拉丁学名】*Plumeria rubra* L.‘Acutifolia’

【科属】夹竹桃科 Apocynaceae 鸡蛋花属 *Plumeria*

【别名】缅栀子、蛋黄花、印度素馨、大季花。

【拉祜族名称】Ci tag hua

【形态特征】落叶小乔木。枝条粗壮，带肉质，具丰富乳汁，绿色，无毛。叶厚纸质，长圆状倒披针形或长椭圆形，顶端短渐尖，基部狭楔形，叶面深绿色，叶背浅绿色，两面无毛。聚伞花序顶生，无毛；总花梗三歧，肉质，绿色；花冠外面白色，花冠筒外面及裂片外面左边略带淡红色斑纹，花冠内面黄色，花冠筒圆筒形，外面无毛，内面密被柔毛，喉部无鳞片。蓇葖双生，广歧，长圆形，顶端急尖，淡绿色。种子斜长圆形，扁平，顶端具膜质的翅，翅的边缘具不规则的凹缺。花期 5~10 月，果期一般为 7~12 月。栽培者极少结果。(图 1–5–1)

【地理分布】糯福乡。(图 1–5–3)

【生长环境】原产墨西哥。多栽培于海拔

图 1–5–1　鸡蛋花植株

图 1–5–2　鸡蛋花的花

720~1 600 m 的湿润和阳光充足的山中，有时逸为野生。

【药用部位】花入药，名为鸡蛋花。(图 1–5–2)

【性味归经】性凉，味甘、淡。归胃经。

【功能主治】润肺解毒，清热祛湿，滑肠。用于细菌性痢疾，传染性肝炎，感冒高热，气管炎，喘咳。

【拉祜族民间疗法】1. **细菌性痢疾、传染性肝炎、感冒高热、气管炎、喘咳**　取本品 20~30 克，水煎 25 分钟，内服，每日 1 剂，分早、中、晚 3 次服下，连服 3~5 日。

2. **清热祛湿**　取本品花 5 克，用开水浸泡 15 分钟，当茶连服 3~5 日；也可用水泡开后炖蛋食用。

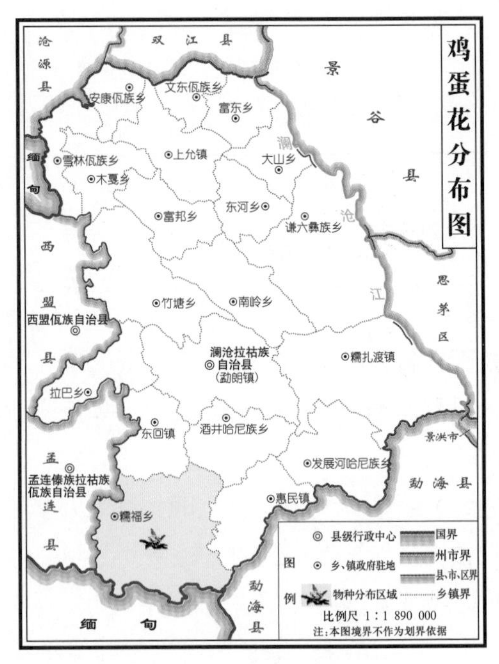

图 1–5–3　鸡蛋花地理分布

忍　冬

【拉丁学名】*Lonicera japonica* Thunb.

【科属】忍冬科 Caprifoliaceae 忍冬属 *Lonicera*

【别名】金银花、忍冬花、鹭鸶花、银花、双花、二花、金藤花、双苞花、金花、二宝花。

【拉祜族名称】Ce yer hua

【形态特征】多年生半常绿灌木。小枝细长，中空，藤为褐色至赤褐色。卵形叶子对生，枝叶均密生柔毛和腺毛。夏季开花，苞片叶状，唇形花有淡香，外面有柔毛和腺毛，雄蕊和花柱均伸出花冠，花成对生于叶腋，花色初为白色，渐变为黄色，黄白相映。球形浆果，熟时黑色。种子卵圆形或椭圆形，褐色，中部有 1 凸起的脊，两侧有浅的横沟纹。花期 4~6 月（秋季亦常开花），果期 10~11 月。(图 1–5–4)

【地理分布】勐朗镇、糯扎渡镇、发展河乡、竹塘乡。(图 1–5–6)

【生长环境】生于海拔 800~2 200 m 的山坡灌丛或疏林中、乱石堆、山足路旁及村庄篱笆边。

【药用部位】花蕾（或带初开的花）入药，名为金银花。(图 1–5–5)

【性味归经】性寒，味甘。归肺、心、胃经。

【功能主治】清热解毒，疏散风热。用于痈肿疔疮，喉痹，丹毒，热毒血痢，风热感冒，温病发热。

【拉祜族民间疗法】**胃痛、胸膜炎疼痛** 本品花10克，半枝莲10克，草血竭15克。水煎20分钟，内服，每日1剂，分早、中、晚3次服下，连服5日即可。

图 1-5-4 **忍冬植株**

图 1-5-5 **忍冬的花**

图 1-5-6 **忍冬地理分布**

六、果实和种子

草果（栽培）

【拉丁学名】*Amomum tsaoko* Crevost et Lemarie

【科属】姜科 Zingiberaceae 豆蔻属 *Amomum*

【别名】草果子、草果仁。

【拉祜族名称】Died fud

【形态特征】多年生草本植物。肉质茎丛生，高达 3 m，全株有辛香气。叶片长椭圆形或长圆形，边缘干膜质，两面光滑无毛，无柄或具短柄，叶舌全缘，顶端钝圆。穗状花序不分枝；总花梗被密集的鳞片，鳞片革质，干后褐色；苞片披针形；花冠红色；唇瓣椭圆形，顶端微齿裂；花药药隔附属体 3 裂，中间裂片四方形，两侧裂片稍狭。蒴果密生，熟时红色，干后褐色，不开裂，长圆形或长椭圆形，无毛，顶端具宿存花柱残迹，干后具皱缩的纵线条，果梗基部常具宿存苞片。种子多角形，有浓郁香味。花期 4~6 月，果期 9~12 月。（图 1–6–1、图 1–6–3、图 1–6–4）

【地理分布】勐朗镇、谦六乡、糯扎渡镇、东河乡。（图 1–6–5）

【生长环境】生于海拔 1 100~1 800 m，多为栽培。

图 1–6–1　草果植株

图 1–6–2　草果的果实

图 1–6–3　草果的茎

图 1–6–4　草果的花

【药用部位】果实入药，名为草果。(图 1–6–2)

【性味归经】性温，味辛。归脾、胃经。

【功能主治】燥湿温中，除痰截疟。用于寒湿偏盛之脘腹冷痛，呕吐泄泻，舌苔浊腻，疟疾。

【拉祜族民间疗法】1. **疟疾**　洗碗叶 10 克，三台红花 15 克，马鞭草 15 克，草果 3 个，干姜 6 克。水煎 20 分钟，内服，每日 1 剂，分早、中、晚 3 次服下，连服 3 日。

2. **胃气胀**　草果 3 个，打碎，加水 1 000 毫升，水煎 10 分钟，当茶饮。

3. **消积化食，促进胃蠕动**　常用本品与猪、牛排骨炖汤。

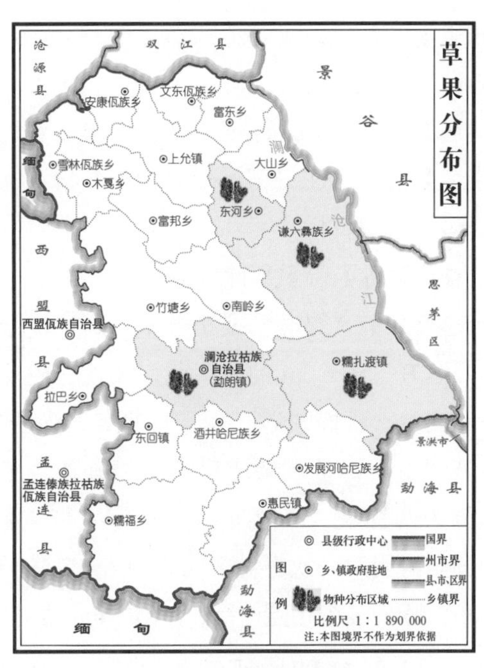

图 1–6–5　草果地理分布

佛手（栽培）

图 1-6-6 佛手的花

图 1-6-7 佛手的果实

【拉丁学名】*Citrus medica* var. *sarcodactylis* (Noot.) Swingle

【科属】芸香科 Rutaceae 柑橘属 *Citrus*

【别名】佛手柑、飞穰、蜜罗柑、五指香橼、五指柑、十指柑。

【拉祜族名称】佛手那此。

【形态特征】常绿灌木或小乔木，高达丈余。茎叶基有长约 6 cm 的硬锐刺，新枝三棱形。单叶互生，长椭圆形，有透明油点。花多在叶腋间生出，常数朵成束，其中雄花较多，部分为两性花；花冠五瓣，白色微带紫晕；春分至清明第一次开花，常多雄花，结的果较小；另一次在立夏前后，9~10 月成熟，果大，皮鲜黄色，皱而有光泽，顶端分歧，常

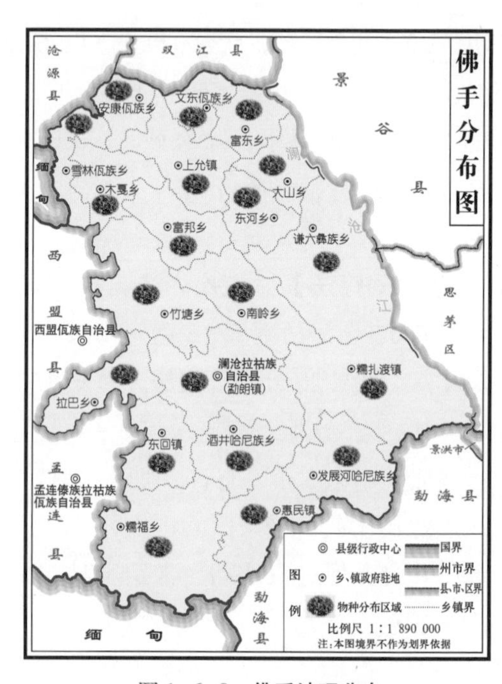

图 1-6-8 佛手地理分布

张开如手指状，肉白，无种子。(图 1–6–6)

【地理分布】全县均有分布。(图 1–6–8)

【生长环境】生于海拔 578~1 500 m 的丘陵坡地，多为栽培。

【药用部位】果实入药，名为佛手。(图 1–6–7)

【性味归经】性温，味辛、苦、酸。归肝、脾、胃、肺经。

【功能主治】疏肝理气，和胃止痛，燥湿化痰。用于肝胃气滞，胸胁胀痛，胃脘痞满，食少呕吐，咳嗽痰多。

【拉祜族民间疗法】1. **化痰**　取本品鲜果 50~80 克，直接食用，每日 3 次，连服 3 日。2. **呕吐、气管炎、哮喘、高血压**　本品鲜果切片泡水，当茶饮。

浆果薹草

【拉丁学名】*Carex baccans* Nees

【科属】莎草科 Cyperaceae 薹草属 *Carex*

【别名】山红稗、红果莎、旱稗、红稗子。

【拉祜族名称】Vel qawf ni

【形态特征】多年生草本，高 60~150 cm。根茎横走，粗壮，丛生，茎三棱柱形，基部具褐红色、纤维状分裂的叶鞘。叶秆生；叶片线形，革质，长于秆，先端长尖，叶鞘秃净。圆锥花序复出；苞片叶状，褐色，长于花序，具苞鞘；小穗极多数，雄雌顺序，圆柱形；果囊倒卵形，稍长于鳞片，肿胀，浆果状，血红色，脉多数。小坚果卵状三棱形，棕红色，包于宿存的苞囊内。花果期 3~6 月。(图 1–6–9、图 1–6–10)

【地理分布】全县均有分布。(图 1–6–11)

【生长环境】生于海拔 900~2 300 m 的林边、河边及村边。

【药用部位】种子入药，名为山稗子。

【性味归经】性平，味甘、辛。归肝经。

【功能主治】透疹止咳，补中利水。用于麻

图 1–6–9　浆果薹草植株及生境特征

图 1-6-10 浆果薹草植株

疹，水痘，百日咳，脱肛，浮肿。

【拉祜族民间疗法】月经不调、崩漏 本品15~30克，加酒引，水煎25分钟，内服，每日1剂，分早、中、晚3次服下，连服3日。

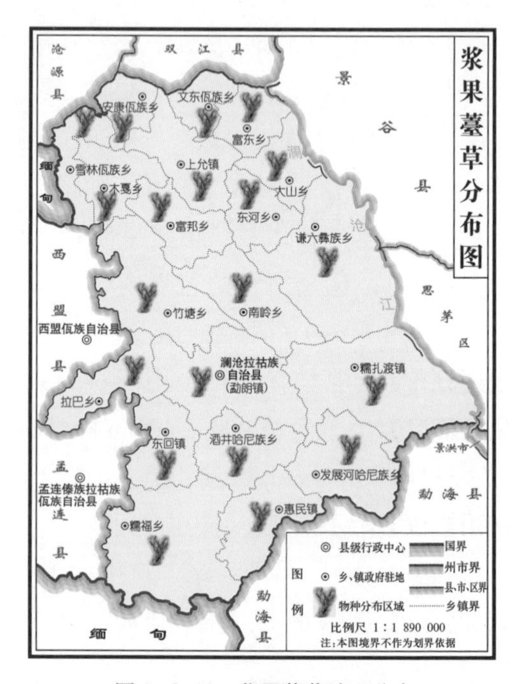

图 1-6-11 浆果薹草地理分布

蔓　荆

【拉丁学名】*Vitex trifolia* L.

【科属】马鞭草科 Verbenaceae 牡荆属 *Vitex*

【别名】白背木耳、白背杨、水捻子、白布荆。

【拉祜族名称】Ma cier zid

【形态特征】落叶灌木。幼枝四方形，密被细绒毛；老枝圆形。叶对生，倒卵形，先端圆形，下面密生灰白色绒毛。圆锥花序顶生；萼钟形，外面密生白色短柔毛；花冠淡紫色。核果球形，熟后黑色，被灰白色粉霜状茸毛；横切面可见 4 室，每室有种子 1 枚。气特异而芳香，味淡、微辛。花期 7 月，果期 9~11 月。(图 1–6–12、图 1–6–13)

【地理分布】谦六乡、糯扎渡镇、东河乡。(图 1–6–14)

【生长环境】生于海拔 640~1 600 m 的平原、河滩、疏林及村寨附近。

【药用部位】果实入药，名为蔓荆子。

【性味归经】性微寒，味辛、苦。归膀胱、肝、胃经。

【功能主治】疏散风热，清利头目。用于外感头痛，偏正头风，昏晕目暗，赤眼多泪，目睛内痛，齿龈肿痛，湿痹拘挛。

【拉祜族民间疗法】1. **牙痛、头晕**　本品 10 克，水煎 25 分钟，含服（不直接咽下，含于口中慢慢咽完），每日 1 剂，分早、中、晚 3 次服下，连服 3~5 日。

图 1–6–12　蔓荆植株及生境特征

2. 夜盲、目赤肿痛　本品配菊花、薄荷各15克，水煎20分钟，内服，每日1剂，分早、中、晚3次服下，连服3日。同时用药渣包眼部或药水外洗。

图 1–6–13　**蔓荆的花**

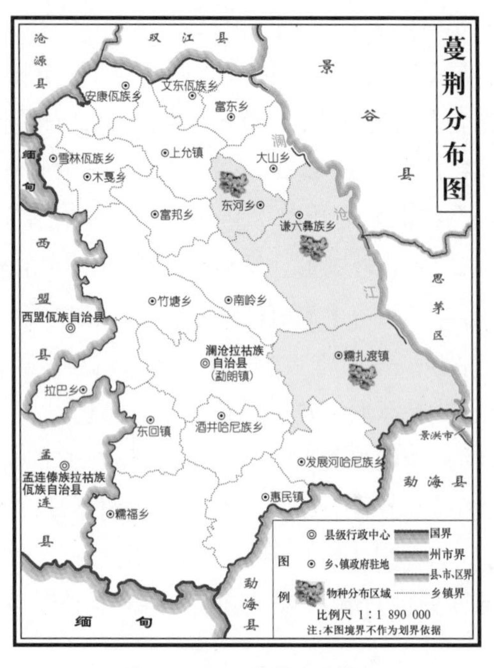

图 1–6–14　**蔓荆地理分布**

水　茄

【拉丁学名】 *Solanum torvum* Swartz

【科属】 茄科 Solanaceae 茄属 *Solanum*

【别名】 苦子果、小苦子、思茅大豌豆。

【拉祜族名称】 Chu qhad shif

【形态特征】 灌木。小枝、叶下面、叶柄及花序柄均被星状毛。小枝疏具皮刺。叶单生或双生，卵形至椭圆形，基部心脏形或楔形，两边不相等，边缘半裂或作波状；叶柄具1~2枚皮刺或不具。伞房花序腋外生，二或三歧；总花梗具1细直刺或无；花白色，花冠辐形，筒部隐于萼内；子房卵形，不孕花的花柱短于花药，能孕花的花柱较长于花药，柱头截形。浆果黄色，光滑，圆球形，宿萼外面被稀疏的星状毛。种子盘状。全年均开花结果。(图 1–6–15、图 1–6–16)

【地理分布】 全县均有分布。(图 1–6–18)

【生长环境】 生于海拔1 200~2 200 m的路旁，荒地，灌木丛中，沟谷及村庄附近等潮湿地方。

【药用部位】 果实入药，名为苦子果。(图 1–6–17)

【性味归经】 性微凉，味辛。归肺经。

【功能主治】 散瘀，通经，消肿，止痛，止

图 1-6-15　水茄植株及生境特征

图 1-6-16　水茄的花

图 1-6-17　水茄鲜药材

图 1-6-18　水茄地理分布

咳。用于跌打瘀痛，腰肌劳损，胃痛，牙痛，闭经，久咳。

【拉祜族民间疗法】1. **急性咽喉炎、扁桃体炎、口腔炎**　本品根 10 克，果 20 克，水煎 25 分钟，每日 1 剂，分早、中、晚 3 次服下，连服 3 日。

2. **急性胃炎**　取本品根 20 克，水煎 20 分钟后，再将金线吊葫芦打粉，每次取 5 克粉末与煎好的药液配合服下，每日 1 剂，分早、中、晚 3 次服下，连服 3 日。

思茅山橙

【拉丁学名】*Melodinus henryi* Craib

【科属】夹竹桃科 Apocynaceae 山橙属 *Melodinus*

【别名】岩山枝。

【拉祜族名称】Si maor sha cheor

【形态特征】粗壮木质藤本。除花序有微柔毛外，其余无毛；茎皮灰棕色，具条纹。叶近革质，椭圆状长圆形至披针形，端部急尖或渐尖，基部楔形，有时小叶夹在大叶中间；侧脉多数，向上弧形上升，直达边缘。聚伞花序生于顶端的叶腋内，着花稠密；花萼裂片圆形，边缘薄膜质，被缘毛；花冠白色，花冠筒喉内的鳞片 2 裂，被长柔毛；雄蕊着生于花冠筒中部之下。浆果橙红色，长椭圆形，具钝尖头，基部圆形。种子扁，长圆形或卵圆形。花期 4~5 月，果期 9~11 月。(图 1–6–19)

【地理分布】糯扎渡镇、发展河乡、谦六乡、拉巴乡、勐朗镇。(图 1–6–21)

图 1–6–19　思茅山橙植株

图 1–6–20　思茅山橙的果实

【生长环境】生于海拔 1 200~2 430 m 的山地林中。

【药用部位】果实入药，名为思茅山橙。(图 1-6-20)

【性味归经】性平，味甘、酸；有小毒。归肺、脾、胃、肝经。

【功能主治】行气止痛，除湿杀虫。用于小儿脑膜炎，骨折等。

【拉祜族民间疗法】1. **小儿疳积、胸膜炎**　本品果 10 克，水煎 25 分钟，每日 1 剂，分早、中、晚 3 次服下，连服 3 日。同时取部分药液浓缩后加白酒外洗。

2. **咳嗽痰多**　本品 15 克，火麻叶 3 克，川芎 10 克，生姜 8 克。水煎 25 分钟，每日 1 剂，分早、中、晚 3 次服下，连服 3 日。

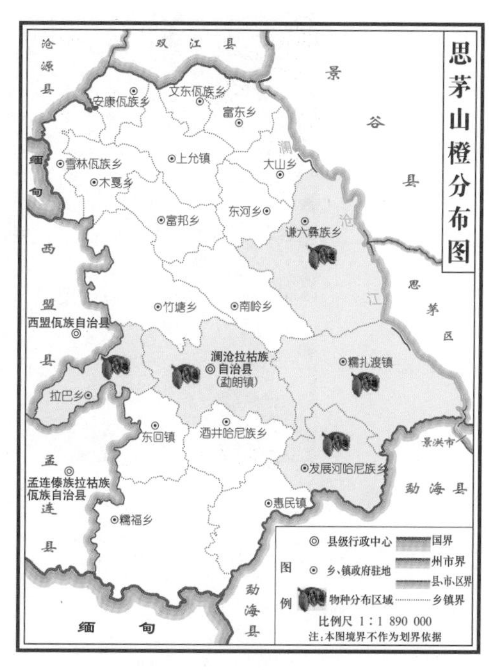

图 1-6-21　思茅山橙地理分布

苏铁（栽培）

图 1-6-22　苏铁植株

图 1–6–23　苏铁的雌球花

【拉丁学名】*Cycas revoluta* Thunb.

【科属】苏铁科 Cycadaceae 苏铁属 *Cycas*

【别名】铁树、辟火蕉、凤尾蕉、凤尾松。

【拉祜族名称】Shu thier

【形态特征】常绿木本植物。茎干圆柱状，不分枝；茎部宿存叶基和叶痕。叶从茎顶部长出，羽状复叶，厚革质而坚硬；微呈“V”字形，边缘向下反卷，先端锐尖，叶背密生锈色绒毛。雌雄异株，6~8 月开花；雄球花圆柱形，小孢子叶木质，密被黄褐色绒毛，背面着生多数药囊；雌球花扁球形，大孢子叶宽卵形，上部羽状分裂，其下方两侧着生有 2~4 个裸露的直生胚珠。种子 12 月成熟，种子大，卵形而稍扁，熟时红褐色或橘红色。(图 1–6–22、图 1–6–23)

【地理分布】糯扎渡镇、发展河乡、勐朗镇、谦六乡。(图 1–6–24)

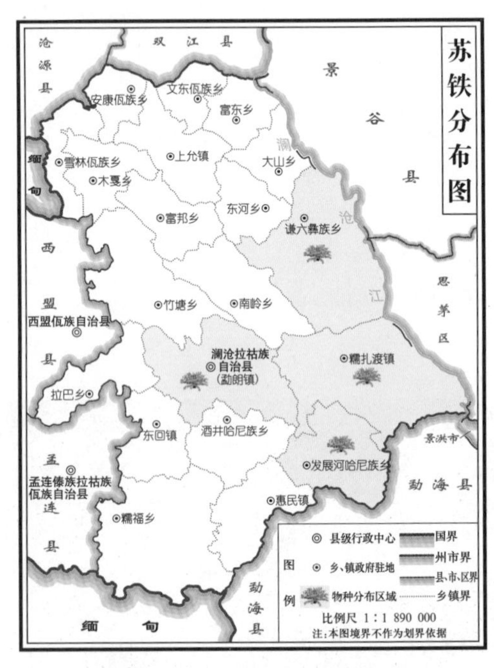

图 1–6–24　苏铁地理分布

【生长环境】生于海拔 1 200~1 600 m，多为栽培，喜肥沃湿润和微酸性的土壤。

【药用部位】种子入药，名为铁树果。

【性味归经】性平，味苦涩；有毒。归心、肺经。

【功能主治】清热，止血，祛痰。用于咳嗽，痢疾，跌打刀伤。

【拉祜族民间疗法】1. **肠炎、痢疾、消化不良**　取本品鲜果 30 克，水煎 25 分钟，每日 1 剂，分早、中、晚 3 次服下，连服 3 日。2. **慢性肝炎、急性黄疸型肝炎、难产、肿瘤**　鲜茎或鲜叶 40~50 克，水煎 25 分钟，每日 1 剂，分早、中、晚 3 次服下，连服 3 日。

菟丝子

【拉丁学名】*Cuscuta chinensis* Lam.

【科属】旋花科 Convolvulaceae 菟丝子属 *Cuscuta*

【别名】豆寄生、无根草、黄丝。

【拉祜族名称】Thuq si zid

【形态特征】一年生寄生草本。叶已退化成鳞片状。茎肉质，多分枝，形似细麻绳，直径 1~2 mm，黄白色至枯黄色或稍带紫红色，上具有突起紫斑。花小而多，聚集成穗状花序，花序侧生，少花或多花簇生成小伞形或小团伞花序，近于无总花序梗；苞片和小苞片鳞状，卵圆形；花萼杯状，中部以下连合，裂片三角状，顶端钝；花冠白色，壶形，裂片三角状卵形，顶端锐尖或钝，向外反折，宿存；雄蕊着生花冠裂片弯缺微下处；鳞片长圆形，边缘长流苏状；子房近球形，花柱 2，等长或不等长，柱头球形。果实为蒴果，卵圆或椭圆形。种子 1~2 粒，略扁，有棱角，褐色。(图 1–6–25、图 1–6–26)

【地理分布】惠民镇、糯扎渡镇、发展河乡、糯福乡、东河乡。(图 1–6–27)

【生长环境】生于海拔 1 000~1 500 m 的田边、山坡阳处、路边灌丛或海边沙丘，通常寄生于豆科、菊科、蒺藜科等多种植物上。

【药用部位】种子入药，名为菟丝子。

【性味归经】性平，味辛、甘。归肝、肾、脾经。

【功能主治】补肾益精，养肝明目，安胎。用于腰膝酸痛，阳痿，早泄，遗精，遗尿，尿频余沥，耳鸣，头晕眼花，视力减退，先兆流产，带下等症。

图 1–6–25　菟丝子植株及生境特征

【拉祜族民间疗法】1. **祛黄褐斑** 本品鲜茎捣成汁外擦于有黄褐斑处，每日 1 次，连擦 10~15 日。

2. **须发早白** 取本品 10 克，青蒿 8 克，女贞子 12 克，研末，制成蜜丸内服，每次 10 粒，早、晚各服 1 次，连服 30 日。

图 1–6–26 **菟丝子植株**

图 1–6–27 **菟丝子地理分布**

阳春砂

【拉丁学名】*Amomum villosum* Lour.

【科属】姜科 Zingiberaceae 豆蔻属 *Amomum*

【别名】阳春砂仁、春砂仁、蜜砂仁。

【拉祜族名称】砂仁那此。

【形态特征】多年生常绿草本。茎直立，无分枝。叶互生，无柄；羽状平行脉；叶鞘抱茎。穗状花序成疏松的球形，被褐色短绒毛，具花 8~12 朵；鳞片膜质，椭圆形，褐色或绿色；苞片披针形；花萼管顶端具 3 浅齿，白色；唇瓣圆匙形，白色，顶端具 2 裂、反卷、黄色的小尖头，中脉凸起，黄色而染紫红，基部具 2 个紫色的痂状斑，具瓣柄；药隔附属体 3 裂，顶端裂片半圆形，两侧耳状；腺体 2 枚，圆柱形；子房被白色柔毛。蒴果椭圆形，成熟时红棕色，有肉刺。种子多数，芳香。花期 3~6 月，果期 6~9 月。(图 1–6–28~ 图 1–6–30)

【地理分布】勐朗镇、糯扎渡镇、发展河乡、谦六乡、南岭乡、拉巴乡、糯福乡。(图 1–6–32)

【生长环境】生于海拔 500~1 400 m，栽培或野生于山地阴湿之处。

图 1-6-28　阳春砂植株及生境特征

图 1-6-29　阳春砂的花

图 1-6-30　阳春砂的叶

图 1-6-31　阳春砂的果实

【药用部位】果实入药，名为砂仁。(图 1-6-31)

【性味归经】性温，味辛。归脾、胃、肾经。

【功能主治】化湿开胃，温脾止泻，理气安胎。用于湿油中阻，脘痞不饥，脾胃虚寒，呕吐泄泻，妊娠恶阻，胎动不安。

【拉祜族民间疗法】1. **胃炎及胃下垂**　本品 12 克，木香 12 克，枳壳 12 克，白术 12 克，黄芪 12 克，陈皮 12 克，柴胡 15 克，升麻 15 克，甘草 15 克，党参 20 克，当归 12 克。水煎 30 分钟，内服，2 日 1 剂，分早、中、晚 3 次服下，连服 5 剂。

2. **醒脾化湿**　本品 500 克，红糖 300 克，白酒 2 000 毫升密封浸泡 20 日后，每日早、晚各服 30~50 毫升，服完为止。

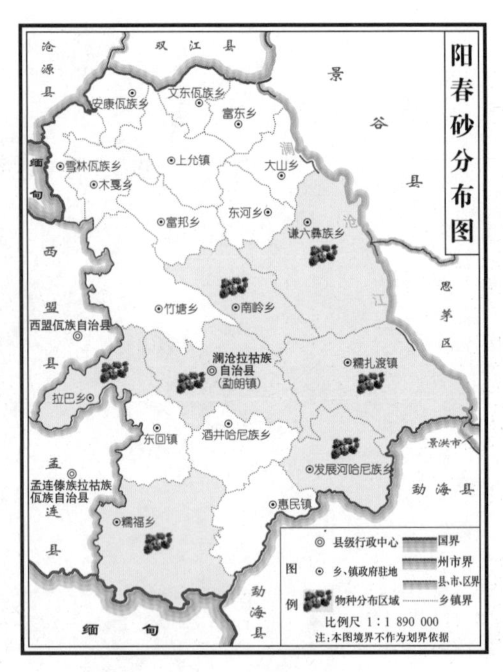

图 1-6-32　阳春砂地理分布

云南草蔻

【拉丁学名】*Alpinia blepharocalyx* K. Schum.

【科属】姜科 Zingiberaceae 山姜属 *Alpinia*

【别名】小草蔻、土砂仁、假砂仁。

【拉祜族名称】Chaod kheoq

【形态特征】草本。肉质茎，叶片带形，顶端渐尖并有一旋卷的尾状尖头，基部渐狭。总状花序，中等粗壮，花序轴“之”字形，被黄色、稍粗硬的绢毛，顶部具长圆状卵形的苞片，膜质，顶渐尖，无毛；小苞片顶有小尖头，红棕色；小花梗长不及 2 mm；花萼筒钟状，外被黄色长柔毛，具缘毛；花冠肉红色，喉部被短柔毛；侧生退化雄蕊钻状；唇瓣卵形，红色；子房长圆形，密被茸毛。果椭圆形，被毛。种子团圆球形，表面灰黄至暗棕色。花期 4~6 月，果期 7~10 月。(图 1-6-33)

【地理分布】勐朗镇、糯扎渡镇、发展河乡、雪林乡、木戛乡。(图 1-6-34)

【生长环境】生于海拔 600~2 100 m 的疏林中。

【药用部位】种子团入药，名为小草蔻。

【性味归经】性温，味苦、辛。归心、胃经。

【功能主治】燥温祛寒，除痰截疟，健脾暖胃。用于心腹冷痛，胸腹胀满，痰间断积滞，消化不良，呕吐腹泻；也常做调料用，有开胃作用。

【拉祜族民间疗法】**寒湿阴滞脾胃、脘腹胀满疼痛、呕吐、泄泻**　取本品 3~6 克，用水浸泡 20 分钟后，水煎 20 分钟，内服，每日 1 剂，分早、中、晚 3 次服下，连服 7 日即可。

图 1-6-33　**云南草蔻植株**

图 1-6-34　**云南草蔻地理分布**

皱皮木瓜

【拉丁学名】 *Chaenomeles speciosa* (Sweet) Nakai

【科属】 蔷薇科 Rosaceae 木瓜属 *Chaenomeles*

【别名】 贴梗海棠、酸木瓜、铁脚梨、川木瓜。

【拉祜族名称】 Maq ci ma

【形态特征】 落叶灌木，具枝刺。小枝圆柱形，开展，粗壮，嫩时紫褐色，无毛，老时暗褐色。叶片卵形至椭圆形，稀长椭圆形，先端急尖稀圆钝，基部楔形至宽楔形，边缘具有尖锐锯齿，齿尖开展，无毛或在萌蘖上沿下面叶脉有短柔毛；托叶大形，草质，肾形或半圆形，稀卵形，边缘有尖锐重锯齿，无毛。花先叶开放，2~6 朵簇生于二年生枝上，花梗短粗；萼筒钟状，外面无毛；萼片直立，半圆形稀卵形，长约萼筒之半，先端圆钝，全缘或有波状齿及黄褐色睫毛；花瓣近圆形或倒卵形，具短爪，猩红色，稀淡红色或白色。果实球形或卵球形，黄色或带黄绿色，有稀疏不显明斑点，味芳香；萼片脱落，果梗短或近于无梗。花期 3~5 月，果期 9~10 月。(图 1-6-35、图 1-6-37)

【地理分布】 勐朗镇、糯扎渡镇、发展河乡、糯福乡、竹塘乡、东河乡。(图 1-6-39)

【生长环境】 生于海拔 700~2 000 m，常见栽培。

【药用部位】 果实入药，名为木瓜。(图 1-6-36、图 1-6-38)

【性味归经】 性温，味酸。归肝、脾经。

【功能主治】 舒筋活络，和胃化湿。用于湿

图 1-6-35　皱皮木瓜植株

图 1-6-36　皱皮木瓜的果

图 1-6-37　皱皮木瓜的花

图 1-6-38　皱皮木瓜鲜药材

痹拘挛，腰膝关节酸重疼痛，暑湿吐泻，转筋挛痛，脚气水肿。

【拉祜族民间疗法】1. **风湿关节痛** 八角枫10克，五加皮15克，青木香5克，伸筋草10克，鸡血藤15克，木瓜10克，竹根七10克，虎杖10克，鬼灯笼15克。水煎25分钟，内服，每日1剂，分早、中、晚3次服下，连服5日。另取以上各药增加一倍量，加白酒2 000毫升浸泡7日后，每日内服3次，每次30毫升，连服21日。

2. **祛风除湿** 以本品和猪肉按1:10的量，煮成汤，吃肉喝汤效果较好。

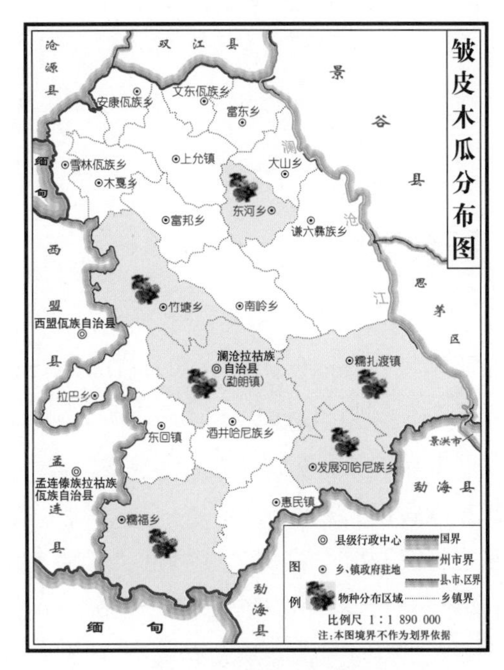

图1–6–39 皱皮木瓜地理分布

七、孢子、树脂

海金沙

【拉丁学名】*Lygodium japonicum* (Thunb.) Sw.

【科属】海金沙科 Lygodiaceae 海金沙属 *Lygodium*

【别名】金沙藤、左转藤、竹园荽。

【拉祜族名称】Haid ce sha

【形态特征】植株高攀达 1~4 m。叶轴上面有两条狭边，羽片多数，对生于叶轴上的短距两侧，平展，有一丛黄色柔毛覆盖腋芽；叶纸质，干后绿褐色；两面沿中肋及脉上略有短毛；能育羽片卵状三角形，长宽几相等，或长稍过于宽，二回羽状；一回小羽片 4~5 对，互生，相距 2~3 cm，长圆披针形；二回小羽片 3~4 对，卵状三角形，羽状深裂。孢子囊穗长往往远超小羽片的中央不育部分，排列稀疏，暗褐色，无毛。(图 1–7–1、图 1–7–2)

【地理分布】勐朗镇、谦六乡、南岭乡、糯扎渡镇、发展河乡、拉巴乡、木戛乡、糯福乡、竹塘乡、富邦乡。(图 1–7–3)

【生长环境】生于海拔 600~2 000 m 的山坡草丛或灌木丛中。

图 1–7–1　海金沙植株及生境特征

【药用部位】成熟孢子入药，名为海金沙。

【性味归经】性寒，味甘、咸。归膀胱、小肠经。

【功能主治】清利湿热，通淋止痛。用于热淋，石淋，血淋，膏淋，尿道涩痛。

【拉祜族民间疗法】**尿路感染、结石、肾炎水肿** 本品配茶树寄生、螃蟹脚、木通、牛尾巴蒿、帕梯根、薏苡仁各15克，酒为引，水煎25分钟，内服，每日1剂，分早、中、晚3次服下，连服2日即可。

图 1–7–2 **海金沙的叶**

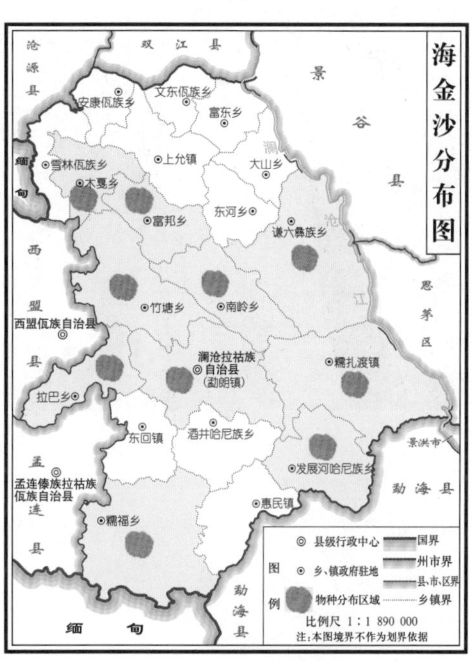

图 1–7–3 **海金沙地理分布**

剑叶龙血树

【拉丁学名】*Dracaena cochinchinensis* (Lour.) S. C. Chen

【科属】百合科 Liliaceae 龙血树属 *Dracaena*

【别名】柬埔寨龙血树。

【拉祜族名称】haq tui

【形态特征】乔木，高可达5~15 m。茎粗大，分枝多，树皮灰白色，光滑，老干皮部灰褐色，片状剥落，幼枝有环状叶痕。叶聚生在茎、分枝或小枝顶端，互相套叠，剑形，薄革质，向基部略变窄而后扩大，抱茎，无柄。圆锥花序，花序轴密生乳突状短柔毛，幼嫩时更甚；花每2~5朵簇生，乳白色；花丝扁平，上部有红棕色疣点；花柱细长。浆果橘黄色，具1~3颗种子。花期3月，果期7~8月。(图 1–7–4、图 1–7–5)

【地理分布】竹塘乡、拉巴乡、木戛乡。(图

图 1–7–4 **剑叶龙血树植株**

图 1–7–5 **剑叶龙血树的花序**

1–7–6）

【生长环境】生于海拔 950~1 700 m 的石灰岩上。

【药用部位】树脂入药，名为龙血竭。

【性味归经】性温，味甘、辛、咸。归肺、脾、肾经。

【功能主治】活血化瘀，消肿止痛，收敛止血，软坚散结、生肌敛疮。本种茎和枝可提取中药“血竭”，“血竭”又名“麒麟血”，用于外伤出血，跌打损伤之淤血作痛，疮伤久不收口等症。

【拉祜族民间疗法】1. **胆囊炎** 取本品 50 克，研粉，加熊胆 5 克，白酒 1 000 毫升，内服，每日早、晚各 1 次，每次 30~50 毫升，连服 7 日。

2. **跌打损伤** 取本品研粉，兑适量的白酒，涂搽患处，每日早、晚各涂搽 1 次。

图 1–7–6 **剑叶龙血树地理分布**

3. **止血** 取本品适量，研粉，直接涂于伤口；对肠胃出血患者，可用开水适量送服，效果明显。

多个药用部位植物

一、根和根茎、茎

刺五加（栽培）

【拉丁学名】*Acanthopanax senticosus* (Rupr. Maxim.) Harms

【科属】五加科 Araliaceae 五加属 *Acanthopanax*

【别名】刺拐棒、坎拐棒子、一百针、老虎潦。

【拉祜族名称】Kied

【形态特征】灌木，高 1~6 m。分枝多。叶柄常疏生细刺；小叶片纸质，椭圆状倒卵形或长圆形，先端渐尖，基部阔楔形，上面粗糙，深绿色，脉上有粗毛，下面淡绿色，脉上有短柔毛，边缘有锐利重锯齿；小叶柄有棕色短柔毛。伞形花序单个顶生，有花多数；总花梗无毛，花梗无毛或基部略有毛；花紫黄色；花瓣卵形；子房 5 室，花柱全部合生成柱状。果实球形或卵球形，有 5 棱，黑色。花期 6~7 月，果期 8~10 月。(图 2–1–1、图 2–1–2)

【地理分布】勐朗镇、糯扎渡镇、发展河乡、南岭乡、谦六乡、拉巴乡。(图 2–1–3)

【生长环境】生于海拔 1 300~2 300 m，多为栽培。

【药用部位】根和根茎或茎入药，名为刺五加。

图 2–1–1　刺五加植株及生境特征

【性味归经】性温，味辛、微苦。归脾、肾、心经。

【功能主治】益气健脾，补肾安神。用于脾肺气虚，体虚乏力，食欲不振，肺肾两虚，久咳虚喘，肾虚腰膝酸痛，心脾不足，失眠多梦。

【拉祜族民间疗法】**风湿、类风湿性关节炎** 本品20克，雷公藤10克，小南木香10克，九子30克，小红参15克，生黄芪20克，葛根20克。水煎20分钟，内服，每日1剂，分早、中、晚3次服下，连服7日即可。

图 2-1-2 **刺五加植株**

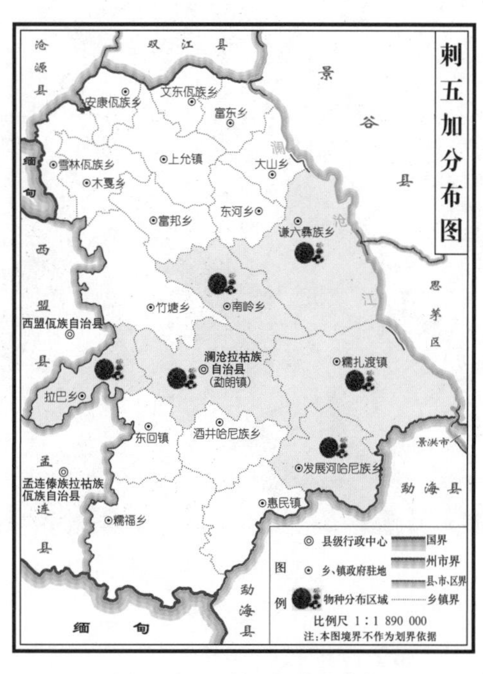

图 2-1-3 **刺五加地理分布**

当归藤

【拉丁学名】*Embelia parviflora* Wall.

【科属】紫金牛科 Myrsinaceae 酸藤子属 *Embelia*

【别名】虎尾草、土当归、保妇蕴。

【拉祜族名称】Lad miefrid

【形态特征】攀缘灌木或藤本，长3 m以上。小枝密被锈色长柔毛，略具腺点或星状毛。叶互生；叶柄被长柔毛；叶片坚纸质，卵形，先端钝或圆形。亚伞形花序或聚伞花序，腋生，通常下弯藏于叶下，被锈色长柔毛，有花2~4朵或略多；花梗被锈色长柔毛；小苞片披针形至钻形，外面被疏微柔毛；花瓣白色或粉红色，分离，卵形、长圆状椭圆形或长圆形，先端微凹，近先端具腺点，边缘和里面密被微柔毛。果球形，暗红色，无毛，宿存萼反卷。花期12月至翌年5月，果期5~7月。(图 2-1-4、图 2-1-5)

图 2–1–4　当归藤植株及生境特征

图 2–1–5　当归藤的花

【地理分布】勐朗镇、糯扎渡镇、发展河乡、木戛乡、雪林乡、糯福乡、竹塘乡。(图 2–1–6)

【生长环境】生于海拔 1 000~2 000 m 的山间密林中或林缘，或灌木丛中，土质肥润的地方。

【药用部位】根、藤入药，名为当归藤。

【性味归经】性平，味苦、涩。归肾经。

【功能主治】补血活血，强壮腰膝。用于血虚诸证，月经不调，闭经，产后虚弱，腰腿酸痛，跌打骨折。

【拉祜族民间疗法】**骨折、跌打损伤、月经不调、腹泻**　取本品鲜品 30~50 克，水煎 25 分钟，内服，每日 1 剂，分早、中、晚 3 次服下，连服 5 日。

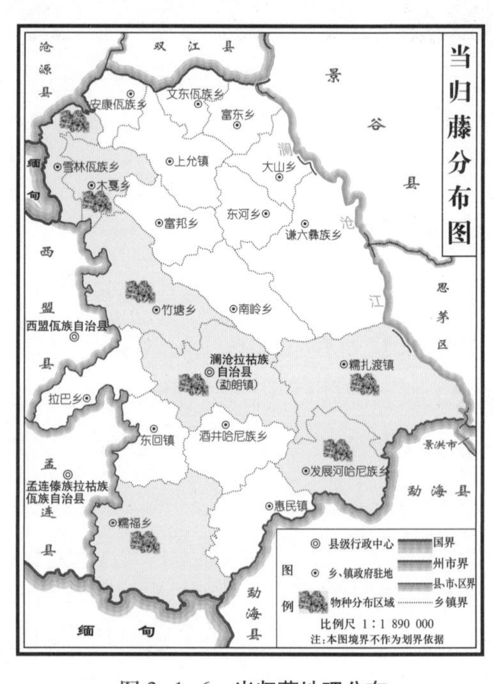

图 2–1–6　当归藤地理分布

定心藤

【拉丁学名】*Mappianthus iodoides* Hand.–Mazz.

【科属】茶茱萸科 Icacinaceae 定心藤属 *Mappianthus*

【别名】甜果藤、麦撇花藤、铜钻、藤蛇总管、黄九牛、黄马胎。

【拉祜族名称】Teq she theor

【形态特征】木质攀缘藤本，有卷须。嫩枝有棱，密被糙伏毛，老枝有灰白色皮孔。单叶对生或近对生，长圆状椭圆形，全缘。花夏季开放，黄色，组成腋生聚伞花序，萼杯状，花冠肉质，钟状漏斗形；裂片长椭圆形，里面被疏柔毛；花药线状披针形。核果近椭圆状，稍压扁，被糙伏毛，核有纵条纹。种子1枚。花期4~8月，雌花较晚，果期6~12月。(图2–1–7)

【地理分布】糯扎渡镇、勐朗镇。(图2–1–9)

【生长环境】生于海拔800~1 800 m的疏林、灌丛及沟谷林内。

【药用部位】根、藤入药，名为定心藤。(图2–1–8)

【性味归经】性凉，味苦、微涩。归心、肝、脾、肾、膀胱经。

【功能主治】祛风活络，消肿，解毒。用于风湿性腰腿痛，手足麻痹，跌打损伤等症。

【拉祜族民间疗法】1. **心慌、失眠**　本品20克，回心草6克，大枣15克，冰糖20克，泡开水当茶饮。

2. **消肿、农药中毒**　本品20克，甘草10克，水煎15分钟，内服。

图2–1–7　**定心藤植株**

图 2–1–8 **定心藤的藤茎**

图 2–1–9 **定心藤地理分布**

海　芋

【拉丁学名】*Alocasia macrorrhiza* (L.) G.Don

【科属】天南星科 Araceae 海芋属 *Alocasia*

【别名】大麻芋、羞天草、隔河仙、天荷、滴水芋、野芋、麻芋头、野芋头、麻哈拉(哈尼族语)、大黑附子、老虎芋、尖尾野芋头、狼毒。

【拉祜族名称】Baw law ma

【形态特征】大型常绿草本植物。具匍匐根茎，有直立的地上茎，基部长出不定芽条。叶多数，叶柄绿色或污紫色，螺状排列，粗厚，长可达 1.5 m，基部连鞘宽 5~10 cm，展开；叶片亚革质，草绿色，箭状卵形，边缘波状，幼株叶片联合较多。佛焰苞管部绿色，卵形或短椭圆形；檐部蕾时绿色，花时黄绿色、绿白色，凋萎时变黄色、白色，舟状，长圆形，略下弯，先端喙状；肉穗花序芳香，雌花序白色，不育雄花序绿白色，能育雄花序淡黄色；附属器淡绿色至乳黄色，圆锥状，嵌以不规则的槽纹。浆果红色，卵状，有种子 1~2 枚。花期四季，在密阴的林下常不开花。(图 2–1–10、图 2–1–11)

【地理分布】糯扎渡镇、发展河乡。(图 2–1–12)

【生长环境】生于海拔 800~1 700 m 的林缘或林下，常见栽培。

【药用部位】根茎或茎入药，名为海芋。

【性味归经】性寒，味辛；有毒。归心、肝、胆、大肠经。

【功能主治】清热解毒，行气止痛，散结消

图 2-1-10　**海芋植株**

图 2-1-11　**海芋的花**

肿。用于腹痛，霍乱，疝气，肺结核，风湿性关节炎，气管炎，流感，伤寒，风湿性心脏病，痈疮，蛇虫咬伤，烫火伤。(本品有毒，鲜草汁液皮肤接触后瘙痒，误入眼内可以引起失明；茎、叶误食后喉舌发痒、肿胀、流涎、肠胃烧痛、恶心、腹泻、惊厥，严重者窒息、心脏麻痹而死。)

【拉祜族民间疗法】 1. **流感**　取本品鲜品 50 克，水煎 100 分钟，内服，每日 1 剂，分早、中、晚 3 次服下，连服 3 日。

2. **风热头痛**　取本品鲜茎秆在火塘中加热后切片，贴于头部患处。

图 2-1-12　**海芋地理分布**

黑风藤

【拉丁学名】*Fissistigma polyanthum* (Hook. f. et Thoms.) Merr.

【科属】番荔枝科 Annonaceae 瓜馥木属 *Fissistigma*

【别名】通气香、牛耳风、拉藤公、雷公根、麻哈哈。

【拉祜族名称】Tho chiq shia

【形态特征】木质攀缘藤本，长达 8 m。根黑色，撕裂有强烈香气。枝条灰黑色或褐色。叶近革质，长圆形或倒卵状长圆形，有时椭圆形，顶端急尖或圆形，有时微凹；叶面无毛，叶背被短柔毛。花小，花蕾圆锥状，顶端急尖，通常 3~7 朵集成密伞花序，花序广布于小枝上，腋生、与叶对生或腋外生，被黄色柔毛；萼片阔三角形，被柔毛；药隔三角形，顶端钝；心皮长圆形，被长柔毛，柱头顶端全缘，每心皮有胚珠 4~6 颗，2 排。果圆球状，被黄色短柔毛；果柄柔弱。种子椭圆形，扁平，红褐色。花期几乎全年，果期 3~10 月。(图 2–1–13、图 2–1–14)

【地理分布】勐朗镇、竹塘乡、南岭乡。(图 2–1–15)

【生长环境】生于海拔 800~1 500 m 的山谷和路旁林下。

【药用部位】根和藤入药，名为通气香。

【性味归经】性温，味涩、微辛。归经不明确。

【功能主治】通经络，强筋骨，健脾温中。

图 2–1–13　黑风藤植株及生境特征

用于跌打损伤，风湿性关节炎，类风湿性关节痛，感冒，月经不调。

【拉祜族民间疗法】伤风感冒 麻疙瘩、大力丸、通气香各 10 克，生姜 3 片。水煎 20 分钟，内服，每日 1 剂，分早、中、晚 3 次服下，连服 3 日。

图 2-1-14 **黑风藤的果**

图 2-1-15 **黑风藤地理分布**

二、根和根茎、叶

川续断

【拉丁学名】*Dipsacus asperoides* C. Y. Cheng et T. M. Ai

【科属】川续断科 Dipsacaceae 川续断属 *Dipsacus*

【别名】和尚头。

【拉祜族名称】Shiq tuag

【形态特征】多年生草本，高 50~100 cm。茎直立，具棱和浅槽，密被白色柔毛，棱上有较粗糙的刺毛。叶对生，中央裂片最大，椭圆形至椭圆状广卵形；茎梢的叶较小，中央裂片披针形。头状花序球形或广椭圆形；总苞片数枚，线形，每花外有一倒卵形苞片，先端突尖呈粗刺状，边缘有绿色针刺毛；花冠红紫色；雄蕊 4，着生于花冠管上，明显超出花冠，花丝扁平，花药椭圆形，紫色；子房下位，花柱通常短于雄蕊，柱头短棒状。瘦果楔状长圆形，具 4 棱，淡褐色。花期 8~9 月，果期 9~10 月。(图 2–2–1)

【地理分布】谦六乡、木戛乡、上允镇。(图 2–2–2)

【生长环境】生于海拔 2 000~2 516 m 的沟边、

图 2–2–1　川续断植株及生境特征

草丛、林缘和田野路旁。

【药用部位】根、叶入药，名为续断。

【性味归经】性微温，味苦、辛。归肝、肾经。

【功能主治】补肝肾，强筋骨，续折伤，止崩漏。用于肝肾不足，腰膝酸软，风湿痹痛，跌打损伤，筋伤骨折，崩漏，胎漏。酒续断多用于风湿痹痛，跌打损伤，筋伤骨折；盐续断多用于腰膝酸软。

【拉祜族民间疗法】1. **眼睛红肿、长眼屎**　本品鲜叶熬水外洗眼部。

2. **感冒或由疟疾引起的高热**　本品鲜根 50 克，水煎 25 分钟，内服，每日 1 剂，分早、中、晚 3 次服下，连服 3 日。

3. **腰脚酸软**　本品鲜根 200 克，猪蹄 1 只，煮汤，喝汤食肉，每周 2 次，连吃 3 周。

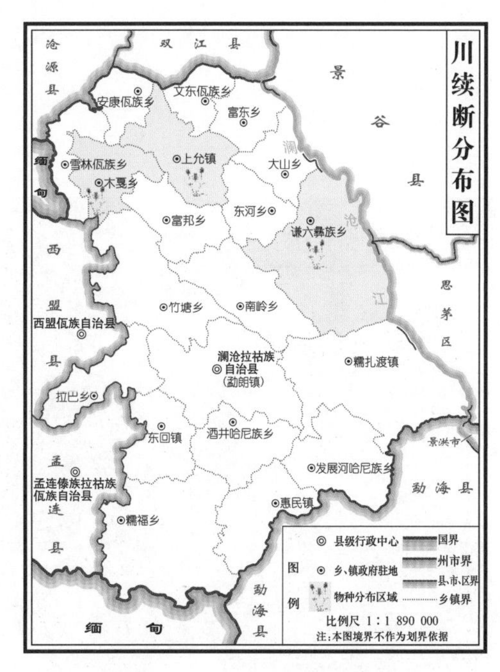

图 2-2-2　**川续断地理分布**

光叶决明（栽培）

【拉丁学名】*Cassia floribunda* Cav.

【科属】豆科 Leguminosae 决明属 *Cassia*

【别名】光决明、怀花米。

【拉祜族名称】Kua yier cier mer

【形态特征】直立灌木，高 1~2 m，无毛。小叶 3~4 对，在每对小叶间的叶轴上，均有 1 枚腺体，腺体圆形至线形；小叶卵形至卵状披针形，顶端渐尖，基部楔形或狭楔形，有时偏斜，下面粉白色，有细洼点，上面有乳凸；侧脉纤细，两面稍凸起，边全缘；托叶线形，早落。总状花序生于枝条上部的叶腋或顶生，多少呈伞房式；萼片不相等，内生的长 8~10 mm；花瓣黄色，宽阔，钝头；能育雄蕊 4 枚，花丝长短不一。荚果长 5~7 cm，果瓣稍带革质，呈圆柱形，2 瓣开裂；种子多数。花期 5~7 月，果期 10~11 月。（图 2-2-3、图 2-2-4）

【地理分布】勐朗镇、糯扎渡镇、发展河乡、雪林乡。（图 2-2-5）

【生长环境】原产美洲热带地区。常见栽培于海拔 1 000~1 900 m 处。

【药用部位】根、叶入药，名为光决明。

【性味归经】性凉，味苦、涩。归肺、肝经。

【功能主治】清热解毒，清肝明目。用于外感风热之发热、汗出、喉痛、肝火上炎之头昏目眩、角膜云翳、结膜红肿诸症。

【拉祜族民间疗法】**外感风热之发热、汗出、喉痛**　本品 15 克，水煎 25 分钟，内服，每日 1 剂，分早、中、晚 3 次服下，连服 3 日。

图 2–2–3　光叶决明植株

图 2–2–4　光叶决明的花

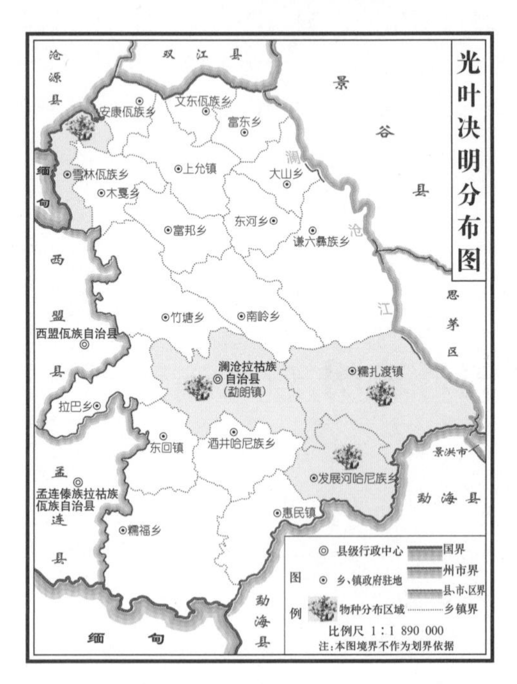

图 2–2–5　光叶决明地理分布

排钱树

【拉丁学名】*Phyllodium pulchellum* (L.) Desv.

【科属】豆科 Leguminosae 排钱树属 *Phyllodium*

【别名】笠碗子树、尖叶阿婆钱、牌钱树、龙鳞草、圆叶小槐花。

【拉祜族名称】Phair cher chaod

【形态特征】直立亚灌木，高 0.5~1.5 m。枝圆柱形，柔弱，被柔毛。三出复叶，具柄；叶片革质，顶端小叶长圆形，先端钝或近尖，基部近圆形，边缘略波状，上面绿色，无毛，或两面均有柔毛。总状花序顶生或侧生，由多数伞形花序组成，每一伞形花序隐藏于 2 个圆形的叶状苞片内，形成排成串的铜钱，故名“排钱草”。荚果长圆形，无毛或有柔毛，边缘具睫毛，通常有 2 节，先端有喙。种子褐色。花期 7~9 月，果期 9~11 月。(图 2–2–6、图 2–2–7)

【地理分布】糯扎渡镇。(图 2–2–8)

【生长环境】生于海拔 578~2 000 m 的丘陵荒地、路旁或山坡疏林中。

【药用部位】根、叶入药，名为排钱草。

【性味归经】性平，味淡、涩；有小毒。归肺、脾、肝经。

【功能主治】疏风清热，解毒消肿。用于感冒发热，咽喉肿痛，牙痛，风湿痹痛，水肿，肝脾肿大，跌打肿痛，毒虫咬伤等症。

【拉祜族民间疗法】**肝脾肿大、痛经难产、**

图 2–2–6　**排钱树植株及生境特征**

风湿骨痛 取本品15~20克，酒为引，水煎30分钟，内服，每日1剂，分早、中、晚3次服下，连服3日。风湿骨痛也可以将鲜叶捣烂外敷于患处，每日1剂，连敷3日。

图2-2-7 排钱树的荚果

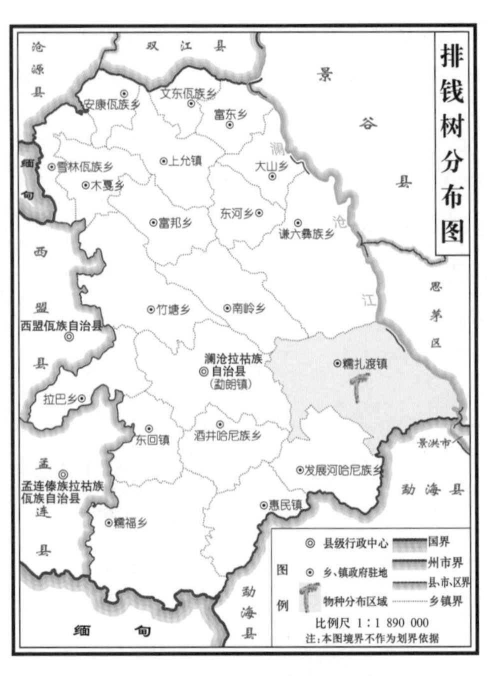

图2-2-8 排钱树地理分布

山芝麻

【拉丁学名】*Helicteres angustifolia* L.

【科属】梧桐科 Sterculiaceae 山芝麻属 *Helicteres*

【别名】大山麻、石秤砣、山油麻、坡油麻。

【拉祜族名称】Nuf theof

【形态特征】小灌木，高约1 m。茎直立，有分枝，茎皮坚韧似麻，小枝密被灰黄色短绒毛。单叶互生，矩圆状披针形。夏季叶腋抽出短花序梗，花数朵簇生其上，形成聚伞花序；花瓣5片，不等大，淡红色或紫红色，比萼略长，基部有2个耳状附属体；雄蕊10枚，退化雄蕊5枚，线形，甚短；子房5室，被毛，较花柱略短，每室有胚珠约10个。蒴果卵状矩圆形，略似芝麻果实，长近2 cm，密被星状柔毛，熟后5裂。种子小，褐色，有椭圆形小斑点。花期几乎全年。（图2-2-9）

【地理分布】谦六乡、糯扎渡镇、糯福乡、东河乡、酒井乡。（图2-2-11）

【生长环境】生于海拔700~1 500 m的山地。

【药用部位】根、叶入药，名为山芝麻。（图2-2-10）

【性味归经】性寒，味苦；有小毒。归肺、

图 2-2-9 山芝麻植株

图 2-2-10 山芝麻的叶

肝经。

【功能主治】清热解毒，止咳，消炎。用于感冒高热，扁桃体炎，咽喉炎，腮腺炎，麻疹，咳嗽，疟疾；外用治毒蛇咬伤，外伤出血，痔疮，痈肿疔疮。

【拉祜族民间疗法】**降血压** 取本品30克，鸡血藤20克，盐酸木15克，草果3个为药引。水煎25分钟，内服，每日1剂，分早、中、晚3次服下，连服3日。

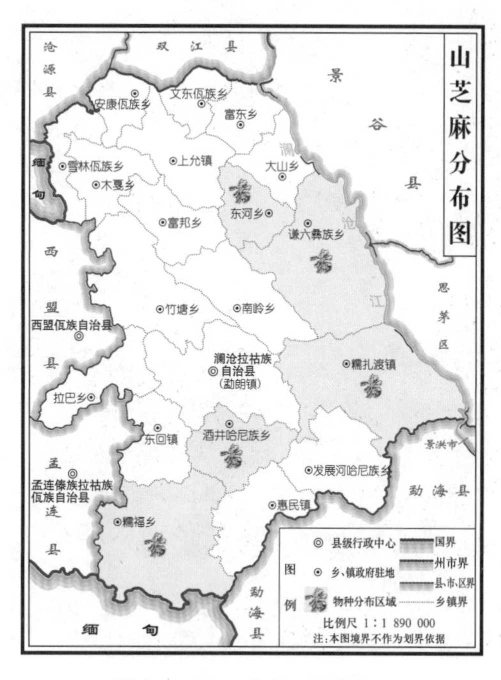

图 2-2-11 山芝麻地理分布

三、根和根茎、果实和种子

粗叶榕

【拉丁学名】*Ficus hirta* Vahl

【科属】桑科 Moraceae 榕属 *Ficus*

【别名】掌叶榕、五指毛桃、佛掌榕。

【拉祜族名称】Naf qod log

【形态特征】小乔木，高 2~8 m。有乳汁。枝、叶和花托密生金黄色开展的长硬毛。单叶互生，纸质，卵形、倒卵状钜圆形，或钜圆状披针形，两面均粗糙；托叶卵状披针形，膜质，红色，有粗毛；叶柄长 1.2~7 cm。花序托成对腋生，无梗，球形；基部苞片卵形；雄花和瘿花同生于一花序托中，雌花生在另一花序托内。小瘦果，骨质，有粗毛。花果期 3~11 月。(图 2–3–1)

【地理分布】糯扎渡镇、发展河乡。(图 2–3–2)

图 2–3–1　粗叶榕植株

【生长环境】生于海拔 1 200~1 700 m 的村寨附近旷地或山坡林边，或附生于其他树干。

【药用部位】根入药，名为粗叶榕根；果实入药，名为粗叶榕果。

【性味归经】性温，味苦、甘。归脾、肺经。

【功能主治】祛风利湿，活血化瘀。用于风湿骨痛，闭经，产后瘀血腹痛，白带，睾丸炎，跌打损伤等症。

【拉祜族民间疗法】**疟疾、膀胱炎、腹胀腹痛、产后淤血腹痛、闭经**　本品根 30 克，加 5 滴酒为引，水煎 20 分钟，内服，每日 1 剂，分早、中、晚 3 次服下，连服 3 日。

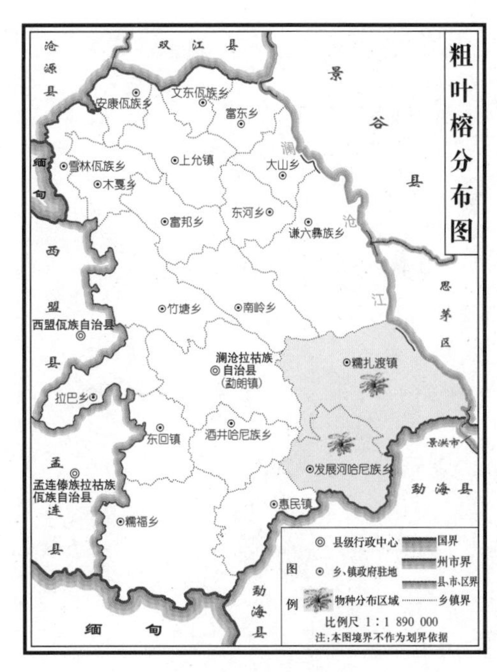

图 2-3-2　粗叶榕地理分布

厚果崖豆藤

【拉丁学名】*Millettia pachycarpa* Benth.

【科属】豆科 Leguminosae 崖豆藤属 *Millettia*

【别名】冲天子、闹鱼藤。

【拉祜族名称】Cho the zid

【形态特征】巨大藤本。幼年时直立如小乔木状。嫩枝褐色，密被黄色绒毛，后渐秃净，老枝黑色，光滑，散布褐色皮孔，茎中空。羽状复叶；托叶阔卵形，黑褐色，贴生鳞芽两侧，宿存；小叶 6~8 对，草质，长圆状椭圆形至长圆状披针形，先端锐尖，基部楔形或圆钝，上面平坦，下面被平伏绢毛，中脉在下面隆起，密被褐色绒毛，平行近叶缘弧曲；小叶柄密被毛；无小托叶。总状圆锥花序，2~6 枝生于新枝下部；苞片小，阔卵形，小苞片甚小，线形，离萼生；花冠淡紫，旗瓣无毛，或先端边缘具睫毛，卵形，基部淡紫，基部具 2 短耳，无胼胝体，翼瓣长圆形，下侧具钩，龙骨瓣基部截形，具短钩；雄蕊单体，对旗瓣的 1 枚基部分离；无花盘；子房线形，密被绒毛，花柱长于子房，向上弯，胚珠 5~7 粒。荚果深褐黄色，肿胀，长圆形，单粒种子时卵形，秃净，密布浅黄色疣状斑点，果瓣木质，甚厚，迟裂，有种子 1~5 粒。种子黑褐色，肾形，或挤压呈棋子形。花期 4~6 月，果期 6~11 月。(图 2-3-3、图 2-3-4)

【地理分布】勐朗镇、木戛乡、雪林乡、糯福乡、发展河乡、糯扎渡镇、谦六乡、拉巴

图 2–3–3 **厚果崖豆藤植株及生境特征**

图 2–3–4 **厚果崖豆藤植株**

乡、东河乡。(图 2–3–5)

【生长环境】生于海拔 900~2 400 m 的山坡常绿阔叶林内。

【药用部位】根、果入药，名为冲天子。

【性味归经】性热，味苦、辛；大毒。归脾、胃经。

【功能主治】根：散瘀消肿。果：止痛，拔异物。用于控制抽搐和防治呼吸衰竭。

【拉祜族民间疗法】1. **痧证、胃肠炎** 取本品鲜根 50 克，水煎 30 分钟，内服，每日 1 剂，分早、中、晚 3 次服下，连服 3 日。

2. **拔异物** 取本品鲜根、地桃花、红糖按 1:1:0.3 比例捣烂，外包于患处。

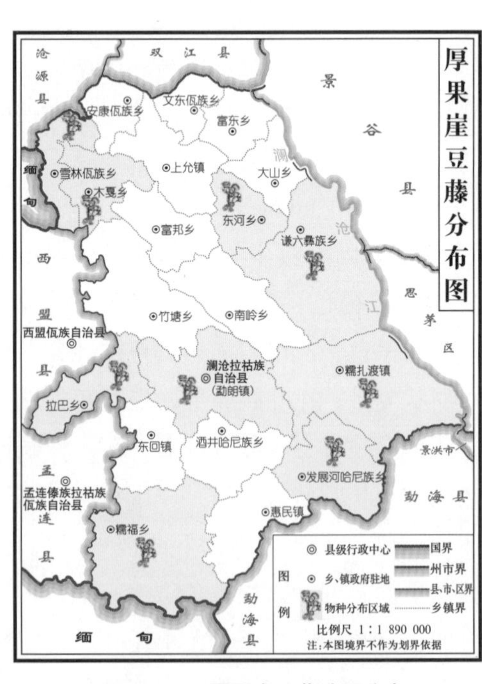

图 2–3–5 **厚果崖豆藤地理分布**

木蝴蝶

【拉丁学名】*Oroxylum indicum* (L.) Kurz

【科属】紫葳科 Bignoniaceae 木蝴蝶属 *Oroxylum*

【别名】千张纸、王蝴蝶、千层纸、海船。

【拉祜族名称】Che ca zid

【形态特征】直立小乔木，高 6~10 m。树皮灰褐色。大型奇数 2~3（~4）回羽状复叶，着生于茎干近顶端；小叶三角状卵形，两面无毛，全缘，叶片干后发蓝色，侧脉 5~6 对网脉在叶下面明显。总状聚伞花序顶生，粗壮；花大、紫红色；花萼钟状，紫色，膜质，果期近木质，具小苞片；花冠肉质，檐部下唇 3 裂，上唇 2 裂，裂片微反折，在傍晚开放，有恶臭气味；花盘大，肉质，5 浅裂。蒴果木质，常悬垂于树梢，果瓣具有中肋，边缘肋状凸起。种子多数，圆形，周翅薄如纸，故有“千张纸”之称。(图 2-3-6)

【地理分布】糯扎渡镇、糯福乡、南岭乡、酒井乡。(图 2-3-8)

【生长环境】生于海拔 578~1 800 m 的热带及亚热带低丘河谷密林，以及公路边丛林中，常单株生长。

【药用部位】种子入药，名为木蝴蝶；根皮入药，名为千张纸。(图 2-3-7)

【性味归经】种子：性凉，味甘、苦；归肺、

图 2-3-6　木蝴蝶植株

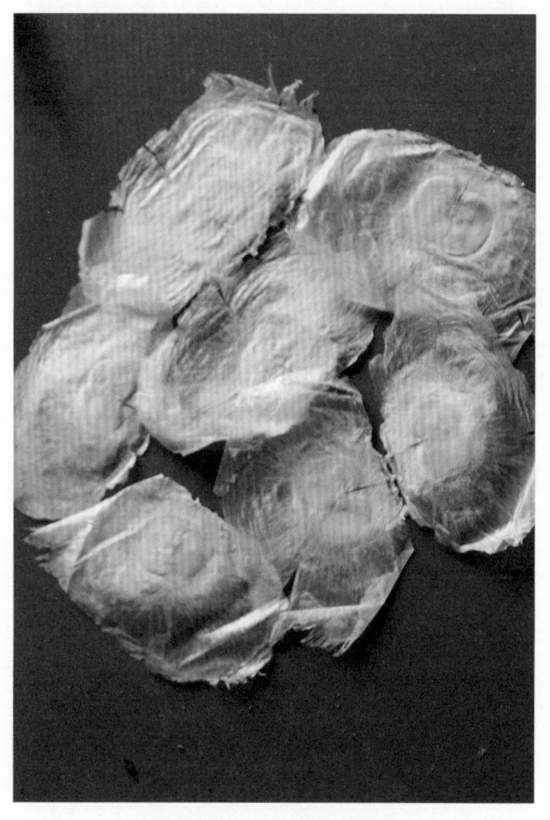

图 2-3-7　木蝴蝶的种子

肝、胃经。根皮：性凉，味甘、微苦；归肺、肝、胃经。

【功能主治】种子：清肺利咽，疏肝和胃；用于肺热咳嗽，喉痹，音哑，肝胃气痛。根皮：消炎镇痛；用于心气痛，肝气痛，支气管炎及胃，十二指肠溃疡。

【拉祜族民间疗法】1. **中老年人眼睛视物不清**　取本品鲜根40克，种子10克，水煎30分钟，内服，每日1剂，分早、中、晚3次服下，连服3日。

2. **头晕、头痛**　本品根皮20克，野棉花16克，夹竹桃20克。水煎30分钟，内服，每日1剂，分早、中、晚3次服下，连服3日。

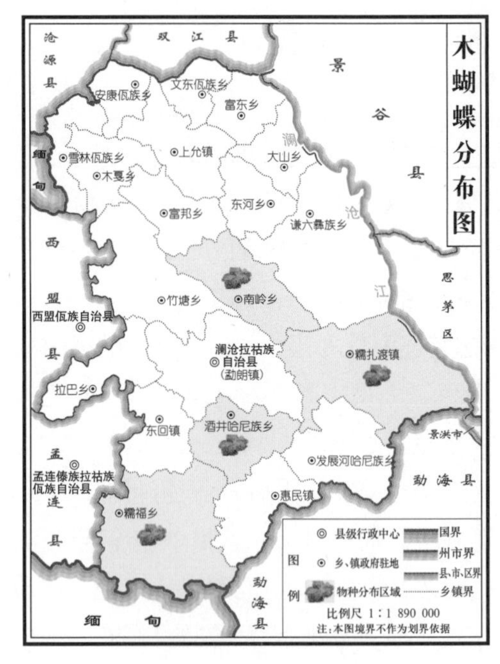

图 2-3-8　木蝴蝶地理分布

牛　蒡

【拉丁学名】*Arctium lappa* L.

【科属】菊科 Compositae 牛蒡属 *Arctium*

【别名】恶实、大力子、鼠黏草、夜叉头、蝙蝠刺。

【拉祜族名称】Niur phar

【形态特征】二年生草本，高1~2 m。根粗壮，肉质，圆锥形。茎直立，上部多分枝，带紫褐色，有纵条棱。叶大形，丛生，有长柄；茎生叶互生；叶片长卵形或广卵形，先端钝，具刺尖，上面绿色或暗绿色，具疏毛，下面密被灰白色短绒毛。头状花序簇生于茎顶或排列成伞房状；花序梗表面有浅沟，密被细毛；总苞球形，苞片多数，覆瓦状排列，披针形或线状披针形，先端钩曲；花小，红紫色，均为管状花，两性，花冠先端5浅裂，聚药雄蕊5，与花冠裂片互生，花药黄色。瘦果长圆形或长圆状倒卵形，灰褐色，具纵棱，冠毛短刺状，淡黄棕色。花期6~8月，果期8~10月。(图 2-3-9)

【地理分布】勐朗镇、糯扎渡镇、发展河乡、竹塘乡、糯福乡、东河乡。(图 2-3-11)

【生长环境】生于海拔750~3 500 m的山坡、山谷、林缘、林中、灌木丛中、河边潮湿地、村庄路旁或荒地。

【药用部位】果实入药，名为牛蒡子；根入药，名为牛蒡。(图 2-3-10)

【性味归经】果实：性寒，味辛、苦。归肺、胃经。

图 2-3-9　牛蒡植株

图 2-3-10　牛蒡的果实

【功能主治】果实：疏散风热，宣肺透疹，解毒利咽；用于风热感冒，咳嗽痰多，麻疹，风疹，咽喉肿痛，痄腮，丹毒，痈肿疮毒。根：清热解毒，疏风利咽；用于风热感冒，咳嗽，咽喉肿痛，疮疖肿毒，脚癣，湿疹。

【拉祜族民间疗法】麻疹　牛蒡子6克，葛根6克，连翘6克，蝉衣3克。水煎25分钟，内服，每日1剂，分早、中、晚3次服下，连服5日。

图 2-3-11　牛蒡地理分布

深绿山龙眼

【拉丁学名】*Helicia nilagirica* Bedd.

【科属】山龙眼科 Proteaceae 山龙眼属 *Helicia*

【别名】豆腐渣果、母猪果。

【拉祜族名称】Var pil tawr

【形态特征】乔木，高 5~12 m。树皮灰色；芽密被锈色短毛，小枝和成长叶均无毛。叶纸质或近革质，倒卵状长圆形、椭圆形或长圆状披针形，顶端短渐尖、近急尖或钝，基部楔形，稍下延，全缘，有时边缘或上半部的叶缘具疏生锯齿。总状花序腋生或生于小枝已落叶腋部，密被锈色短毛，毛逐渐脱落；花梗常双生，基部彼此贴生；苞片披针形；花被管白色或浅黄色，无毛；腺体 4 枚，卵球形或近球形，稀 1~2 枚腺体延长成丝状附属物，在中部以下呈螺旋状弯曲；子房无毛。果呈稍扁的球形，顶端具短尖，基部骤狭呈短柄状，果皮干后革质，绿色。花期 5~8 月，果期 11 月至翌年 7 月。(图 2–3–12、图 2–3–13)

【地理分布】勐朗镇、谦六乡、南岭乡、糯扎渡镇、发展河乡、糯福乡、木戛乡、东河乡。(图 2–3–15)

【生长环境】生于海拔 1 100~2 100 m 的山地

图 2–3–12　深绿山龙眼植株

图 2–3–13　深绿山龙眼的花

和山谷常绿阔叶林中。

【药用部位】根或果实入药，名为豆腐渣果。树皮和果皮可提取单宁。(图 2–3–14)

【性味归经】性凉，味涩。归肺、胃、肝经。

【功能主治】止痛，安神。用于头痛，失眠。

【拉祜族民间疗法】1. **乳腺炎** 本品鲜树叶，烘热后热敷于乳房发炎部位，冷后烘热再敷，反复数次。

2. **农药中毒** 本品树叶 20 克，藤子茶 10 克，甘草 10 克，泡水当茶饮。

图 2–3–14 **深绿山龙眼的果实**

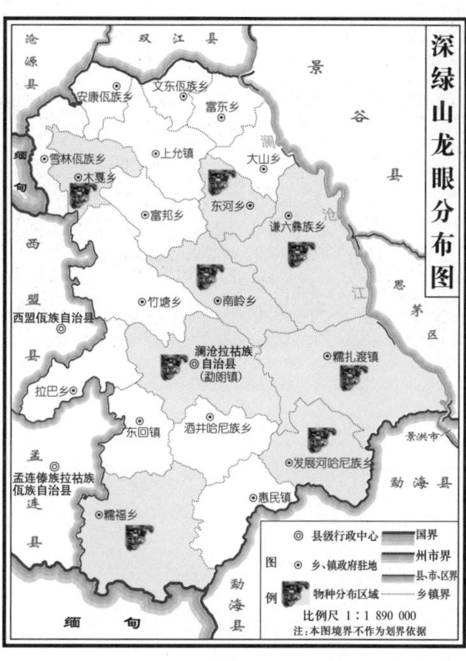

图 2–3–15 **深绿山龙眼地理分布**

野花椒

【拉丁学名】*Zanthoxylum simulans* Hance

【科属】芸香科 Rutaceae 花椒属 *Zanthoxylum*

【别名】青花椒、土花椒。

【拉祜族名称】Ngat cur

【形态特征】灌木或小乔木。枝干散生基部宽而扁的锐刺，嫩枝及小叶背面沿中脉或仅中脉基部两侧或有时及侧脉均被短柔毛，或各部均无毛。叶有小叶 5~15 片；叶轴有狭窄的叶质边缘，腹面呈沟状凹陷；小叶对生，无柄或位于叶轴基部的有甚短的小叶柄，卵形、卵状椭圆形或披针形，两侧略不对称，顶部急尖或短尖，常有凹口，油点多。花序顶生；花被片 5~8 片，淡黄绿色；雄花花丝及半圆形凸起的退化雌蕊均淡绿色，药隔顶端有 1 干后暗褐黑色的油点；雌花的花被片为狭长披针形；心皮 2~3 个，

图 2–3–16　野花椒植株及生境特征

图 2–3–17　野花椒的叶

花柱斜向背弯。果瓣基部变狭窄且略延长 1~2 mm 呈柄状，油点多，微凸起。花期 3~5 月，果期 7~9 月。(图 2–3–16、图 2–3–17)

【地理分布】糯扎渡镇、竹塘乡、糯福乡、木戛乡。(图 2–3–18)

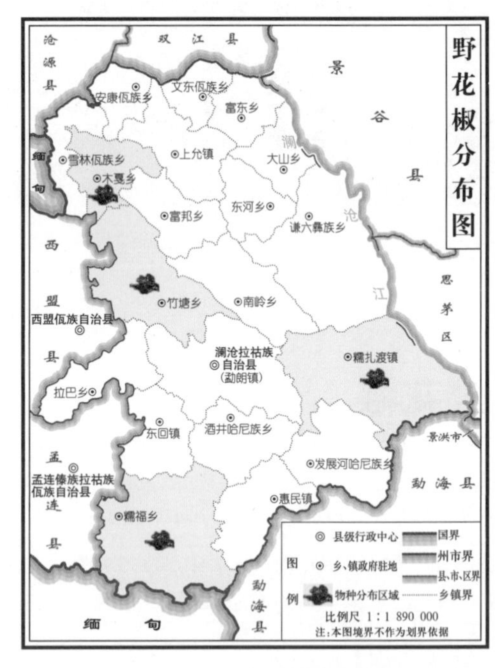

图 2–3–18　野花椒地理分布

【生长环境】生于海拔 1 500~2 000 m 的山地疏林或密林下。

【药用部位】果皮、种子及根入药，名为野花椒。

【性味归经】种子：性温，味辛；有小毒。果皮：性温，味辛；有小毒。归经不明确。

【功能主治】种子：利尿消肿；用于水肿，腹水。果皮：温中止痛，驱虫健胃；用于胃痛，腹痛，蛔虫病；外用治湿浊，皮肤瘙痒，龋齿疼痛。根：祛风湿，止痛；用于胃寒腹痛，牙痛，风湿痹痛。

【拉祜族民间疗法】毒蛇咬伤　取本品鲜根、茎、皮任一种 100 克，水煎 25 分钟，内服，每日 1 剂，分早、中、晚 3 次服下，连服 3 日。另任选本品鲜品叶、茎、皮适量，捣烂直接敷于患处。也可以用干品叶配鹅掌、金星蕨各 10 克泡水当茶饮。

四、茎、叶

大叶崖角藤

【拉丁学名】*Rhaphidophora megaphylla* H. Li
【科属】天南星科 Araceae 崖角藤属 *Rhaphidophora*
【别名】大龟背竹。
【拉祜族名称】Chir kheu tu
【形态特征】附生藤本植物，攀缘高达 30 m 以上。茎圆柱形，粗壮；气生根肉质，圆柱形。叶柄绿色，近圆柱形，腹面具浅槽；叶片绿色，革质，极大，卵状长圆形，先端骤尖，基部心形，全缘；中肋粗壮，上面扁平，背面明显隆起。花序顶生和腋生；花序柄绿色；佛焰苞狭长，席卷，蕾时绿白色，长渐尖，花时舟状展开，淡黄色，肉质，先端盔状；肉穗花序无梗，淡黄绿色，干时绿黑色，圆柱形，先端钝，基部斜圆形；花密集，两性；子房角柱状，顶部截平，呈四边形或六边形；柱头头状，突起，无柄；胚珠多数（≥8），长椭圆形或圆柱形；株柄细长，基部具微毛，生于侧膜胎座上；雄蕊 4，花丝扁，

图 2-4-1　**大叶崖角藤植株及生境特征**

图 2-4-2　**大叶崖角藤的叶**

花药小，黄色。花期 4~8 月。(图 2–4–1)

【地理分布】全县均有分布。(图 2–4–3)

【生长环境】生于海拔 690~2 200 m 的潮湿热带密林中的大树上及石灰岩山崖壁上。

【药用部位】茎、叶入药，名为大叶崖角藤。(图 2–4–2)

【性味归经】性味归经不明确。

【功能主治】活血舒筋，解表镇咳，消肿解毒。用于咳嗽。

【拉祜族民间疗法】1. **百日咳**　取本品 15 克，水煎 25 分钟，内服，每日 1 剂，分早、中、晚 3 次服下，连服 3 日。

2. **毒蛇咬伤**　取鲜品 100 克捣烂，直接敷患处，每日换药 1 次。

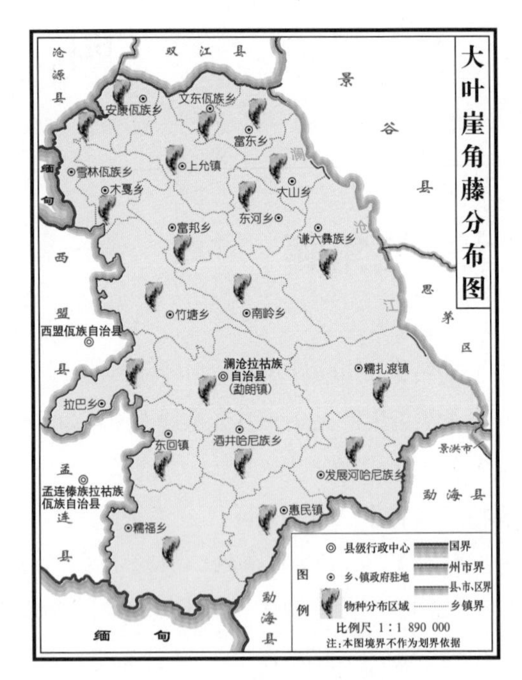

图 2–4–3　大叶崖角藤地理分布

蝗螂跌打

【拉丁学名】*Pothos scandens* L.

【科属】天南星科 Araceae 石柑属 *Pothos*

【别名】蝗螂跌打、石柑子、硬骨散、硬骨头。

【拉祜族名称】Thar lar tier tad

【形态特征】附生藤本。茎圆柱形，具细条纹。老枝节上常有气生根；花枝多披散。叶片纸质，表面绿色，背面淡绿色；叶形多变，披针形至线状披针形，基部钝圆，先端渐尖；叶柄楔形，先端截平或微下凹，多少具耳，脉多，平行。花序小，单生叶腋；佛焰苞极小，紫色，舟状；肉穗花序淡绿色、淡黄至黄色，近圆球形或椭圆形，具梗；蕾时直立，花时从梗基部作 180 度的内折或扭转 270 度，因而佛焰苞直立，而肉穗花序下垂或扭向一侧。浆果绿色，成熟时红色或黄色，长圆状卵形。花果期四季。(图 2–4–4)

【地理分布】勐朗镇、糯扎渡镇、发展河乡、竹塘乡、惠民镇。(图 2–4–6)

【生长环境】生于海拔 578~1 600 m 的山坡、平坝或河漫滩雨林及季雨林中。

【药用部位】茎、叶入药，名为蝗螂跌打。(图 2–4–5)

【性味归经】性温，味苦、辛。归肝经。

【功能主治】散瘀止痛，接骨，祛风湿。用于跌打损伤，骨折，风湿痹痛，腰腿痛。

【拉祜族民间疗法】**跌打损伤、骨折、风湿骨痛、腰腿痛**　取本品 200 克，泡酒 1 000 毫升，每晚睡前服用 30~50 毫升，连服 15 日。

图 2-4-4　蝗螂跌打植株及生境特征

图 2-4-5　蝗螂跌打的叶

图 2-4-6　蝗螂跌打地理分布

九里香（栽培）

【拉丁学名】*Murraya exotica* L.

【科属】芸香科 Rutaceae 九里香属 *Murraya*

【别名】千里香、满山香、月橘、五里香、水万年青、七里香、过山香、千只眼。

【拉祜族名称】Ciud lid shia

【形态特征】灌木或乔木，木材极硬，高3~8 m，秃净或幼嫩部被小柔毛。单数羽状复叶；小叶互生；小叶变异大，由卵形、匙状倒卵形、椭圆形至近菱形，先端钝或钝渐尖，有时稍稍凹入，基部阔楔尖或楔尖，有时略偏斜，全缘。伞房花序短，顶生或生于上部叶腋内，通常有花数朵；花白色，极芳香；萼极小，分离，覆瓦状排列。果卵形或球形，肉质，红色，先端尖锐，果肉有粘胶质液。种子1~2 颗，有短的棉质毛。花期 4~8 月，也有秋后开花，果期 9~12 月。(图 2–4–7、图 2–4–8)

【地理分布】酒井乡、勐朗镇、糯扎渡镇、谦六乡、发展河乡。(图 2–4–9)

【生长环境】生于海拔 900~1 600 m，多为栽培。

【药用部位】叶和带叶嫩枝入药，名为九里香。

【性味归经】性温，味辛、微苦；有小毒。归肝、胃经。

【功能主治】行气止痛，活血散瘀。用于胃

图 2–4–7　九里香植株

痛，风湿痹痛；外治牙痛，跌扑肿痛，虫蛇咬伤。

【拉祜族民间疗法】**跌打损伤及骨折** 取本品 15 克，散血草 12 克，八棱麻 10 克，土狗 10 个，鱼子兰 12 克，子松皮 10 克，九里香叶 15 克，商陆 10 克，捣烂如泥，再加白酒 50 毫升拌匀，敷于复位后骨折或伤肿处；其外用 2~4 块小块杉木及或竹板包扎固定。

图 2–4–8 **九里香的花**

图 2–4–9 **九里香地理分布**

密脉鹅掌柴

【拉丁学名】*Schefflera venulosa* (Wight et Arn.) Harms

【科属】五加科 Araliaceae 鹅掌柴属 *Schefflera*

【别名】七叶莲、小叶鸭脚木、汉桃叶、手树、七加皮、七叶藤。

【拉祜族名称】Lar gaq

【形态特征】常绿藤状灌木，高 2~3 m。茎圆筒形，有细纵条纹；小枝有不规则纵皱纹，无毛。掌状复叶互生，有小叶 7~9 片；小叶片革质，倒卵状长椭圆形；先端渐尖或急尖，基部渐狭或钝形，全缘，上面绿色，光泽，下面淡绿色，网脉明显。圆锥花序顶生，幼时密生星状绒毛，后变无毛。果实卵形或近球形，有 5 棱，红色。花期 5 月，果期 6 月。(图 2–4–10)

【地理分布】勐朗镇、木戛乡、糯扎渡镇、谦六乡、发展河乡。(图 2–4–11)

【生长环境】生于海拔 900~1 800 m 的谷地

图 2-4-10　密脉鹅掌柴植株及其花、果

常绿阔叶林中，有时附生树上。

【药用部位】叶、茎入药，名为七叶莲。

【性味归经】性温，味甘、苦。归肝、胃经。

【功能主治】祛风止痛，活血消肿。用于风湿痹痛，头痛，牙痛，脘腹疼痛，痛经，产后腹痛，跌打肿痛，骨折，疮肿等症。

【拉祜族民间疗法】1. **牙齿痛**　取本品 20 克，四块瓦 10 克，大血藤 20 克。水煎 30 分钟，内服，每日 1 剂，分早、中、晚 3 次服下，连服 3 日。

2. **防癌抗癌**　取本品 20 克，侧柏 20 克，铁树叶 20 克。水煎 30 分钟，内服，每日 1 剂，分早、中、晚 3 次服下，连服 3 日。

图 2-4-11　密脉鹅掌柴地理分布

牛斜吴萸

【拉丁学名】 *Evodia trichotoma* (Lour.) Pier

【科属】 芸香科 Rutaceae 吴茱萸属 *Evodia*

【别名】 五除叶、山茶辣、大漆王叶。

【拉祜族名称】 Wud chur yier

【形态特征】 小乔木。树皮灰褐色或灰色，春梢暗紫红色。叶有小叶5~11片，稀3片，小叶椭圆形、长圆形或披针形，全缘，无毛或嫩枝及小叶被毛，散生油点。花序顶生，花多；萼片及花瓣均4片；花瓣镊合状，白色；雄蕊4枚，花丝被少数白色长毛；雌花的退化雄蕊鳞片状，花柱及子房均淡绿色，花瓣比雄花的大。果鲜红至暗紫红色，干后暗褐色，散生油点，有横皱纹，基部常有1~2个暗褐黑色、细小的不育心皮，每分果瓣有1种子。种子暗褐色，近圆球形而腹面略平坦，顶部稍急尖，基部浑圆，背部细脊肋状。花期6~7月，果期9~11月。(图2–4–12)

【地理分布】 糯福乡、木戛乡、糯扎渡镇、谦六乡、发展河乡。(图2–4–14)

【生长环境】 生于海拔578~1 600 m的山地灌木丛或杂木林中较湿润地方。

【药用部位】 茎、叶入药，名为五除叶。(图2–4–13)

图2–4–12 牛斜吴萸的果实

【性味归经】性温，味苦、辛。归肺、胃经。

【功能主治】祛风除湿，散寒止痛。用于风湿，荨麻疹，湿疹，皮肤疮痒等症。

【拉祜族民间疗法】**避孕**　经期过后两日，取五除叶、白虎草各15克，水煎30分钟，内服，每日1剂，分早、中、晚3次服下，连服3日。同时用少量叶子捣碎敷于肚脐，每日1次，连敷5日。

图 2–4–13　**牛斜吴萸的叶**

图 2–4–14　**牛斜吴萸地理分布**

清香木

【拉丁学名】*Pistacia weinmannifolia* J. Poisson ex Franch.

【科属】漆树科 Anacardiaceae 黄连木属 *Pistacia*

【别名】细叶楷木、香叶子。

【拉祜族名称】Che shia mur

【形态特征】灌木或小乔木。树皮灰色，小枝具棕色皮孔，幼枝被灰黄色微柔毛。偶数羽状复叶互生，被灰色微柔毛，叶柄被微柔毛；小叶革质，长圆形或倒卵状长圆形，较小，具芒刺状硬尖头，基部略不对称，阔楔形，全缘，略背卷。花序腋生，与叶同出，被黄棕色柔毛和红色腺毛；花小，紫红色，无梗；雄花：花被片5~8，长圆形或长圆状披针形，膜质，半透明，先端渐尖或呈流苏状，外面2~3片边缘具细睫毛；雄蕊5，稀7，花丝极短，花药长圆形，先端细尖；不育雌蕊存在；雌花：花被片7~10，卵状披针形，膜质，先端细尖或略呈流苏状，外面

图 2–4–15　清香木植株

图 2–4–16　清香木的叶

2~5 片边缘具睫毛；无不育雄蕊，子房圆球形，无毛，花柱极短，柱头 3 裂，外弯。核果球形，成熟时红色。(图 2–4–15)

【地理分布】竹塘乡、酒井乡、东回镇。(图 2–4–17)

图 2–4–17　清香木地理分布

【生长环境】生于海拔 1 300~1 600 m 的石灰山林下或灌丛中。

【药用部位】茎、叶入药，名为清香木。(图 2–4–16)

【性味归经】性味归经不明确。

【功能主治】去邪恶气，温中利膈，顺气止痛，生津解渴。用于固齿，祛口臭，安神，定心。

【拉祜族民间疗法】1. **缓解腹泻症状**　取清香木鲜品，带叶顶梢 30 克，水煎 10 分钟，内服，每日 1 剂，分早、中、晚 3 次服下，连服 3 日。2. **安神**　取本品 20 克，五味子 15 克，水煎 25 分钟，内服，每日 1 剂，分早、中、晚 3 次服下，连服 5 日。3. **止血**　清香木的皮适量，研粉，直接敷于患处。

五、茎、花

鼓槌石斛

【拉丁学名】*Dendrobium chrysotoxum* Lindl.

【科属】兰科 Orchidaceae 石斛属 *Dendrobium*

【别名】金弓石斛。

【拉祜族名称】Kud cui sif fuf

【形态特征】草本植物。茎直立，肉质，纺锤形，具2~5节间，具多数圆钝的条棱，近顶端具2~5枚叶。叶革质，长圆形。总状花序近茎顶端发出，斜出或稍下垂；花质地厚，金黄色，稍带香气；花瓣倒卵形，等长于中萼片，宽约为萼片的2倍，先端近圆形；唇瓣的颜色比萼片和花瓣深，近肾状圆形。花期3~5月。(图2–5–1)

【地理分布】糯扎渡镇、发展河乡、糯福乡。(图2–5–3)

图2–5–1　鼓槌石斛植株及生境特征

图2–5–2　鼓槌石斛的花

【生长环境】生于海拔 578~1 800 m，阳光充足的常绿阔叶林中树干上或疏林下岩石上。

【药用部位】茎入药，名为石斛；花入药，名为石斛花。(图 2–5–2)

【性味归经】性微寒，味甘。归胃、肾经。

【功能主治】益胃生津，滋阴清热。用于热病津伤，口干烦渴，胃阴不足，食少干呕，病后虚热不退，阴虚火旺，骨蒸劳热，目暗不明，筋骨痿软。

【拉祜族民间疗法】1. **生津、止渴、润肺**　取本品 10 克，水煎 30 分钟，内服，每日 1 剂，分早、中、晚 3 次服下，连服 3 日。

2. **安神**　取本品 5~10 克，五味子 15 克，水煎 25 分钟，内服，每日 1 剂，分早、中、晚 3 次服下，连服 5 日。

图 2–5–3　鼓槌石斛地理分布

石　斛

【拉丁学名】*Dendrobium nobile* Lindl.

【科属】兰科 Orchidaceae 石斛属 *Dendrobium*

【别名】金钗石斛、扁金钗、千年润、扁黄草、扁草、吊兰花。

【拉祜族名称】Ce chad sir fur

【形态特征】多年生附生草本。茎直立，肉质状肥厚，稍扁的圆柱形，上部多少回折状弯曲，基部明显收狭，不分枝，具多节，节有时稍肿大；节间多少呈倒圆锥形，干后金黄色。叶革质，长圆形，先端钝并且不等侧 2 裂，基部具抱茎的鞘。总状花序从具叶或落了叶的老茎中部以上部分发出，具 1~4 朵花；花序柄基部被数枚筒状鞘；花苞片膜质，卵状披针形，先端渐尖；花梗和子房淡紫色；花大，白色带淡紫色先端；中萼片、侧萼片均具 5 条脉；花瓣多少斜宽卵形，先端钝，基部具短爪，全缘，具 3 条主脉和许多支脉；唇瓣宽卵形，基部两侧具紫红色条纹并且收狭为短爪，中部以下两侧围抱蕊柱，边缘具短的睫毛，两面密布短绒毛，唇盘中央具 1 个紫红色大斑块；蕊柱绿色；药帽紫红色，圆锥形，密布细乳突，前端边缘具不整齐的尖齿。花期 4~5 月。(图 2–5–4)

【地理分布】糯扎渡镇、糯福乡。(图 2–5–6)

【生长环境】生于海拔 578~1 100 m 的山地林中树干上或山谷岩石上。

图 2–5–4　石斛植株

图 2–5–5　石斛的花

【药用部位】茎入药，名为石斛；花入药，名为石斛花。(图 2–5–5)

【性味归经】性微寒，味甘。入胃、肾经。

【功能主治】益胃生津，滋阴清热。用于热病津伤，口干烦渴，胃阴不足，食少干呕，病后虚热不退，阴虚火旺，骨蒸劳热，目暗不明，筋骨痿软等症。

【拉祜族民间疗法】**明目、提高免疫力、抗衰老、防感冒**　取本品干品 50~100 克，煮鸡或炖排骨或泡水喝。

图 2–5–6　石斛地理分布

铁皮石斛（栽培）

【拉丁学名】 *Dendrobium officinale* Kimura et Migo

【科属】 兰科 Orchidaceae 石斛属 *Dendrobium*

【别名】 黑节草、云南铁皮、铁皮斗。

【拉祜族名称】 Shiq shi

【形态特征】 多年生附生草本。茎直立，圆柱形，不分枝，具多节。叶二列，纸质，长圆状披针形，边缘和中肋常带淡紫色；叶鞘常具紫斑，老时其上缘与茎松离而张开，并且与节留下1个环状铁青的间隙。总状花序常从落了叶的老茎上部发出，具2~3朵花；花序柄基部具2~3枚短鞘；花序轴回折状弯曲；花苞片干膜质，浅白色，卵形；萼片和花瓣黄绿色，近相似，长圆状披针形；唇瓣白色，基部具1个绿色或黄色的胼胝体，卵状披针形，比萼片稍短，中部反折，先端急尖，不裂或不明显3裂，中部以下两侧具紫红色条纹，边缘多少波状；唇盘密布细乳突状的毛，并且在中部以上具1个紫红色斑块；蕊柱黄绿色，先端两侧各具1个紫点；蕊柱足黄绿色带紫红色条纹，疏生毛；药帽白色，长卵状三角形，顶端近锐尖并且2裂。花期3~6月。(图2–5–7)

【地理分布】 糯扎渡镇、发展河乡。(图2–5–9)

图2–5–7 铁皮石斛植株

【生长环境】生于海拔 1 000~1 700 m，多为栽培。

【药用部位】茎入药，名为铁皮石斛；花入药，名为铁皮石斛花。(图 2–5–8)

【性味归经】性微寒，味甘。归胃、肾经。

【功能主治】益胃生津，滋阴清热。用于热病津伤，干烦渴，胃阴不足，食少干呕，病后虚热不退，阴虚火旺，骨蒸劳热，目暗不明，筋骨痿软等症。

【拉祜族民间疗法】1. **痰多、肩胛炎、高血糖** 取本品 30~50 克，与鸡、排骨文火同炖后食用。也可以用本品的花泡水当茶饮。

2. **祛腐生肌，促进伤口愈合** 将本品鲜茎洗净，口嚼或研磨成糨糊状，直接涂搽在患处。每日 2 次，连搽 5 日。对烧伤、烫伤者促进伤口愈合效果特别明显。

3. **咽炎** 取本品枫斗 3 粒，口嚼后咽下，每日 3 次，连服 10 日。

图 2–5–8 **铁皮石斛的花**

图 2–5–9 **铁皮石斛地理分布**

六、皮、叶

钝叶桂

【拉丁学名】*Cinnamomum bejolghota* (Buch.–Ham.) Sweet

【科属】樟科 Lauraceae 樟属 *Cinnamomum*

【别名】柴桂、小华草、香叶子树、钝叶樟。

【拉祜族名称】Sha thiaor ce

【形态特征】乔木。叶互生或在幼枝上部者有时近对生，卵圆形、长圆形或披针形，先端长渐尖，基部锐尖或宽楔形，薄革质，上面绿色，光亮，下面绿白色，晦暗，两面无毛；离基三出脉，中脉直贯叶端，侧脉自叶基处生出，斜向上弧曲，在叶端之下消失，与侧脉在上面稍凸起，下面却十分凸起，横脉波状，细脉网状，均在两面多少明显；叶柄腹面略具沟槽，无毛。圆锥花序腋生及顶生，多花密集，多分枝，分枝末端为 3~5 花的聚伞花序，与各级序轴疏被灰白细小微柔毛；花白绿色；花梗纤细，被灰白细小微柔毛；能育雄蕊 9，退化雄蕊 3；子房长圆形，花柱细长，柱头盘状。果椭圆形，鲜时绿色；果托黄带紫红，稍增大，倒圆锥形；果梗紫色，略增粗。花期 3~4

图 2–6–1　**钝叶桂植株**

图 2–6–2　**钝叶桂的叶**

月，果期5~7月。(图2–6–1)

【地理分布】勐朗镇、木戛乡、糯扎渡镇、谦六乡、发展河乡。(图2–6–3)

【生长环境】生于海拔1 000~2 300 m的山坡、沟谷的疏林或密林中。

【药用部位】树皮、叶入药，名为三条筋。(图2–6–2)

【性味归经】性辛，味苦。归温、胃、脾经。

【功能主治】活血止血，接骨生肌。用于外伤出血，跌打损伤，吐血，衄鼻，骨折，烧伤，烫伤。

【拉祜族民间疗法】1. **胃腹疼痛**　本品树皮10克，口嚼后温开水送服。

2. **跌打损伤肿痛**　鲜品适量，捣烂外敷患处。

图2–6–3　钝叶桂地理分布

天竺桂（栽培）

【拉丁学名】*Cinnamomum japonicum* Sieb.

【科属】樟科 Lauraceae 樟属 *Cinnamomum*

【别名】竺香。

【拉祜族名称】The si kuiq

【形态特征】常绿乔木，高10~15 m。枝条细弱，红色或红褐色，具香气。叶近对生或在枝条上部者互生，卵圆状长圆形至长圆状披针形，先端锐尖至渐尖，革质，上面绿色，光亮，下面灰绿色，晦暗，两面无毛；离基三出脉，中脉直贯叶端；叶柄粗壮，腹凹背凸，红褐色，无毛。圆锥花序腋生，总梗与花梗均无毛，末端为3~5花的聚伞花序；花被筒倒锥形，短小；能育雄蕊9，内藏，4室，第1、2轮花丝无腺体，第3轮花丝近中部有

图2–6–4　天竺桂植株

一对圆状肾形腺体；退化雄蕊 3，位于最内轮；子房卵珠形，花柱稍长于子房，柱头盘状。果长圆形，果托浅杯状，顶部极开张，边缘极全缘或具浅圆齿，基部骤然收缩成细长的果梗。花期 4~5 月，果期 7~9 月。(图 2–6–4)

【地理分布】木戛乡、雪林乡、东河乡。(图 2–6–6)

【生长环境】生于海拔 1 000~1 300 m 的常绿阔叶林中。

【药用部位】树皮、叶入药，名为天竺桂。(图 2–6–5)

【性味归经】性温，味甘、辛。归肺、脾经。

【功能主治】祛寒镇痛，行气健胃。用于风湿痛，腹痛及创伤出血。

【拉祜族民间疗法】1. **胃痛、腹痛**　取本品 20 克，水煎 25 分钟，内服，每日 1 剂，分早、中、晚 3 次服下，连服 3 日。

2. **跌打损伤**　外用适量，树皮研粉，水调或酒调敷患处，每日 1 剂，每日换 1 次，连敷 3 日。

图 2–6–5 天竺桂的叶

图 2–6–6　天竺桂地理分布

七、皮、果实和种子

七叶树（栽培）

【拉丁学名】*Aesculus chinensis* Bge.

【科属】七叶树科 Hippocastanaceae 七叶树属 *Aesculus*

【别名】娑罗树、婆娑。

【拉祜族名称】Chir yier shug

【形态特征】落叶乔木。树皮深褐色或灰褐色；小枝、圆柱形，黄褐色或灰褐色，有圆形或椭圆形淡黄色的皮孔。冬芽大形，有树脂。掌状复叶，有灰色微柔毛；小叶纸质，边缘有钝尖形的细锯齿。花序圆筒形，花序总轴有微柔毛，花杂性，雄花与两性花同株，花萼管状钟形，外面有微柔毛，不等地5裂，裂片钝形，边缘有短纤毛；花瓣4，白色，长圆倒卵形至长圆倒披针形，边缘有纤毛，基部爪状；雄蕊6，花丝线状，无毛，花药长圆形，淡黄色；子房在雄花中不发育，在两性花中发育良好，卵圆形，花柱无毛。果实球形或倒卵圆形，黄褐色，无刺，具很密的斑点。种子常1~2粒发育，近于球形，栗褐色；种脐白色，约占种子体积的1/2。花期4~5月，果期10月。（图2–7–1、图2–7–2）

【地理分布】竹塘乡、发展河乡。（图2–7–3）

图2–7–1　七叶树植株

图2–7–2　七叶树的花

【生长环境】生于海拔 1 000~1 700 m，多为栽培。

【药用部位】种子入药，名为娑罗子；树皮入药，名为七叶树。

【性味归经】性温，味甘。归肝、胃经。

【功能主治】种子：疏肝理气，和胃止痛；用于肝胃气滞，胸腹胀闷，胃脘疼痛。树皮：散寒止痛、止泻；用于急慢性胃炎、胃寒疼痛。

【拉祜族民间疗法】1. **寒性胃痛、腹胀**　本品 10 克，香附子 15 克，山白芷 12 克，鸡血藤 15 克，草果 1 个。水煎 30 分钟，内服，每日 1 剂，分早、中、晚 3 次服下，连服 3 日。2. **睾丸炎**　本品 20 克，马鞭草 10 克，三桠苦 15 克，大力丸 10 克，重楼 10 克。水煎 30 分钟，内服，每日 1 剂，分早、中、晚 3 次服下，连服 3 日。

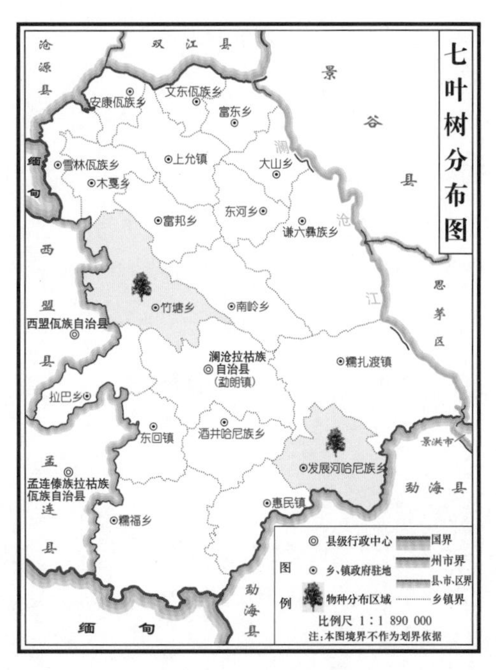

图 2–7–3　**七叶树地理分布**

余甘子

【拉丁学名】*Phyllanthus emblica* L.

【科属】大戟科 Euphorbiaceae 叶下珠属 *Phyllanthus*

【别名】橄榄、庵摩勒、米含、望果、木波（傣族）、七察哀喜（哈尼族）、噜公膘（瑶族）、油甘子。

【拉祜族名称】Qhad cag

【形态特征】乔木，高达 23 m。树皮浅褐色；枝条具纵细条纹，被黄褐色短柔毛。叶片纸质至革质，线状长圆形，顶端截平或钝圆，上面绿色，下面浅绿色，干后带红色或淡褐色，边缘略背卷；托叶三角形，褐红色，边缘有睫毛。多朵雄花和 1 朵雌花或全为雄花组成腋生的聚伞花序；雄花：萼片膜质，黄色，长倒卵形或匙形，近相等，顶端钝或圆，边缘全缘或有浅齿；雄蕊 3，花药直立，长圆形顶端具短尖头，药室平行，纵裂；花粉近球形，具 4~6 孔沟；花盘腺体近三角形；雌花：萼片长圆形或匙形，顶端钝或圆，较厚，边缘膜质，多少具浅齿；花盘杯状，包藏子房达一半以上，边缘撕裂；子房卵圆形，3 室，花柱 3，基部合生，顶端 2 裂，裂片顶端再 2 裂。蒴果呈核果状，圆球形，外果皮肉质，绿白色或淡黄白色，内果皮硬壳质。种子略带红色。花期 4~6 月，果期 7~9 月。(图 2–7–4、图 2–7–5)

【地理分布】全县均有分布。(图 2–7–7)

【生长环境】生于海拔 578~2 500 m 的山地

疏林、灌丛、荒地或山沟向阳处。

【药用部位】果实、树皮入药，名为余甘子。(图 2–7–6)

【性味归经】果实：性凉，味甘、酸、涩；归肺、胃经。树皮：性凉，味微涩；归肺、脾经。

【功能主治】果实：清热凉血，消食健胃，生津止咳。用于血热血斑，消化不良，腹胀，咳嗽，喉痛，口干。

【拉祜族民间疗法】1. **发热、咳嗽、咽痛** 鲜果 30 克，水煎 30 分钟，内服，每日 1 剂，分早、中、晚 3 次服下，连服 3 日。

2. **收敛、降压、祛湿利尿** 取本品鲜皮 30 克或干皮 10 克，水煎 25 分钟，内服，每日 1 剂，分早、中、晚 3 次服下，连服 3 日。

图 2–7–4 余甘子植株

图 2–7–5 余甘子的叶

图 2–7–6 余甘子的果实

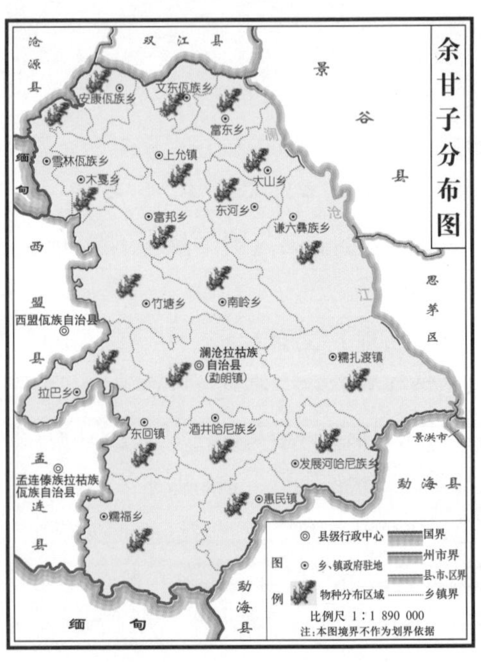

图 2–7–7 余甘子地理分布

云南移椓

【拉丁学名】*Docynia delavayi* (Franch.) Schneid.

【科属】蔷薇科 Rosaceae 移椓属 *Docynia*

【别名】酸多依、小木瓜。

【拉祜族名称】A puq

【形态特征】常绿乔木。枝条稀疏，小枝粗壮，圆柱形，幼时密被黄白色绒毛，逐渐脱落，红褐色，老枝紫褐色。叶片披针形或卵状披针形，先端急尖或渐尖，基部宽楔形或近圆形，全缘或稍有浅钝齿，上面无毛，深绿色，革质，有光泽，下面密被黄白色绒毛。花丛生于小枝顶端；萼筒钟状，外面密被黄白色绒毛；花瓣宽卵形或长圆倒卵形，白色。果实卵形或长圆形，直径 2~3 cm，黄色，幼果密被绒毛，成熟后微被绒毛或近于无毛，通常有长果梗，外被绒毛；萼片宿存，直立或合拢。花期 3~4 月，果期 5~6 月。(图 2–7–8)

【地理分布】全县均有分布。(图 2–7–10)

图 2–7–8　云南移椓的花

图 2–7–9　云南移椓的果实

【生长环境】生于海拔 1 200~2 400 m 的山谷、溪旁、灌丛中或路旁杂木林中。

【药用部位】果实入药，名为多依；树皮入药，名为多依树皮。(图 2-7-9)

【性味归经】树皮：性凉，味苦涩；果实：性凉，味酸；归肝、胃经。

【功能主治】树皮：收敛杀菌；用于烫烧伤、黄水疮。果实：舒筋络，祛风湿；用于风湿骨痛。

【拉祜族民间疗法】1. **烫烧伤、黄水疮**　取本品鲜树皮熬制成膏涂于患处，早晚各涂 1 次，连涂 3~7 日。

2. **风湿骨痛**　取本品干果实 500 克，白酒 2 000 毫升，密封浸泡 20 日后，每日早、晚各服 30~50 毫升，连服 5 日。

图 2-7-10　云南移栋地理分布

八、叶、果实和种子

牡 荆

【拉丁学名】*Vitex negundo* var. *cannabifolia* (Sieb. et Zucc.) Hand.–Mazz.

【科属】马鞭草科 Verbenaceae 牡荆属 *Vitex*

【别名】荆条棵、五指柑、黄荆柴、黄金子。

【拉祜族名称】Mud cier

【形态特征】落叶灌木或小乔木。小枝四棱形，密生灰白色绒毛。叶对生，掌状 5 出复叶；小叶片边缘有多数锯齿，上面绿色，下面淡绿色，无毛或稍有毛。圆锥状花序顶生；花萼钟形，顶端有 5 齿裂；花冠淡紫色，顶端有 5 裂片。果实球形，黄褐色至棕褐色。花果期 7~11 月。(图 2–8–1)

【地理分布】勐朗镇、糯扎渡镇、发展河乡、雪林乡、木戛乡。(图 2–8–3)

【生长环境】生于海拔 1 000~2 000 m 的山坡路旁或灌木丛中。

【药用部位】叶入药，名为牡荆叶；果实入药，名为牡荆子。(图 2–8–2)

【性味归经】叶：性平，味微苦、辛。果实：性温，味苦。归肺、胃、大肠经。

【功能主治】果实：除骨间寒热，通利胃气，止咳逆，下气；用于白带下、小肠疝气、湿痰白浊、耳聋。叶：祛痰，止咳，平喘；用于咳嗽痰多。

【拉祜族民间疗法】**小肠疝气** 取牡荆果实 20 克，炒熟，加白酒 50 毫升，煎开，趁热服下，每日 2 次，早、晚各 1 次，连服 3 日。

图 2–8–1 **牡荆植株**

图 2–8–2　牡荆的叶

图 2–8–3　牡荆地理分布

银杏（栽培）

【拉丁学名】*Ginkgo biloba* L.

【科属】银杏科 Ginkgoaceae 银杏属 *Ginkgo*

【别名】白果、公孙树、鸭脚树、蒲扇。

【拉祜族名称】Yer sheq

【形态特征】乔木。幼树树皮浅纵裂，大树皮呈灰褐色，深纵裂，粗糙；一年生的长枝淡褐黄色，二年生以上变为灰色，并有细纵裂纹；冬芽黄褐色，常为卵圆形。叶扇形，有长柄，淡绿色，基部宽楔形，秋季落叶前变为黄色。球花雌雄异株，单性，生于短枝顶端的鳞片状叶的腋内，呈簇生状；雄球花葇荑花序状，下垂，雄蕊排列疏松，具短梗，花药常 2 个，长椭圆形，药室纵裂，药隔不发；雌球花具长梗，梗端常分两叉，稀 3~5

图 2–8–4　银杏植株及生境特征

叉或不分叉，每叉顶生一盘状珠座，胚珠着生其上，通常仅一个叉端的胚珠发育成种子，内媒传粉。种子具长梗，下垂，常为椭圆形、长倒卵形、卵圆形或近圆球形，外种皮肉质，熟时黄色或橙黄色，外被白粉；内种皮膜质，淡红褐色；胚乳肉质，味甘略苦。花期 3~4 月，种子 9~10 月成熟。(图 2–8–4)

【地理分布】糯扎渡镇。(图 2–8–6)

【生长环境】生于海拔 1 500~2 000 m，多为栽培。

【药用部位】叶入药，名为银杏叶；种子入药，名为白果。(图 2–8–5)

【性味归经】叶：性平，味甘、苦、涩；归心、肺经。种子：性平，味甘、苦、涩；有毒；归肺、肾经。

【功能主治】叶：活血化瘀，通络止痛，敛肺平喘，化浊降脂；用于瘀血阻络，胸痹心痛，中风偏瘫，肺虚咳喘，高脂血症。种子：敛肺定喘，止带缩尿；用于痰多喘咳，带下白浊，遗尿尿频。

【拉祜族民间疗法】白带过多　黄柏 16 克，砂仁 10 克，连须 15 克，椿根皮 20 克，茯苓 20 克，白果仁 16 克。水煎内服，每日 1 剂，连服 1 周，用于湿热型白带。

图 2–8–5　**银杏的叶**

图 2–8–6　**银杏地理分布**

九、根和根茎、茎、叶

板 蓝

【拉丁学名】*Baphicacanthus cusia* (Nees) Bremek.

【科属】爵床科 Acanthaceae 板蓝属 *Baphicacanthus*

【别名】南板蓝根、蓝靛根、板蓝根、马蓝。

【拉祜族名称】Naw geo

【形态特征】多年生草本，茎直立或基部外倾。稍木质化，高约 1 m。叶柔软，纸质，椭圆形或卵形，顶端短渐尖，基部楔形，边缘有稍粗的锯齿，两面无毛，干时黑色。侧脉每边约 8 条，两面均凸起；穗状花序直立；苞片对生。蒴果，无毛。种子卵形。花期 11 月。(图 2–9–1)

【地理分布】糯扎渡镇、南岭乡、谦六乡。(图 2–9–2)

【生长环境】生于海拔 1 000~1 700 m 潮湿地方。

【药用部位】根茎和根入药，名为南板蓝根；叶或茎叶经加工制成干燥粉末、团块或颗粒亦可入药，名为青黛。

图 2–9–1 板蓝植株

【性味归经】根茎和根：性寒，味苦；归心、胃经。叶或茎叶（青黛）：性寒，味咸；归肝经。

【功能主治】根茎和根：清热解毒，凉血消斑；用于温疫时毒，发热咽痛，温毒发斑，丹毒。叶或茎叶（青黛）：清热解毒，凉血消斑，泻火定惊；用于温毒发斑，血热吐衄，胸痛咳血，口疮，痄腮，喉痹，小儿惊痫。

【拉祜族民间疗法】**大腮巴**　翻白叶根、南板蓝根各 20 克，水煎 20 分钟，内服，每日 1 剂，分早、中、晚 3 次服下，连服 7 日即可。

图 2–9–2　**板蓝地理分布**

长柱十大功劳

【拉丁学名】*Mahonia duclouxiana* Gagnep.

【科属】小檗科 *Berberidaceae* 十大功劳属 *Mahonia*

【别名】十大功劳、老鼠刺、猫刺叶、黄天竹。

【拉祜族名称】Sir taq ko laor

【形态特征】灌木，高 1.5~4 m。叶长圆形至长圆状椭圆形，薄纸质至薄革质，具 4~9 对无柄小叶，上面暗绿色，稍有光泽，网脉扁平，显著，背面黄绿色，叶脉明显隆起，网脉不显；小叶无柄，狭卵形、长圆状卵形至狭长圆状卵形或椭圆状披针形，从基部向顶端叶长渐增，但叶宽渐减。总状花序 4~15 个簇生；芽鳞阔披针形至卵形；苞片阔披针形至卵形；花黄色；外萼片卵形至三角状卵形，中萼片卵形、卵状长圆形至椭圆形，内萼片长圆形至椭圆形；花瓣长圆形至椭圆形，基部具 2 枚腺体，先端微缺裂，裂片钝圆；药隔显著延伸，顶端截形或圆形；胚珠 4~7 枚。浆果球形或近球形，深紫色，被白粉，宿存花柱长 2~3 mm。花期 11~ 翌年 4 月，果期 3~6 月。(图 2–9–3、图 2–9–4)

【地理分布】勐朗镇、木戛乡、糯扎渡镇、谦六乡、发展河乡。(图 2–9–5)

【生长环境】生于海拔 578~2 000 m 的山坡沟谷林中、灌丛中、路边或河边。

【药用部位】根、茎、叶入药，名为十大功劳。

图 2–9–3　**长柱十大功劳植株**

图 2–9–4　**长柱十大功劳植株及生境特征**

【性味归经】性寒，味苦。归肝、脾经。

【功能主治】清热补虚，燥湿解毒。用于肺痨咳血，骨蒸潮热，头晕耳鸣，腰酸腿软，湿热黄疸，痢疾，心烦，目赤肿痛，跌打损伤，疮疡。

【拉祜族民间疗法】1. **失眠**　果实 20 克，加米酒引，水煎 30 分钟，内服，每日 1 剂，分早、中、晚 3 次服下，连服 3 日。

2. **肺结核**　取本品 20 克，牛膝 15 克，弓腰老 10 克，五味子 20 克。水煎 25 分钟，内服，每日 1 剂，分早、中、晚 3 次服下，连服 15 日。

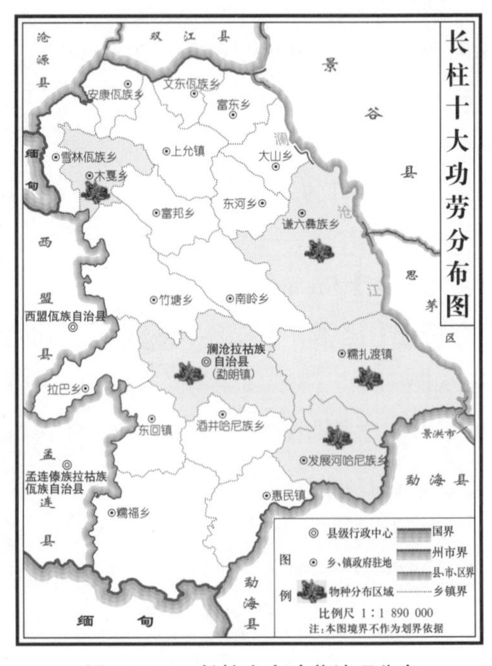

图 2–9–5　**长柱十大功劳地理分布**

九 节

【拉丁学名】*Psychotria rubra* (Lour.) Poir.

【科属】茜草科 Rubiaceae 九节属 *Psychotria*

图 2–9–6 九节植株及生境特征

【别名】山打大刀、大丹叶、暗山公、暗山香、山大颜、青龙吐雾、九节木。

【拉祜族名称】Miel qhad sit

【形态特征】灌木或小乔木，高 0.5~5 m。叶对生，纸质，矩圆形、椭圆状或倒披针形矩圆形；托叶短，顶端圆或稍急尖，不裂，膜质，很快脱落。聚伞花序通常顶生，多花，总花梗常极短，近基部三分歧；花小，白色，有短梗，萼管杯状，近截平或有 5 个不明显的宽齿状裂片，喉部密生白毛，裂片稍短于花冠筒，花药露出。核果近球状至椭圆状，红色，干时现直棱。花果期全年。(图 2–9–6、图 2–9–7)

【地理分布】勐朗镇、木戛乡、糯扎渡镇、谦六乡、发展河乡。(图 2–9–8)

【生长环境】生于海拔 1 000~2 200 m 的平地、丘陵、山坡、山谷溪边的灌丛或林中。

【药用部位】嫩枝、根、叶入药，名为九节。

【性味归经】性凉，味苦。归心经。

【功能主治】清热解毒，消肿拔毒，祛风除湿。用于扁桃体炎，白喉，疮疡肿毒，风湿疼痛，跌打损伤，感冒发热，咽喉肿痛，胃痛，痢疾，痔疮。

【拉祜族民间疗法】**感冒发热、咽喉肿痛、白喉、痢疾、肠伤寒、疮疡肿毒、风湿痹痛、跌打损伤、毒蛇咬伤** 取本品 20 克，水煎 30 分钟，内服，每日 1 剂，分早、中、晚 3 次服下，连服 3 日。

图 2–9–7　九节的果实

图 2–9–8　九节地理分布

三椏苦

【拉丁学名】*Evodia lepta* (Spreng.) Merr.

【科属】芸香科 Rutaceae 吴茱萸属 *Evodia*

【别名】三叉虎、斑鸠花、三支枪、三叉苦、三丫虎、三拜苦、小黄散、消黄散。

【拉祜族名称】Sha yaq yawr

【形态特征】落叶灌木或小乔木，高 2~6 m。树皮灰白色，不剥落；嫩芽具短毛，余秃净。叶对生；指状复叶，叶柄长 4.5~8 cm；小叶 3 片，矩圆形或长椭圆形，纸质，先端长尖，基部渐狭而成一短柄，全缘。花单性，圆锥花序，腋生，有近对生而扩展的分枝，被短柔毛；小苞片三角形；花萼 4，矩圆形，具短毛；花瓣 4，黄色，卵圆形；雄花的雄蕊 4 枚，长过花瓣 1 倍；雌花的子房上位，4 室，被毛，花柱有短毛，柱头 4 浅裂。果由 4 个分离的心皮所成，间有发育不健全的 1~3 个心皮。种子黑色，圆形，有光泽。花期 4~6 月，果期 7~10 月。(图 2–9–9)

【地理分布】勐朗镇、木戛乡、糯扎渡镇、谦六乡、发展河乡。(图 2–9–11)

【生长环境】生于海拔 900~2 200 m 的山地，常见于较荫蔽的山谷湿润地方，阳坡灌木丛中偶有生长。

【药用部位】根、茎、叶入药，名为三叉虎。(图 2–9–10)

【性味归经】性寒，味苦。归心、肾经。

【功能主治】消热毒，治跌打。用于咽喉炎，发热，坐骨神经痛，腰腿痛，胃痛。

【拉祜族民间疗法】1. **扁桃体炎、肺热咳嗽、咽喉炎** 取本品25克，水煎30分钟，内服，每日1剂，分早、中、晚3次服下，连服3日。

2. **虫蛇咬伤** 取根、茎、叶等量，捣烂外敷。

3. **预防各种四季流行病** 每日取10克，用开水冲泡当茶饮。

图2-9-9 三椏苦的花

图2-9-10 三椏苦的叶

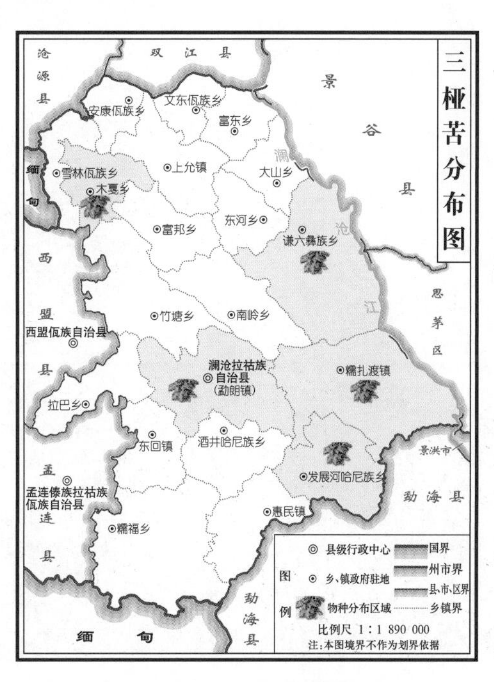

图2-9-11 三椏苦地理分布

水东哥

【拉丁学名】*Saurauia tristyla* DC.

【科属】猕猴桃科 Actinidiaceae 水东哥属 *Saurauia*

【别名】白饭果、白饭木、米花树、水枇杷。

【拉祜族名称】Shuid to kaw

【形态特征】乔木。小枝被爪甲状鳞片，无毛。叶纸质或薄革质，倒卵形，叶缘具细锯齿，侧脉 10~14 对，侧脉间无刺毛；叶柄具钻状刺毛，有绒毛或否。花序聚伞式，1~4 枚簇生于叶腋或老枝落叶叶腋，被毛和鳞片，分枝处具苞片 2~3 枚，苞片卵形，花柄基部具 2 枚近对生小苞片；小苞片披针形或卵形；花粉红色或白色，小；萼片阔卵形或椭圆形，顶部反卷；雄蕊 25~34 枚；子房卵形或球形，无毛，花柱 3~4，稀 5，中部以下合生。果球形，白色，绿色或淡黄色，直径 6~10 mm。花果期 6~11 月。(图 2–9–12、图 2–9–13)

【地理分布】勐朗镇、糯扎渡镇、发展河乡、竹塘乡、糯福乡、木戛乡、东河乡。(图 2–9–14)

【生长环境】生于海拔 500~2 000 m 的阔叶林内。

【药用部位】根、茎入药，名为水东哥；叶

图 2–9–12　水东哥植株及生境特征

入药，名为水东哥叶。

【性味归经】性凉，味微苦。归肺经。

【功能主治】根、叶：清热解毒，凉血；用于无名肿毒、眼翳。根和茎：用于三焦热盛，口舌生疮，小便短赤，风热咳嗽，风火牙痛，泌尿系统结石，黄疸。叶：外用于烧烫伤。

图 2–9–13　水东哥的花序

【拉祜族民间疗法】1. **腹痛、感冒及热病**　取本品根 30 克，水煎 25 分钟，内服，每日 1 剂，分早、中、晚 3 次服下，连服 5 日。

2. **刀伤、跌打损伤及火伤**　取嫩尖捣碎，敷于患处，每日换 1 次，连敷 5 日。

图 2–9–14　水东哥地理分布

十、根和根茎、叶、果实和种子

蓖 麻

【拉丁学名】*Ricinus communis* L.

【科属】大戟科 Euphorbiaceae 蓖麻属 *Ricinus*

【别名】大麻子、老麻了、草麻。

【拉祜族名称】Xat phot

【形态特征】一年生或多年生草本植物，热带或南方地区常成多年生灌木或小乔木。单叶互生，叶片盾状圆形。掌状分裂至叶片的一半以下，圆锥花序与叶对生及顶生，下部生雄花，上部生雌花；雄蕊多数，花丝多分枝；花柱，深红色。蒴果球形，有软刺，成熟时开裂。花期 5~8 月，果期 7~10 月。(图 2-10-1、图 2-10-2)

【地理分布】南岭乡、东河乡。(图 2-10-3)

【生长环境】生于海拔 1 300~2 300 m 的村旁疏林或河流两岸冲积地。

【药用部位】种子入药，名为蓖麻子；叶、根入药，名为蓖麻。

【性味归经】种子：性平，味甘、辛；有毒；归大肠、肺经。叶：性平，味甘、辛；有小毒；归肺经。根：性平，味淡、微辛；归肺经。

【功能主治】种子：泻下通滞，消肿拔毒；用于大便燥结，痈疽肿毒，喉痹，瘰疬。叶：消肿拔毒，止痒；用于治疮疡肿毒，鲜品捣烂外敷，治湿疹搔痒。根：祛风活血，止痛镇静；用于风湿关节痛，破伤风，癫痫，精神分裂症。

【拉祜族民间疗法】**拔异物**　蓖麻子 3 粒，螃蟹 1 只，桐油适量，捣烂外敷子弹入口处，可将子弹拔出。

图 2-10-1　蓖麻植株及生境特征

图 2–10–2　**蓖麻的果实**

图 2–10–3　**蓖麻地理分布**

桑

【拉丁学名】*Morus alba* L.

【科属】桑科 Moraceae 桑属 *Morus*

【别名】家桑、荆桑、桑椹树、黄桑。

【拉祜族名称】Nawf hawq meod

【形态特征】小乔木或灌木，高达 15 m。树皮灰黄色或黄褐色，具不规则浅纵裂；冬芽红褐色，卵形，芽鳞覆瓦状排列，灰褐色，有细毛；幼枝有毛。叶互生，卵形至阔卵形，边缘锯齿粗钝，有时叶为各种分裂，表面鲜绿色，无毛，背面沿脉有疏毛，脉腋有簇毛；托叶披针形，早落，外面密被细硬毛。雌雄异株，骨朵花序腋生；雄花序早落；花柱不明显或无。聚花果 (桑椹) 卵状椭圆形，成熟时紫黑色。花期 4~5 月，果期 6~7 月。(图 2–10–4)

【地理分布】勐朗镇、谦六乡、南岭乡、糯扎渡镇、发展河乡、惠民镇、木戛乡、糯福乡。(图 2–10–6)

【生长环境】生于海拔 900~1 900 m，多为栽培。

【药用部位】叶入药，名为桑叶；根皮入药，名为桑白皮；嫩枝入药，名为桑枝；果穗入药，名为桑椹。(图 2–10–5)

【性味归经】叶：性寒，味苦、甘；归肺、肝经。根皮：性寒，味甘；归肺经。嫩枝：性平，味微苦；归肝经。果穗：性寒，味甘、酸；归心、肝、肾经。

【功能主治】叶：疏散风热，清肺润燥，平

肝明目；用于风热感冒，肺热燥咳，头晕头痛，目赤昏花。根皮：泻肺平喘，利水消肿；用于肺热喘咳，水肿胀满尿少，面目肌肤浮肿。嫩枝：祛风湿，利关节；用于风湿痹病，肩臂、关节酸痛麻木。果穗：滋阴补血，生津润燥；用于肝肾阴虚，眩晕耳鸣，心悸失眠，须发早白，津伤口渴，内热消渴，肠燥便秘。

【拉祜族民间疗法】普通风热感冒　桑叶20克，鹅不食草20克，防风5克，金银花15克，生石膏20克，车前草30克。水煎25分钟，内服，每日1剂，分早、中、晚3次服下，连服3日。服药期间多喝开水，吃流质或半流质饮食，效果更佳。

图2-10-4　桑植株

图2-10-5　桑的叶

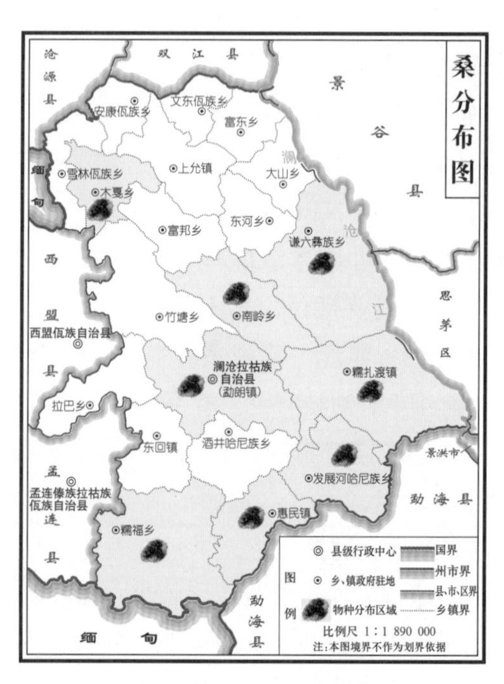

图2-10-6　桑地理分布

西域青荚叶

【拉丁学名】*Helwingia himalaica* Hook. f. et Thoms. ex C. B. Clarke

【科属】山茱萸科 Cornaceae 青荚叶属 *Helwingia*

【别名】叶上花、叶上珠。

图 2–10–7　西域青荚叶植株及生境特征

【拉祜族名称】Yier shag hua

【形态特征】常绿灌木，高 2~3 m。幼枝细瘦，黄褐色。叶厚纸质，长圆状披针形，长圆形，稀倒披针形，先端尾状渐尖，基部阔楔形，边缘具腺状细锯齿，侧脉 5~9 对，上面微凹陷，下面微突出。雄花绿色带紫，常 14 枚呈密伞花序，4 数，稀 3 数，花梗细瘦；雌花 3~4 数，柱头 3~4 裂，向外反卷。果实常 1~3 枚生于叶面中脉上，近球形。花期 4~5 月，果期 8~10 月。(图 2–10–7)

【地理分布】雪林乡、木戛乡、糯扎渡镇、发展河乡。(图 2–10–9)

【生长环境】生于海拔 1 200~1 950 m 的林中。

【药用部位】叶或果实入药，名为叶上珠；根入药，名为叶上果根。(图 2–10–8)

【性味归经】性凉，味苦、微涩。归肺、心经。

图 2–10–8　西域青荚叶的果实

【功能主治】叶或果实：活血化瘀，清热解毒；用于痛经活血，续筋接骨，除湿利水。根：止咳平喘，活血通络；用于久咳虚喘，劳伤腰痛，风湿痹痛，跌打肿痛，胃痛，月经不调，产后腹痛。

【拉祜族民间疗法】1. **骨折复位后** 鲜品叶、叶下花根、虎杖等量加入，捣烂外敷，有接骨消炎作用。

2. **便后下血** 本品叶或果实 20 克，白及 15 克，柿饼 5 个，水煎 25 分钟，内服，每日 1 剂，分早、中、晚 3 次服下，连服 3 日。

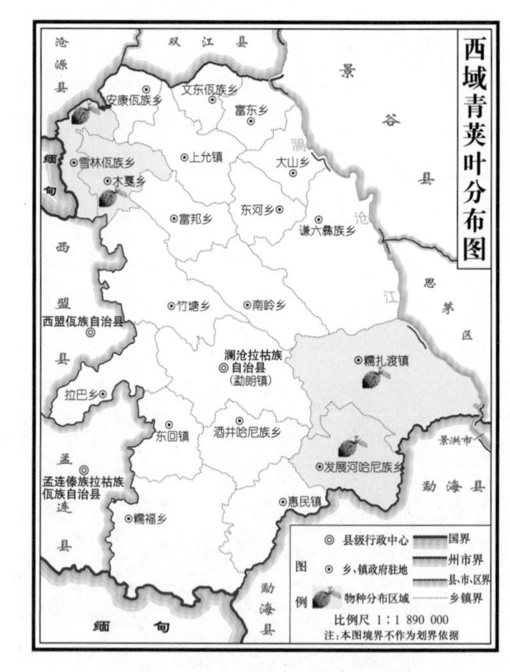

图 2-10-9 西域青荚叶地理分布

十一、其他

白蜡树

【拉丁学名】*Fraxinus chinensis* Roxb.

【科属】木犀科 Oleaceae 梣属 *Fraxinus*

【别名】鸡糠树、见水蓝、秦皮。

【拉祜族名称】Xat kha ciel

【形态特征】落叶乔木，高 10~12 m。树皮灰褐色，纵裂。芽阔卵形或圆锥形，被棕色柔毛或腺毛。小枝黄褐色，粗糙，无毛或疏被长柔毛，旋即秃净，皮孔小，不明显。羽状复叶，基部不增厚；叶轴挺直，上面具浅沟，初时疏被柔毛；小叶 5~7 枚，硬纸质，卵形、倒卵状长圆形至披针形，顶生小叶与侧生小叶近等大或稍大，先端锐尖至渐尖，基部钝圆或楔形，叶缘具整齐锯齿，上面无毛，下面无毛或有时沿中脉两侧被白色长柔毛，中脉在上面平坦。圆锥花序顶生或腋生枝梢，无毛或被细柔毛，光滑，无皮孔；花雌雄异株；雄花密集，花萼小，钟状，无花冠，花药与花丝近等长；雌花疏离，花萼大，桶状，

图 2-11-1　白蜡树植株

图 2-11-2　白蜡树的叶

4浅裂，花柱细长，柱头2裂。翅果匙形，上中部最宽，先端锐尖，常呈犁头状，基部渐狭，翅平展，下延至坚果中部，坚果圆柱形；宿存萼紧贴于坚果基部，常在一侧开口深裂。花期4~5月，果期7~9月。(图2–11–1)

【地理分布】南岭乡、糯扎渡镇、勐朗镇、发展河乡。(图2–11–4)

【生长环境】生于海拔800~1 600 m，多为栽培，野生见于山地杂木林中。

【药用部位】枝皮或干皮入药，名为秦皮；叶、花入药，名为鸡糠树。(图2–11–2、图2–11–3)

【性味归经】枝皮或干皮：性寒，味苦、涩。归肝、胆、大肠经。

【功能主治】枝皮或干皮：清热燥湿，收涩止痢，止带，明目；用于湿热泻痢，赤白带下，目赤肿痛，目生翳膜。花：止咳，定喘。

【拉祜族民间疗法】**经闭**　白蜡树叶研末，用酒、水各半吞服，早、晚各服1次，每次5克，连服5日。

图2–11–3　白蜡树药材

图2–11–4　白蜡树地理分布

白瑞香

【拉丁学名】*Daphne papyracea* Wall. ex Steud.

【科属】瑞香科 Thymelaeaceae 瑞香属 *Daphne*

【别名】小构皮。

【拉祜族名称】Peof yuiq shia

【形态特征】常绿灌木。叶互生，纸质，长圆形或长圆形披针形，稀长圆状倒披针

图 2–11–5　**白瑞香植株**

形，先端渐尖，基部楔形，全缘，两面无毛，主脉在表面明显，连同侧脉在背面显著；叶柄短，无毛。花白色，芳香，数朵簇生枝顶，近于头状，具苞片，苞片外面被绢状毛；总花梗短，密被短柔毛；花萼筒状，着生于花萼筒中部，花丝极短，花药椭圆形；花盘环状，边缘波状；子房椭圆形，无毛。(图 2–11–5)

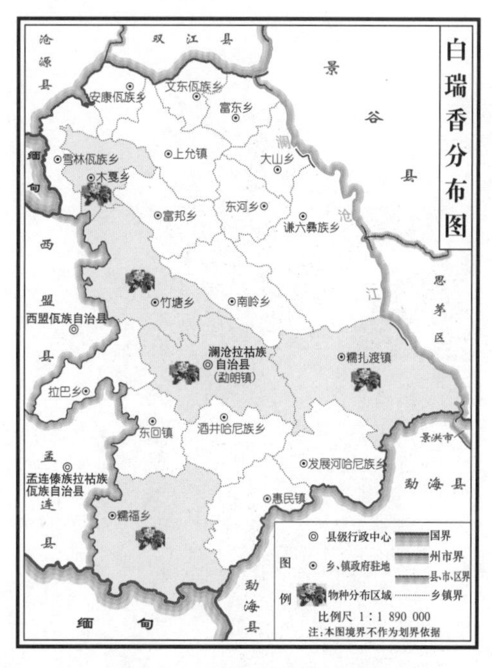

图 2–11–6　**白瑞香地理分布**

【地理分布】勐朗镇、糯扎渡镇、竹塘乡、糯福乡、木戛乡。(图 2–11–6)

【生长环境】生于海拔 1 200~2 300 m 的山坡灌丛中或草坡。

【药用部位】根、茎皮入药，名为小构皮。

【性味归经】性味归经不明确。有小毒。

【功能主治】祛风除湿，调经止痛。用于风湿麻木，筋骨疼痛，跌打损伤，癫痫，月经不调，痛经，经期手脚冷痛。

【拉祜族民间疗法】风湿麻木、筋骨疼痛、跌打损伤、癫痫、月经不调、痛经、经期手脚冷痛　取鲜品根 30 克，水煎 25 分钟，内服，每日 1 剂，分早、中、晚 3 次服下，连服 5 日。

侧柏（栽培）

【拉丁学名】*Platycladus orientalis* (L.) Franco

【科属】柏科 Cupressaceae 侧柏属 *Platycladus*

【别名】香柏、扁柏、扁桧、香树、香柯树。

【拉祜族名称】Yawq sit

【形态特征】乔木，高达 20 m 左右。树皮薄，浅灰褐色，纵裂成条片；枝条向上伸展或斜展，幼树树冠卵状尖塔形，老树树冠则为广圆形。叶鳞形，先端微钝，小枝中央的叶的露出部分呈倒卵状菱形或斜方形，背面中间有条状腺槽，两侧的叶船形，先端微内曲，背部有钝脊，尖头的下方有腺点。雄球花黄色，卵圆形；雌球花近球形，蓝绿色，被白粉。球果近卵圆形，成熟前近肉质，蓝绿色，被白粉，成熟后木质，开裂，红褐色。种子卵圆形或近椭圆形，顶端微尖，灰褐色或紫褐色，稍有棱脊，无翅或有极窄之翅。花期 3~4 月，球果 10 月成熟。(图 2–11–7)

【地理分布】东河乡、谦六乡。(图 2–11–9)

【生长环境】生于海拔 1 000~2 516 m，多为栽培。

【药用部位】枝梢和叶入药，名为侧柏叶；种仁入药，名为柏子仁。(图 2–11–8)

【性味归经】枝梢和叶：性寒，味苦、涩；归肺、肝、脾经。种仁：性平，味甘；归心、

图 2–11–7　侧柏植株

图 2–11–8　侧柏的果实

肾、大肠经。

【功能主治】枝梢和叶：凉血止血，化痰止咳，生发乌发；用于吐血，衄血，咯血，便血，崩漏下血，肺热咳嗽，血热脱发，须发早白。种仁：养心安神，润肠通便，止汗；用于阴血不足，虚烦失眠，心悸怔忡，肠燥便秘，阴虚盗汗。

【拉祜族民间疗法】1. **阴道滴虫病** 苦参、侧柏叶、蛇床子各 15 克，川楝子 10 克。水煎去渣，过滤，注入阴道，并外用冲洗，每日 2 次。连洗 5 日。

2. **咯血** 将侧柏叶在瓦上焙干研末，开水送服。每次 15 克，每日 3 次，连服 3 日。

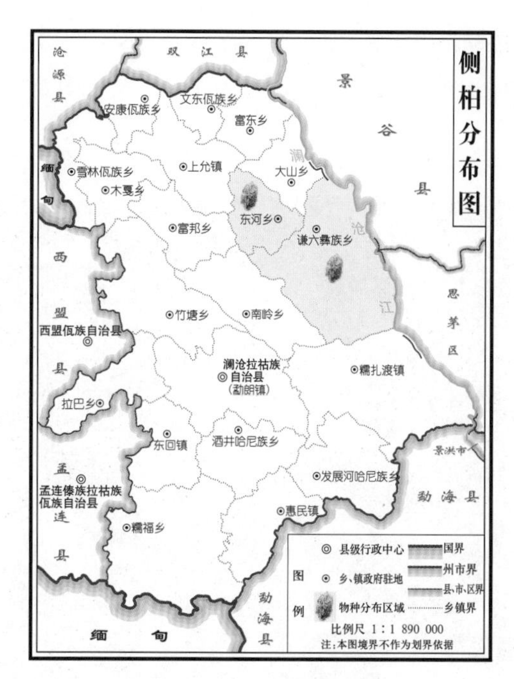

图 2–11–9　侧柏地理分布

茶　梨

【拉丁学名】*Anneslea fragrans* Wall.

【科属】山茶科 Theaceae 茶梨属 *Anneslea*

【别名】红香树、安纳士树、猪头果、红楣。

【拉祜族名称】Hor shia shug

【形态特征】乔木，高约 15 m。树皮黑褐色，小枝灰白色或灰褐色，圆柱形，无毛。叶革质，通常聚生在嫩枝近顶端，呈假轮生状，叶形变异很大，通常为椭圆形或长圆状椭圆形至狭椭圆形，有时近披针状椭圆形，偶有为阔椭圆形至卵状椭圆形，边全缘或具稀疏浅钝齿，稍反卷，上面深色，有光泽，下面淡绿白色，密被红褐色腺点。花数朵至 10 多朵螺旋状聚生于枝端或叶腋；苞片 2，卵圆形或三角状卵形，有时近圆形，外面无毛，边缘疏生腺点；萼片 5，质厚，淡红色，阔卵形或近于圆形；果实浆果状，革质，近于下位，仅顶端与花萼分离，圆球形或椭圆状球形，2~3 室，不开裂或熟后呈不规则开裂，花萼宿存，厚革质。种子每室 1~3 个，具红色假种皮。花期 1~3 月，果期 8~9 月。(图 2–11–10、图 2–11–11)

【地理分布】全县均有分布。(图 2–11–12)

【生长环境】生于海拔 800~2 420 m 的山坡林中或林缘沟谷地以及山坡溪沟边阴湿地。

【药用部位】根、树皮、叶入药，名为红香树。

【性味归经】性凉，味涩、微苦。肝、胃、大肠经。

【功能主治】健胃，舒肝，退热。用于消化不良，肠炎，肝炎。

【拉祜族民间疗法】1. **感冒、高热** 取鲜树皮 30 克，水煎 25 分钟，内服，每日 1 剂，分早、中、晚 3 次服下，连服 3 日。2. **治肠炎、肝炎、肝腹水** 取本品干品树皮，打粉，每日服 3 次，每次 5 克，用温开水送服，连服 5~15 日。

图 2-11-10 茶梨植株及生境特征

图 2-11-11 茶梨的果实

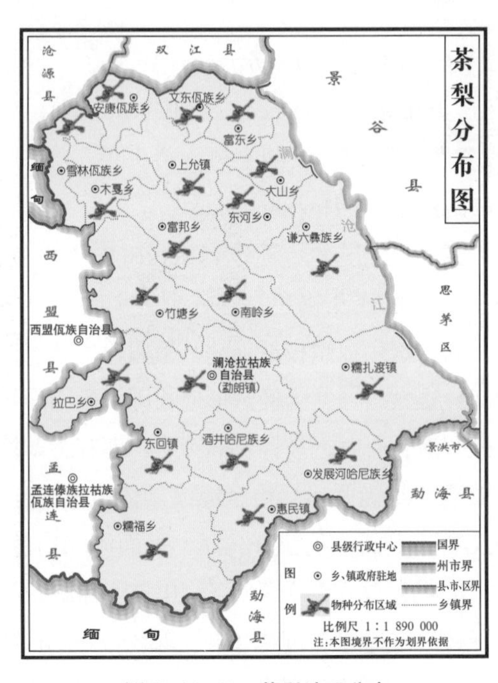

图 2-11-12 茶梨地理分布

长穗越桔

【拉丁学名】*Vaccinium dunnianum* Sleumer

【科属】杜鹃花科 Ericaceae 越桔属 *Vaccinium*

【别名】吉祥果、红籽、火把果。

【拉祜族名称】Ciug ce liar

【形态特征】常绿灌木，稀为小乔木，有时附生。分枝少，枝条细长，圆柱形，略呈左右曲折。叶散生，叶片革质，长卵状披针形，顶端长渐尖，有时尾尖状，基部圆形至近心形，边缘全缘，稍反卷或不反卷，中脉、侧脉和网脉在表面下陷，在背面突起，致使叶表面略呈凸凹不平；叶柄粗短，圆形，腹面无凹槽。总状花序伸长，腋生，多花；苞片未见，小苞片着生花梗基部，三角状披针形；花萼5裂，裂齿三角形；花冠淡黄绿带紫红色，钟状，裂片卵状三角形，上部反折；雄蕊金黄色，与花冠近等长，花丝扁平，微向外弓曲，密被开展的短柔毛，药室背部有2伸展的距，药管长为药室的2倍。浆果球形，果梗顶端与浆果之间明显有关节。花期4~5月，果期6~11月。(图2-11-13、图2-11-14)

【地理分布】糯扎渡镇、谦六乡、惠民镇、发展河乡、竹塘乡、富邦乡、糯福乡、木戛乡、东河乡。(图2-11-15)

【生长环境】生于海拔1 100~2 200 m的山谷

图2-11-13　长穗越桔植株

图2-11-14　长穗越桔的花

常绿阔叶林内或石灰山疏林、灌木林。

【药用部位】果实、根、叶入药，名为救军粮。

【性味归经】性平，味甘、酸、涩。归心、大肠经。

【功能主治】果实：消积止痢，活血止血；用于消化不良，肠炎，痢疾，小儿疳积，崩漏，白带，产后腹痛。根：清热凉血；用于虚痨骨蒸潮热，肝炎，跌打损伤，筋骨疼痛，腰痛，崩漏，白带，月经不调，吐血，便血。叶：清热解毒；外敷治疮疡肿毒。

【拉祜族民间疗法】1. **水火烫伤、疮疡、湿疹**　将本品茎枝烧成火炭，趁热放于冷开水中，当茶饮。

2. **白带过多**　本品树皮 20 克，见水蓝 15 克，胡椒 5 粒。外洗患处，每日洗 2 次，连洗 3 日。

3. **急性胃肠炎**　本品树皮 20 克，见水蓝 15 克，胡椒 5 粒为引，水煎 25 分钟，内服，每日 1 剂，分早、中、晚 3 次服下，连服 3 日。

图 2–11–15　**长穗越桔地理分布**

催吐萝芙木（栽培）

【拉丁学名】*Rauvolfia vomitoria* Afzel. ex Spreng.

【科属】夹竹桃科 Apocynaceae 萝芙木属 *Rauvolfia*

【别名】白花矮托、麻三端（傣族）。

【拉祜族名称】Lawf fur mur

【形态特征】灌木，具乳汁。叶膜质或薄纸质，3~4 叶轮生，稀对生，广卵形或卵状椭圆形。聚伞花序顶生，花淡红色，花冠高脚碟状，冠筒喉部膨大，内面被短柔毛；雄蕊着生花冠筒喉部；花盘环状；心皮离生，花柱基部膨大，被短柔毛，柱头棍棒状。核果离生，圆球形。花期 8~10 月，果期 10~12 月。（图 2–11–16 ~ 图 2–11–18）

【地理分布】勐朗镇、木戛乡、糯扎渡镇。（图 2–11–19）

【生长环境】原产热带非洲。多栽培于海拔 900~1 500 m。

【药用部位】根、叶、茎皮、乳汁入药，名为催吐萝芙木。

【性味归经】性寒，味苦。归肺、肝、脾、胃经。

【功能主治】退热除湿，凉血解毒，散瘀止痛。用于高血压，高热症，急性黄疸性肝炎，疟疾，胃火痛，跌打损伤，风湿骨痛，毒蛇咬伤。

【拉祜族民间疗法】 1. **皮肤瘙痒**　本品根 10 克，七叶莲 20 克，熬水外洗，每日洗 3 次，连用 3 日。

2. **急性黄疸型肝炎**　本品 9 克，白花蛇舌草 15 克，锅铲叶 15 克，响铃草 20 克。水煎 25 分钟，内服，每日 1 剂，分早、中、晚 3 次服下，连服 3 日。

图 2–11–17　催吐萝芙木的花

图 2–11–16　催吐萝芙木植株

图 2–11–18　催吐萝芙木的果实

图 2–11–19　催吐萝芙木地理分布

地 果

【拉丁学名】*Ficus tikoua* Bur.

【科属】桑科 Moraceae 榕属 *Ficus*

【别名】地板藤、地瓜藤、地石榴、地琵琶。

【拉祜族名称】Tiq sif liuq

【形态特征】匍匐木质藤本。茎上生细长不定根，节膨大；幼枝偶有直立的，高达30~40 cm，叶坚纸质，倒卵状椭圆形，先端急尖，基部圆形至浅心形，边缘具波状疏浅圆锯齿，基生侧脉较短，侧脉3~4对，表面被短刺毛，背面沿脉有细毛；托叶披针形，被柔毛。榕果成对或簇生于匍匐茎上，常埋于土中，球形至卵球形，基部收缩成狭柄，成熟时深红色，表面多圆形瘤点，基生苞片3，细小；雄花生榕果内壁孔口部，无柄，花被片2~6，雄蕊1~3；雌花生另一植株榕果内壁，有短柄。无花被，有黏膜包被子房。瘦果卵球形，表面有瘤体。花期5~6月，果期7月。(图2–11–20)

【地理分布】富邦乡、勐朗镇、糯扎渡镇、发展河乡、东河乡。(图2–11–22)

【生长环境】常生于海拔1 100~2 100 m的荒地、草坡或岩石缝中。

【药用部位】根入药，名为地瓜根；隐花果入药，名为地瓜果；茎叶入药，名为地瓜藤。(图2–11–21)

【性味归经】性凉，味苦。入肝、脾经。

【功能主治】清热利湿，活血解毒。用于黄疸，瘰疬，无名肿痛，风湿疼痛，腹泻，痢疾，痔疮出血等证；也用于妇人白带，男子白浊、遗精、滑精，管痛，小腹疼痛等。

图2–11–20 地果植株

【拉祜族民间疗法】**膀胱炎、尿道炎**　本品配木贼、蒲公英各 15 克，水煎 20 分钟，内服，每日 1 剂，分早、中、晚 3 次服下，连服 7 日即可。

图 2–11–21　**地果的叶**

图 2–11–22　**地果地理分布**

钩吻（外用）

【拉丁学名】*Gelsemium elegans* (Gardn. & Champ.) Benth.

【科属】马钱科 Loganiaceae 钩吻属 *Gelsemium*

【别名】狗闹花、胡蔓藤、断肠草、烂肠草、大茶药。

【拉祜族名称】Naf ngawnl

【形态特征】常绿木质藤本。小枝圆柱形，幼时具纵棱；除苞片边缘和花梗幼时被毛外，全株均无毛。叶片膜质，卵形、卵状长圆形或卵状披针形，顶端渐尖，侧脉每边 5~7 条，上面扁平，下面凸起。花密集，组成顶生和腋生的三歧聚伞花序。蒴果卵形或椭圆形，未开裂时明显地具有 2 条纵槽，成熟时通常黑色，干后室间开裂为 2 个 2 裂果瓣，基部有宿存的花萼，果皮薄革质，内有种子。种子扁压状椭圆形或肾形，边缘具有不规则齿裂状膜质翅。花期 5~11 月，果期 7 月至翌年 3 月。(图 2–11–23、图 2–11–24)

【地理分布】谦六乡、糯扎渡镇、勐朗镇、发展河乡、糯福乡、东河乡、木戛乡、雪林乡。(图 2–11–25)

【生长环境】生于海拔 1 000~1 800 m 的山地

路旁灌木丛中或潮湿肥沃的丘陵山坡疏林下。

【药用部位】 根、叶及全草（外用）入药，名为钩吻。

【性味归经】 性温，味辛、苦；大毒。归脾、胃、大肠、肝经。

【功能主治】 祛风攻毒、散结消肿、止痛。用于跌打损伤，骨折淤肿，风湿性关节炎，无名肿毒，外用鲜品捣烂敷患处。禁止内服。

【拉祜族民间疗法】 **风湿性关节炎、无名肿毒** 外用，取适量的鲜品捣烂敷患处，或煎水洗（禁止内服）。

图 2-11-23 钩吻植株及生境特征

图 2-11-24 钩吻的花

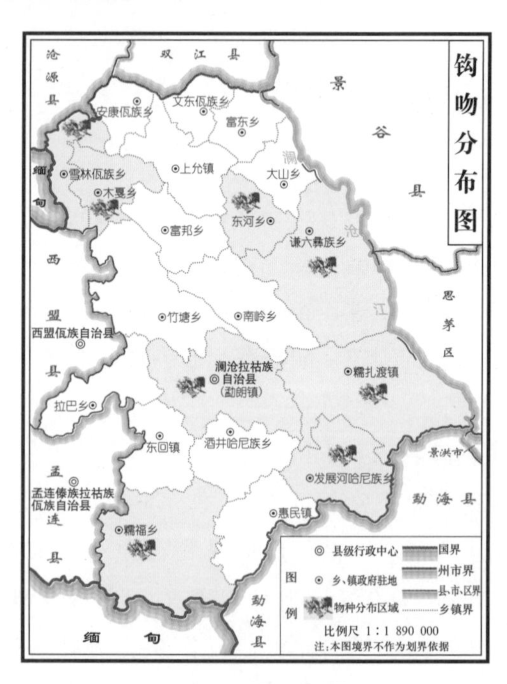

图 2-11-25 钩吻地理分布

合 欢

【拉丁学名】*Albizia julibrissin* Durazz.

【科属】豆科 Leguminosae 合欢属 *Albizia*

【别名】绒花树、马缨花。

【拉祜族名称】Hawr hua

【形态特征】落叶乔木，高可达 16 m。树冠开展；小枝有棱角，嫩枝、花序和叶轴被绒毛或短柔毛。托叶线状披针形，较小叶小，早落。二回羽状复叶，总叶柄近基部及最顶一对羽片着生处各有 1 枚腺体；羽片 4~12 对，栽培的有时达 20 对；小叶 10~30 对，线形至长圆形，向上偏斜，先端有小尖头，有缘毛，有时在下面或仅中脉上有短柔毛；中脉紧靠上边缘。头状花序于枝顶排成圆锥花序；花粉红色；花萼管状。荚果带状，嫩荚有柔毛，老荚无毛。花期 6~7 月，果期 8~10 月。(图 2–11–26)

【地理分布】全县均有分布。(图 2–11–28)

【生长环境】生于海拔 700~2 300 m 的山坡或栽培。

【药用部位】树皮入药，名为合欢皮；花序或花蕾入药，名为合欢花。(图 2–11–27)

【性味归经】树皮：性平，味甘；归心、肝、肺经。花：性平，味甘；归心、肝经。

【功能主治】树皮：解郁安神，活血消肿；用于心神不安，抑郁失眠，肺痈，疮肿，跌扑伤痛。花：解郁安神；用于心神不安，抑郁

图 2–11–26 **合欢植株及生境特征**

失眠。

【拉祜族民间疗法】**跌打损伤、骨折** 合欢皮 120 克，芥菜子（炒）30 克，研为细末，酒调制成膏，睡前服 1 勺，连服 10 日。

图 2–11–27 **合欢的花**

图 2–11–28 **合欢地理分布**

榼 藤

【拉丁学名】*Entada phaseoloides* (Linn.) Merr.

【科属】豆科 Leguminosae 榼藤属 *Entada*

【别名】榼子藤、眼镜豆、牛肠麻、牛眼睛、过江龙。

【拉祜族名称】Kheor theor zid

【形态特征】常绿木质藤本。茎扭旋，枝无毛。二回羽状复叶，羽片通常 2 对，顶生 1 对羽片变为卷须；小叶对生，革质，长椭圆形或长倒卵形，先端钝，微凹，基部略偏斜，主脉稍弯曲，主脉两侧的叶面不等大，网脉两面明显；叶柄短。穗状花序长单生或排成圆锥花序式，被疏柔毛；花细小，白色，密集，略有香味；花萼阔钟状，具 5 齿；花瓣 5，长圆形，基部稍连合；雄蕊稍长于花冠；子房无毛，花柱丝状。荚果弯曲，扁平，木质，成熟时逐节脱落，每节内有 1 粒种子。种子近圆形，扁平，暗褐色，成熟后种皮木质，有光泽，具网纹。花期 3~6 月，果期 8~11 月。(图 2–11–29、图 2–11–30)

【地理分布】糯扎渡镇。(图 2–11–31)

【生长环境】生于山涧或山坡混交林中，攀缘于大乔木上，海拔 600~1 600 m。

图 2-11-29　榼藤植株及生境特征

图 2-11-30　榼藤的果实

【药用部位】种子入药，名为榼藤子；藤茎入药，名为榼藤。

【性味归经】种子：性平，味甘、涩；有毒。藤茎：性平，味微苦、涩；有毒。归肝、脾、胃、肾经。

【功能主治】种子：补气补血，健胃消食，祛风止痛，强筋硬骨；用于水血不足，面色苍白，四肢无力，脘腹疼痛，纳呆食少，也用于风湿引起的肢体、关节痿软疼痛，性冷淡。藤茎：祛风除湿，活血通络；用于风湿痹痛，跌打损伤，腰肌劳损，四肢麻木。

【拉祜族民间疗法】**疮痈**　取本品种仁 20 克，水煎 25 分钟，内服，每日 1 剂，分早、中、晚 3 次服下，连服 3 日。

图 2-11-31　榼藤地理分布

辣木（栽培）

【拉丁学名】*Moringa oleifera* Lam.

【科属】辣木科 Moringaceae 辣木属 *Moringa*

【别名】鼓槌树。

【拉祜族名称】Laf muf

【形态特征】乔木，高 3~12 m。树皮软木质；枝有明显的皮孔及叶痕，小枝有短柔毛；根有辛辣味。叶通常为 3 回羽状复叶，在羽片的基部具线形或棍棒状稍弯的腺体；腺体多数脱落，叶柄柔弱，基部鞘状；羽片 4~6 对；小叶 3~9 片，薄纸质，卵形，椭圆形或长圆形，通常顶端的 1 片较大，叶背苍白色，无毛；叶脉不明显；小叶柄纤弱，基部的腺体线状，有毛。花序广展；苞片小，线形；花具梗，白色，芳香；花瓣匙形；雄蕊和退化雄蕊基部有毛；子房有毛。蒴果细长，下垂，3 瓣裂，每瓣有肋纹 3 条。种子近球形，有 3 棱，每棱有膜质的翅。花期全年，果期 6~12 月。(图 2–11–32)

【地理分布】勐朗镇、惠民镇、糯扎渡镇、发展河、糯福乡、雪林乡、木戛乡、谦六乡。(图 2–11–35)

图 2–11–32　辣木植株

图 2–11–33　辣木的花

图 2–11–34　辣木的叶

【生长环境】原产印度。多栽培于海拔 800~2 000 m。

【药用部位】鲜叶入药，名为辣木叶；种子入药，名为辣木籽；花入药，名为辣木花。(图 2-11-33、图 2-11-34)

【性味归经】性味归经不明确。

【功能主治】增强免疫力，长期服用对于降血压、降血脂、降血糖有明显效果。用于胃溃疡，骨质疏松，脂肪肝，酒精肝，中风等症；可提神醒脑，增强消化，颐养脾胃，消除疲劳，治疗和预防抑郁症。

【拉祜族民间疗法】**口臭、醉酒、高血压、高血脂、糖尿病、痛风等** 食用辣木籽，每日 1~3 次，每次 2~4 粒，连食 5 日。

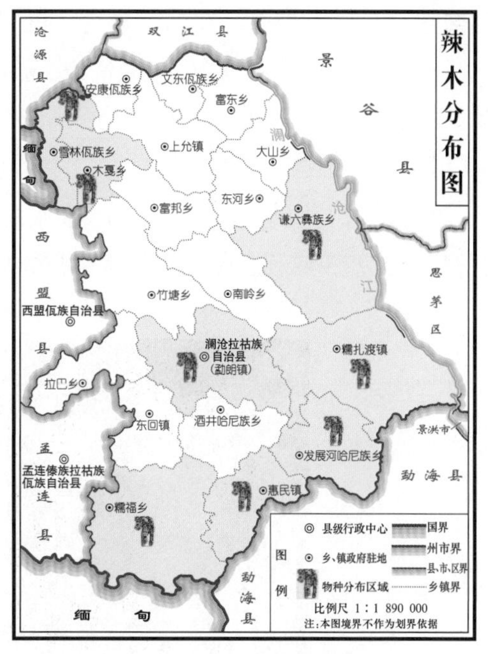

图 2-11-35 辣木地理分布

马兜铃

【拉丁学名】*Aristolochia debilis* Sieb. et Zucc.

【科属】马兜铃科 Aristolochiaceae 马兜铃属 *Aristolochia*

【别名】青木香、兜铃根、独行根、一点气、天仙藤、蛇参果、三百银药、野木香根、定海根。

【拉祜族名称】Che mur shia

【形态特征】草质藤本。根圆柱形，外皮黄褐色；茎柔弱，无毛，暗紫色或绿色，有腐肉味。叶纸质，卵状三角形，长圆状卵形或戟形，顶端钝圆或短渐尖，基部心形，两侧裂片圆形。花单生或 2 朵聚生于叶腋；花梗在开花后期近顶端常稍弯，基部具小苞片；小苞片三角形，易脱落；花被基部膨大呈球形，与子房连接处具关节，向上收狭成一长管，管口扩大呈漏斗状，黄绿色，口部有紫斑，外面无毛，内面有腺体状毛；花药卵形，贴生于合蕊柱近基部，并单个与其裂片对生；子房圆柱形，6 棱；合蕊柱顶端 6 裂，稍具乳头状凸起，裂片顶端钝，向下延伸形成波状圆环。蒴果近球形，顶端圆形而微凹，成熟时黄绿色。种子扁平，钝三角形，边缘具白色膜质宽翅。花期 7~8 月，果期 9~10 月。(图 2-11-36、图 2-11-37)

【地理分布】木戛乡、勐朗镇。(图 2-11-38)

【生长环境】生于海拔 600~1 500 m 的山谷、沟边、路旁阴湿处及山坡灌丛中。

【药用部位】地上部分入药，名为天仙藤；根入药，名为青木香；果实入药，名为马兜铃。

【性味归经】地上部分：性温，味苦；归肝、脾、肾经。根：性微寒，味苦；归肺、大肠经。

【功能主治】地上部分：行气活血，通络止痛；用于脘腹刺痛，风湿痹痛。根：平肝止痛，解毒消肿；用于眩晕头痛，胸腹胀痛，痈肿疔疮，蛇虫咬伤。果实：清肺降气，止咳平喘，清肠消痔；用于肺热咳喘，痰中带血，肠热痔血，痔疮肿痛。

【拉祜族民间疗法】**支气管炎** 取本品根 15 克，配瓜篓皮 10 克，枇杷叶 10 克，水煎 25 分钟，内服，每日 1 剂，分早、中、晚 3 次服下，连服 3 日即可。

图 2-11-36 马兜铃植株

图 2-11-37 马兜铃的花

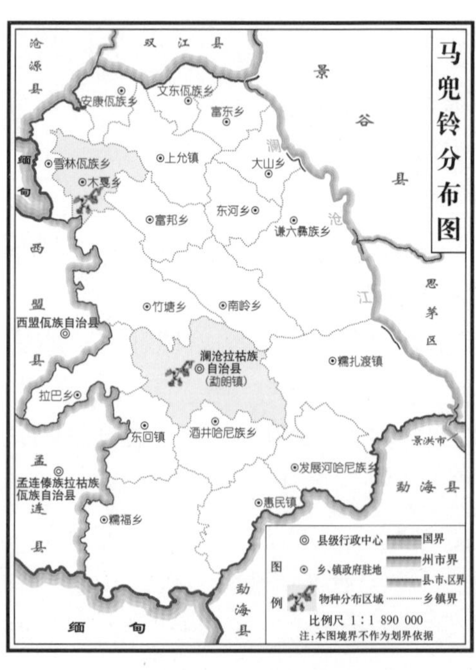

图 2-11-38 马兜铃地理分布

曼陀罗

【拉丁学名】*Datura stramonium* L.

【科属】茄科 Solanaceae 曼陀罗属 *Datura*

【别名】醉心花、狗核桃、朝鲜牵牛花、洋金花。

【拉祜族名称】Na tawr ma

【形态特征】草本或半灌木状。全体近于平滑或在幼嫩部分被短柔毛。茎粗壮，圆柱状，淡绿色或带紫色，下部木质化。叶互生，上部呈对生状，叶片卵形或宽卵形。花单生于枝杈间或叶腋，直立，有短梗；花萼筒状；花冠漏斗状，下半部带绿色，上部白色或淡紫色；雄蕊不伸出花冠；子房密生柔针毛。蒴果直立生，卵状，表面生有坚硬针刺或有时无刺而近平滑，成熟后淡黄色。花期 6~10 月，果期 7~11 月。(图 2–11–39)

【地理分布】谦六乡、南岭乡、糯扎渡镇、竹塘乡、东河乡。(图 2–11–40)

【生长环境】生长海拔 900~1 700 m 的住宅旁、路边或草地上。

【药用部位】果实入药，名为曼陀罗籽；叶入药，名为曼陀罗叶；花入药，名为曼陀罗花。

图 2–11–39 **曼陀罗植株**

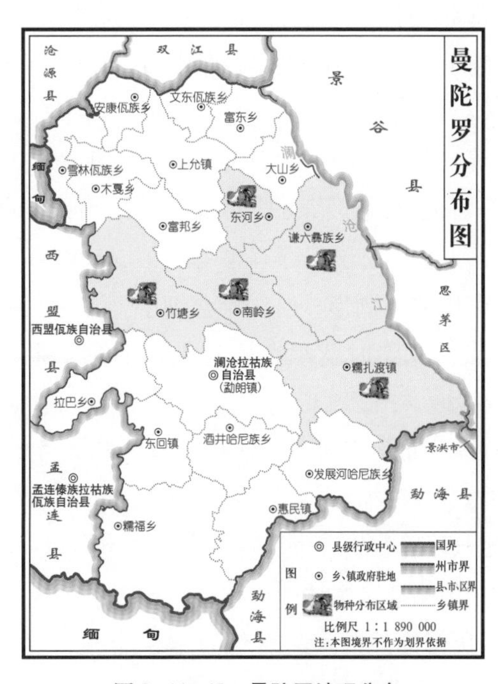

图 2–11–40 **曼陀罗地理分布**

【性味归经】归经不明确。有毒。

【功能主治】花：去风湿、止喘定痛；用于惊痫和寒哮；花瓣的镇痛作用尤佳，用于神经痛等。叶和籽：镇咳镇痛，用于关节骨痛、胃痛腹痛、咳嗽气喘。

【拉祜族民间疗法】**脸上生疮**　用曼陀罗花晒干，研为末，取少许敷贴疮上，每日换1次，连贴3日。

木姜子

【拉丁学名】*Litsea pungens* Hemsl.

【科属】樟科 Lauraceae 木姜子属 *Litsea*

【别名】山胡椒、木香子、木樟子、山姜子、木椒子、蜡梅柴、大木姜、香桂子、猴香子、生姜材、黄花子、辣姜子。

【拉祜族名称】Sit chawd

【形态特征】落叶乔木，高 3~10 m。树皮灰白色，幼枝黄绿色，被柔毛，老枝黑褐色，无毛。叶互生，常聚生于枝顶，披针形或倒卵状披针形，羽状脉，侧脉每边 5~7 条，叶脉在两面均突起；叶柄纤细，初时有柔毛，后脱落渐变无毛。伞形花序腋生；每一花序有雄花 8~12 朵，先叶开放；花被裂片 6，黄色，倒卵形，外面有稀疏柔毛；能育雄蕊 9，花丝仅基部有柔毛，第 3 轮基部有黄色腺体，圆形；退化雌蕊细小，无毛。果球形，成熟时蓝黑色。花期 3~5 月，果期 7~9 月。(图 2-11-41)

图 2-11-41　木姜子植株

【地理分布】东河乡、糯扎渡镇、发展河乡、雪林乡、糯福乡。(图 2-11-43)

【生长环境】生于海拔 700~2 300 m 的溪旁和山地阳坡杂木林中或林缘。

【药用部位】根入药，名为木姜子根；茎入药，名为木姜子茎；叶入药，名为木姜子叶；

图 2–11–42 木姜子的果实

果实入药，名为木姜子。(图 2–11–42)

【性味归经】性温，味辛、苦。归脾、胃经。

【功能主治】温中，行气，止痛，燥湿健脾，消食，解毒消肿。用于胃寒腹痛，暑湿吐泻，食滞饱胀，痛经，疝痛，疟疾，疮疡肿痛。

【拉祜族民间疗法】**感冒头痛、风湿骨痛** 取本品根 50 克，叶 30 克，果 20 克。水煎 25 分钟，内服，每日 1 剂，分早、中、晚 3 次服下，连服 5 日。

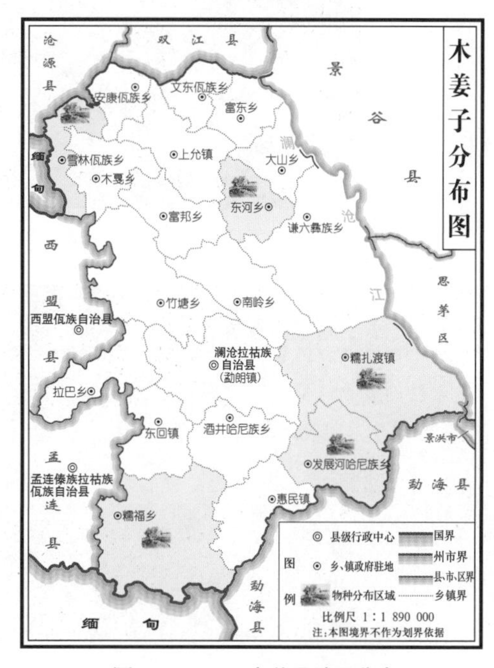

图 2–11–43 木姜子地理分布

平车前

【拉丁学名】*Plantago depressa* Willd.

【科属】车前科 Plantaginaceae 车前属 *Plantago*

【别名】车前草、虾蟆衣、牛遗、胜舄。

【拉祜族名称】Mud ned cat

【形态特征】多生草本。直根长，具多数侧根，多为肉质。根茎短。叶基生呈莲座状，平卧、斜展或直立；叶片纸质，椭圆形、椭圆状披针形或卵状披针形。花序 3~10 余个；花序梗有纵条纹，疏生白色短柔毛；穗状花序；苞片三角状卵形，内凹，无毛，龙骨突宽厚，宽于两侧片，不延至或延至顶端。蒴果卵状椭圆形至圆锥状卵形，于基部上方周裂。种子 4~5 枚，椭圆形，腹面平坦，黄褐色至黑色；子叶背腹向排列。花期 5~7 月，果期 7~9 月。(图 2–11–44~ 图 2–11–46)

【地理分布】勐朗镇、谦六乡、糯扎渡镇、发展河乡、竹塘乡、糯福乡、木戛乡、雪林乡、东河乡、上允镇。(图 2–11–47)

【生长环境】生于海拔 800~2 300 m 的草地、河滩、沟边、草甸、田间及路旁。

图 2–11–44　平车前植株及生境特征

图 2–11–45　平车前的花序

图 2–11–46　平车前的果实

【药用部位】种子入药，名为车前子；全草入药，名为车前草。

【性味归经】性寒，味甘。归肝、肾、肺、小肠经。

【功能主治】种子：清热利尿通淋，渗湿止泻，明目，祛痰；用于热淋涩痛，水肿胀满，暑湿泄泻，目赤肿痛，痰热咳嗽。全草：清热利尿通淋，祛痰，凉血，解毒；用于热淋涩痛，水肿尿少，暑湿泄泻，痰热咳嗽，吐血衄血，痈肿疮毒。

【拉祜族民间疗法】**支气管炎咳嗽**　取车前子 20 克，水煎 25 分钟，内服，每日 1 剂，分早、中、晚 3 次服下，连服 5 日。

图 2–11–47　**平车前地理分布**

青　葙

【拉丁学名】*Celosia argentea* L.

【科属】苋科 Amaranthaceae 青葙属 *Celosia*

【别名】青葙、草蒿、萋蒿、昆仑草、百日红、鸡冠苋。

【拉祜族名称】Che shia zid

【形态特征】一年生草本，高 0.3~1 m，全体无毛；茎直立，有分枝，绿色或红色，具显明条纹。叶片矩圆披针形、披针形或披针状条形，少数卵状矩圆形，绿色常带红色，顶端急尖或渐尖，具小芒尖，基部渐狭。花多数，密生，在茎端或枝端成单一、无分枝的塔状或圆柱状穗状花序；苞片及小苞片披针形，白色，光亮，顶端渐尖，延长成细芒，具 1 中脉，在背部隆起；花被片矩圆状披针形，初为白色顶端带红色，或全部粉红色，后成白色，顶端渐尖，具 1 中脉，在背面凸起；花药紫色；子房有短柄，花柱紫色。胞果卵形，包裹在宿存花被片内。种子凸透镜状肾形。花期 5~8 月，果期 6~10 月。(图 2–11–48、图 2–11–49)

【地理分布】勐朗镇、谦六乡、南岭乡、糯扎渡镇、发展河乡、雪林乡。(图 2–11–50)

【生长环境】生于海拔 700~1 400 m 的平原、田边、丘陵、山坡。野生或栽培。

【药用部位】种子入药，名为青葙子；花序、茎叶、根入药，名为青葙。

【性味归经】种子：性微寒，味苦。归肝经。

【功能主治】种子：清肝泻火，明目退翳；用于肝热目赤，目生翳膜，视物昏花，肝火眩晕。花序：清肝凉血，明目退翳；用于吐血，头风，目赤，血淋，月经不调，带下。茎叶及根：燥湿清热，止血，杀虫；用于风热身痒，疮疥，痔疮，外伤出血青葙，目赤肿痛，角膜炎，角膜云翳，眩晕，皮肤风热瘙痒。

【拉祜族民间疗法】目赤肿痛、高血压、疥癞 取本品种子 30~50 克，水煎 25 分钟，内服，每日 1 剂，分早、中、晚 3 次服下，连服 5 日。

图 2-11-48　**青葙植株及生境特征**

图 2-11-49　**青葙的花序**

图 2-11-50　**青葙地理分布**

秋海棠

【拉丁学名】*Begonia grandis* Dryand.

【科属】秋海棠科 Begoniaceae 秋海棠属 *Begonia*

【别名】八香、无名断肠草、无名相思草。

【拉祜族名称】Chiu haid thar

【形态特征】多年生草本，高约 80 cm。有球形块茎，上生须根。茎直立，粗壮光滑，多分枝。叶腋生珠芽，落地生新苗。叶互生，叶柄带紫红色；叶片斜卵形，先端渐尖头，基部斜心形，边缘呈尖波状，有细尖牙齿，上面被细刺毛，下面带紫红色。秋季开淡红色花，花大，聚伞花序自顶端叶腋生，单性，雌雄同株。子房长圆形，无毛，3 室，中轴胎座，每室胎座具 2 裂片。蒴果下垂，果梗五毛，有不等 3 翅，其中一翅通常较大。种子极多数，小，长圆形，淡褐色，光滑。花期 7 月开始，果期 8 月开始。(图 2–11–51)

【地理分布】勐朗镇、谦六乡、糯扎渡镇、发展河乡、酒井乡、雪林乡、竹塘乡、糯福乡、木戛乡。(图 2–11–52)

【生长环境】生于海拔 1 000~2 200 m 的山谷潮湿石壁上、山谷溪旁密林石上、山沟边岩

图 2–11–51　秋海棠植株

图 2–11–52　秋海棠地理分布

石上和山谷灌丛中。

【药用部位】花入药，名为秋海棠花；根入药，名为秋海棠根；果实入药，名为秋海棠果；茎、叶入药，名为秋海棠茎叶。

【性味归经】性寒，味酸。归经不明确。

【功能主治】凉血止血，散瘀调经，解毒消肿。用于吐血，衄血，咳血，崩漏，白带，月经不调，痢疾，跌打损伤，毒蛇咬伤等。

【拉祜族民间疗法】**痢疾**　本品 15 克，十大功劳 10 克，岩七 10 克。水煎 20 分钟，内服，每日 1 剂，分早、中、晚 3 次服下，连服 2 日即可。

思茅松

【拉丁学名】*Pinus kesiya* var. *langbianensis* (A. Chev.) Gaussen

【科属】松科 Pinaceae 松属 *Pinus*

【别名】松树。

【拉祜族名称】Thawd sit

【形态特征】乔木。树冠广圆形，树皮褐色，

图 2–11–53　**思茅松植株及生境特征**

裂成龟甲状薄块片脱落，枝条一年生长两轮或多轮；一年生枝淡褐色或淡褐黄色，有光泽，二、三年生枝上叶之基部的苞片逐渐脱落；芽红褐色，圆锥状，先端尖，稍有树脂，芽鳞披针形，边缘白色丝状，外部的芽鳞稍反卷。针叶 3 针一束，细长柔软，先端细有长尖头，横切面三角形。雄球花矩圆筒形，在新枝基部聚生成短丛状。球果卵圆形，基部稍偏斜，通常单生或 2 个聚生，宿存树上数年不脱落；中部种鳞近窄矩圆形，先端厚而钝，鳞盾斜方形，稍肥厚隆起，或显著隆起呈圆锥形，横脊显著，间或有纵脊，鳞脐小，椭圆形，稍凸起，顶端常有向后紧贴的短刺。种子椭圆形，黑褐色，稍扁。(图 2–11–53、图 2–11–54)

【地理分布】全县均有分布。(图 2–11–55)

【生长环境】生于海拔 700~1 200 m 的山地。

【药用部位】松节入药，名为松节；尖入药，名为松尖；叶入药，名为松毛；皮入药，名为松树皮；树脂入药，名为松香。

【性味归经】性味归经不明确。

【功能主治】通经活络，散瘀行血，消炎止痛，清热解毒，镇静安神。用于痹证，带下证。

【拉祜族民间疗法】1. **外伤止血**　青木香 15 克，血满草 15 克，白花蛇舌草 50 克，豨莶草 15 克，思茅松鲜根 50 克，水煎 25 分钟，内服，每日 1 剂，分早、中、晚 3 次服下，连服 5 日。

2. **跌打损伤、腰肌劳损**　取本品鲜茎尖，打碎炖酒外擦，同时把渣热敷于患处。

3. **止血**　取本品树皮，去除粗皮，刮取嫩皮敷于出血处，有止血止痛作用。

图 2–11–54　**思茅松的雄球花**

图 2–11–55　**思茅松地理分布**

虾子花

【拉丁学名】*Woodfordia fruticose* (L.) Kurz.

【科属】千屈菜科 Lythraceae 虾子花属 *Woodfordia*

【别名】红蜂蜜花、红虾花、野红花、破血药、洞荒、铜皮树。

【拉祜族名称】Shia zid hua

【形态特征】灌木，高 3~5 m。分枝细长，披散。叶对生，近革质，几无柄；叶片披针形或卵状披针形。聚伞花序腋生呈圆锥状，花序轴有毛；萼筒花瓶状，鲜红色；花瓣淡黄色，线状披针形。蒴果线状长椭圆形，膜质。种子多数，卵状或圆锥状，红棕色。花期 3~4 月。(图 2-11-56)

图 2-11-56　虾子花植株及生境特征

图 2-11-57　虾子花的花

【地理分布】东河乡、谦六乡。(图 2–11–58)

【生长环境】生于海拔 700~1 500 m 的山坡路旁。

【药用部位】根入药，名为虾子花根；花入药，名为虾子花。(图 2–11–57)

【性味归经】性温，味微甘、涩。归脾、肾经。

【功能主治】活血止血，舒筋活络。用于痛经，闭经，血崩，鼻衄，咳血，肠风下血，痢疾，风湿痹痛，腰肌劳损，跌打损伤。

【拉祜族民间疗法】**月经不调**　本品花 15 克，当归 15 克，生黄芪 15 克，大红袍 15 克。水煎 20 分钟，内服，每日 1 剂，分早、中、晚 3 次服下，连服 5 日即可。

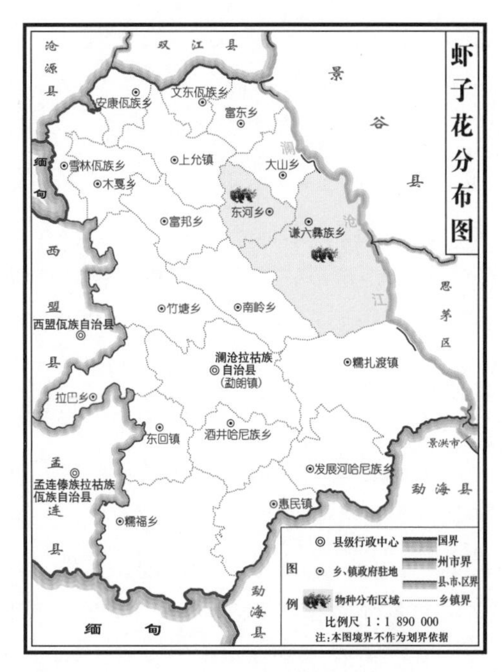

图 2–11–58　**虾子花地理分布**

盐肤木

【拉丁学名】*Rhus chinensis* Mill.

【科属】漆树科 Anacardiaceae 盐肤木属 *Rhus*

【别名】盐霜柏、盐酸木、敷烟树、蒲连盐、老公担盐、五倍子树。

【拉祜族名称】Yer fu mur

【形态特征】落叶小乔木或灌木，高 2~10 m。小枝棕褐色，被锈色柔毛，具圆形小皮孔。奇数羽状复叶有小叶 (2~)3~6 对，叶轴具宽的叶状翅，叶轴和叶柄密被锈色柔毛；小叶无柄，纸质，常为卵形或椭圆状卵形或长圆形，先端急尖，基部圆形，边缘具粗锯齿或圆齿，被白粉，叶面沿中脉疏被柔毛或近无毛，叶背被锈色柔毛。圆锥花序多分枝，花小，黄白色。核果球形，略压扁，被具节柔毛和腺毛，成熟时红色。花期 8~9 月，果期 10 月。(图 2–11–59)

【地理分布】勐朗镇、糯扎渡镇、发展河乡、雪林乡、南岭乡、富邦乡、惠民镇、木戛乡、糯福乡、东河乡、上允镇、拉巴乡。(图 2–11–61)

【生长环境】生于海拔 600~2 300 m 的向阳山坡、沟谷、溪边的疏林或灌丛中。

【药用部位】果实入药，名为盐肤子；叶入药，名为盐肤叶；树皮入药，名为盐肤木皮；花入药，名为盐肤木花；根入药，名为盐肤木根；根皮入药，名为盐肤木根皮；叶上五倍子蚜虫瘿入药，名为五倍子。(图 2–11–60)

【性味归经】果实、叶、树皮、花、根、根皮：性寒，味酸、咸；归脾、肾经。五倍子：性寒，味酸、涩；归肺、大肠、肾经。

【功能主治】果实：生津，化痰，敛汗，止痢；用于肺虚久咳，痰嗽，胸痛，喉痹，黄疸，盗汗，痢疾，胃痛，顽癣，痈毒，头风白屑，毒蛇咬伤。叶：止咳，止血，收敛，解毒；用于痰嗽，便血，血痢，盗汗，痈疽，疮疡，湿疹，疥疮，漆疮，蛇虫咬伤。树皮：清热解毒，活血止痢；用于血痢，痈肿，疮疥，蛇犬咬伤。花：清热解毒，敛疮；用于疮疡久不收口，小儿鼻下两旁生疮，色红瘙痒，渗液浸淫糜烂。根：祛风湿，利水消肿；用于风湿痹痛，腰骨酸痛，水肿，咳嗽，跌打肿痛，乳痈，伤食泄泻，痔疮，癣疮，头上白屑，毒蛇咬伤。根皮：清热利湿，解毒散瘀；用于黄疸，水肿，风湿痹痛，小儿疳积，疮疡肿痛，跌打损伤，蛇虫咬伤，皮肤湿疹。五倍子：敛肺降火，涩肠止泻，敛汗，止血，收湿敛疮；用于肺虚久咳，肺热痰嗽，久泻久痢，自汗盗汗，消渴，便血痔血，外伤出血，痈肿疮毒，皮肤湿烂。

【拉祜族民间疗法】1. **咳嗽痰多** 本品叶 20 克，酒为引，水煎 20 分钟，内服，每日 1 剂，分早、中、晚 3 次服下，连服 2 日。

2. **顽癣** 取本品果实研末或加野棉花根等份，醋调敷患处。

3. **牙痛** 取本品鲜根适量，洗净，嚼于口中，15 分钟后疼痛减少。

图 2–11–60 盐肤木的果实

图 2–11–59 盐肤木植株及生境特征

图 2–11–61 盐肤木地理分布

鱼子兰

【拉丁学名】*Chloranthus elatior* Link

【科属】金粟兰科 Chloranthaceae 金粟兰属 *Chloranthus*

【别名】珠兰、叶枝兰、小疙瘩、九节风、节节茶、石节风。

【拉祜族名称】Yir zid lar

【形态特征】直立或披散亚灌木。茎圆柱形。叶对生、无毛、纸质，椭圆形或倒卵状椭圆形，倒披针形或倒卵形，倒卵状披针形，顶端渐尖，基部楔形；边缘具腺顶锯齿。穗状花序形成顶生，常具2~3或更多分枝的圆锥花序，花小、黄绿色、极芳香；雄蕊3枚，药隔合生成一卵状体，上部3浅裂，中央裂片较大，具1个2室的花药，两侧裂片较小，各具1个1室的花药，药隔不伸长，药室在药隔的中部或中部以上；子房卵形。果实倒卵形，幼时绿色，成熟时白色。花期4~6月，果期7~9月。(图2-11-62)

图 2-11-62 **鱼子兰植株及生境特征**

【地理分布】勐朗镇、糯扎渡镇、发展河乡、雪林乡。(图 2-11-63)

【生长环境】生于海拔 1 000~2 000 m 的山谷林下或溪边潮湿地。

【药用部位】枝叶入药，名为鱼子兰；花入药，名为鱼子兰花。

【性味归经】性温，味甘、辛。归肝经。

【功能主治】祛风湿，接筋骨，散瘀，消肿止痛。用于风湿疼痛，跌打损伤，癫痫。

【拉祜族民间疗法】**伤风感冒**　三椏苦、三对节、钩藤各 10 克，鱼子兰 15 克，生姜 10 克。水煎 20 分钟，内服，每日 1 剂，分早、中、晚 3 次服下，连服 3 日即可。

图 2-11-63　**鱼子兰地理分布**

云南蕊木

【拉丁学名】*Kopsia officinalis* Tsiang et P. T. Li

【科属】夹竹桃科 Apocynaceae 蕊木属 *Kopsia*

【别名】梅桂、马蒙加锁。

【拉祜族名称】Yer nar yuid mur

【形态特征】乔木。树皮灰褐色；幼枝略有微毛，老枝无毛。叶腋间及叶腋内腺体多数，淡黄色，线状钻形。叶坚纸质，椭圆状长圆形或椭圆形，端部短渐尖，基部楔形；中脉在叶面凹陷，在叶背凸起；叶柄粗壮，上面有槽。聚伞花序复总状，伸长二叉，总花梗粗壮，具微毛；苞片与小苞片无毛，卵圆状长圆形；花萼 5 深裂，裂片双盖覆瓦状排列，两面无毛，仅在边缘有睫毛，卵圆状长圆形，端部锐尖，外面具一黑色腺体，内面基部无腺体；花冠白色，高脚碟状，花冠筒比花萼为长，近端部膨大，内面具长柔毛，花冠裂片向右覆盖，披针形；雄蕊着生于花冠筒喉部，花丝短而柔弱，花药卵圆形，锐尖；花盘为 2 枚线状披针形的舌状片所组成，与心皮互生，比心皮为长；心皮 2 枚，离生，每心皮有胚珠 2 颗，倒生。核果椭圆形，成熟后黑色。花期 4~9 月，果期 9~12 月。(图 2-11-64、图 2-11-65)

【地理分布】勐朗镇、糯扎渡镇、发展河乡、竹塘乡、糯福乡。(图 2-11-67)

【生长环境】生于海拔 600~1 400 m 的山地

疏林中或山地路旁。

【药用部位】 树皮、果实、叶入药，名为云南蕊木。(图 2-11-66)

【性味归经】 性味归经不明确。

【功能主治】 树皮：利湿；用于水肿。果实、叶：消炎止痛、舒筋活络；用于咽喉炎、扁桃腺炎、风湿骨痛、四肢麻木。

【拉祜族民间疗法】 **咽喉炎** 取本品干果 5 克或干叶 10 克，水煎 25 分钟，每日 1 剂，分早、中、晚 3 次服下，连服 3 日。

图 2–11–64 云南蕊木植株

图 2–11–65 云南蕊木的花

图 2–11–66 云南蕊木的果实

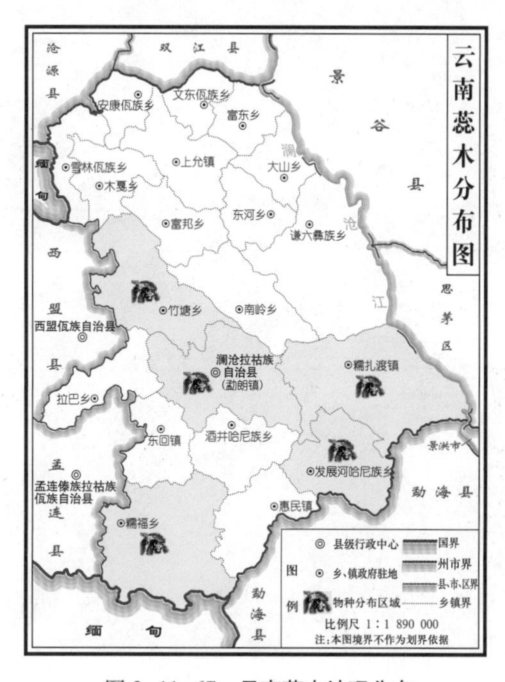

图 2–11–67 云南蕊木地理分布

紫　苏

【拉丁学名】*Perilla frutescens* (L.) Britt.

【科属】唇形科 Labiatae 紫苏属 *Perilla*

【别名】桂荏、白苏、赤苏、红苏、黑苏、白紫苏、青苏、鸡苏。

【拉祜族名称】Zid shu

【形态特征】一年生草本。茎绿色或紫色，钝四棱形，具四槽，密被长柔毛。叶阔卵形或圆形，先端短尖或突尖，基部圆形或阔楔形，边缘在基部以上有粗锯齿，膜质或草质，两面绿色或紫色，或仅下面紫色，上面被疏柔毛，下面被贴生柔毛。轮伞花序；苞片宽卵圆形或近圆形，先端具短尖，外被红褐色腺点；花梗密被柔毛；花萼钟形，直伸，下部被长柔毛，夹有黄色腺点，内面喉部有疏柔毛环；花冠白色至紫红色，冠筒短，喉部斜钟形，冠檐近二唇形，上唇微缺，下唇3裂，中裂片较大，侧裂片与上唇相近似。雄蕊4，几不伸出，前对稍长，离生，插生喉部，花丝扁平，花药2室，平行，其后略叉开或极叉开。花柱先端相等2浅裂。花盘前方呈指状膨大。小坚果近球形，灰褐色，具网纹。花期8~11月，果期8~12月。(图2–11–68)

【地理分布】糯扎渡镇、发展河乡。(图2–11–70)

【生长环境】生于海拔1 350~2 516 m的山地路旁、村边荒地，或栽培于舍旁。

图2–11–68　**紫苏植株**

图2–11–69　**紫苏的叶**

【药用部位】果实入药，名为紫苏子；叶（或带嫩枝）入药，名为紫苏叶；茎入药，名为紫苏梗。(图 2-11-69)

【性味归经】果实：性温，味辛；归肺经。叶、茎：性温，味辛，归肺、脾经。

【功能主治】果实：降气化痰，止咳平喘，润肠通便；用于痰壅气逆，咳嗽气喘，肠燥便秘。叶：解表散寒，行气和胃；用于风寒感冒，咳嗽呕恶，妊娠呕吐，鱼蟹中毒。茎：理气宽中，止痛，安胎；用于胸膈痞闷，胃脘疼痛，嗳气呕吐，胎动不安。

【拉祜族民间疗法】**感冒** 紫苏叶、薄荷、淡竹、石膏各 15 克，生姜、车前草、水灯芯草各 20 克。水煎 25 分钟，内服，每日 1 剂，分早、中、晚 3 次服下，连服 3 日。

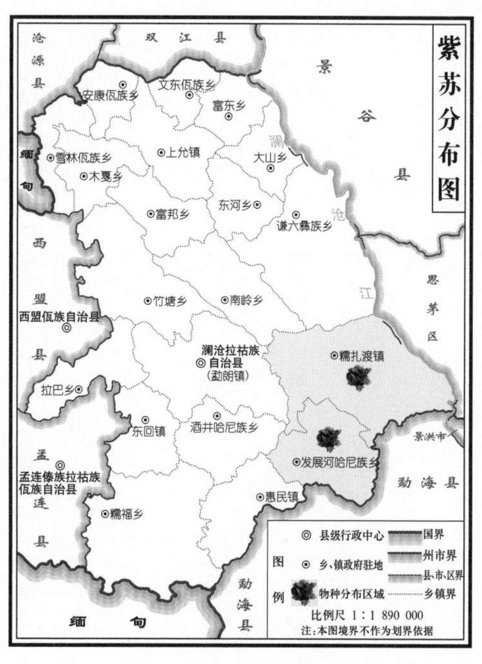

图 2-11-70 紫苏地理分布

全草药用植物

拔毒散

图 3–1–1 拔毒散植株及生境特征

图 3–1–2 拔毒散的花

【拉丁学名】*Sida szechuensis* Matsuda

【科属】锦葵科 Malvaceae 黄花稔属 *Sida*

【别名】黄花稔、小黄药、小克麻。

【拉祜族名称】Paf tur shad

【形态特征】直立亚灌木，高约 1 m。小枝被星状长柔毛。叶二型，下部生的宽菱形至扇形，上面疏被星状毛或糙伏毛至几无毛，下面密被灰色星状毡毛；叶柄被星状柔毛；托叶钻形，较短于叶柄。花单生或簇生于小枝端，花梗密被星状粘毛，中部以上具节；萼杯状，裂片三角形，疏被星状柔毛；花黄色，花瓣倒卵形；雄蕊柱被长硬毛。果近圆球形，疏被星状柔毛，具短芒。种子黑褐色，平滑，种脐被白色柔毛。花期 6~11 月。(图 3–1–1、图 3–1–2)

【地理分布】勐朗镇、糯扎渡镇、上允镇、

糯福乡、竹塘乡。(图 3-1-3)

【生长环境】常见于海拔 1 000~2 200 m 的荒坡灌丛、松林边、路旁和沟谷边。

【药用部位】全草入药，名为拔毒散。

【性味归经】性平，味苦。归肺、肝经。

【功能主治】消炎，拔毒，生肌。用于急性扁桃体炎，急性乳腺炎，肠炎，菌痢和跌打损伤等症。

【拉祜族民间疗法】1. **感冒、乳腺炎、痢疾、肠炎** 取拔毒散鲜品 50~80 克，水煎 20 分钟，内服，每日 1 剂，分早、中、晚 3 次服下，连服 7 日即可。

2. **跌打伤、骨折、外伤出血** 取拔毒散鲜品捣敷或干品研粉调成糨糊敷于患处，每日换 1 次，连敷 5 日。

图 3-1-3 拔毒散地理分布

白花蛇舌草

【拉丁学名】*Hedyotis diffusa* Willd.

【科属】茜草科 Rubiaceae 耳草属 *Hedyotis*

【别名】蛇舌草、蛇舌癀、蛇针草、蛇总管、二叶葎、白花十字草、尖刀草、甲猛草、龙舌草、蛇脷草、鹤舌草。

【拉祜族名称】Peof hua sbeor sheot chaod

【形态特征】一年生披散草本，高 15~50 cm。根细长，分支，白花。茎略带方形或扁圆柱形，光滑无毛，从基部发出多分枝。叶对生，无柄，膜质，线形，顶端短尖，边缘干后常背卷，上面光滑，下面有时粗糙；中脉在上面下陷，侧脉不明显；托叶基部合生，顶部芒尖。花 4 数，单生或双生于叶腋；花冠白色，管形，花冠裂片卵状长圆形，顶端钝；雄蕊生于冠管喉部，花药突出，长圆形，与花丝等长或略长；花柱长 2~3 mm，柱头 2 裂，裂片广展，有乳头状凸点。蒴果膜质，扁球形。种子每室约 10 粒，棕黄色，细小，具 3 个棱角。花期春季。(图 3-1-4)

【地理分布】勐朗镇、糯扎渡镇、发展河乡、惠民镇、竹塘乡、糯福乡、木戛乡、雪林乡、东河乡。(图 3-1-5)

【生长环境】生于海拔 700~2 200 m 的水田、田埂和湿润的旷地。

【药用部位】全草入药，名为白花蛇舌草。

【性味归经】性微寒，味微苦、微甘。归胃、大肠、小肠经。

图 3–1–4 白花蛇舌草植株及生境特征

【功能主治】清热解毒，消痈散结，利尿除湿。用于各种类型炎症。

【拉祜族民间疗法】1. **阑尾炎、咽喉炎** 本品 20 克，金牛草 10 克，掌叶榕 10 克。水煎 25 分钟，内服，每日 1 剂，分早、中、晚 3 次服下，连服 5 日。

2. **毒蛇咬伤** 用本品鲜品适量捣烂直接敷患处。

图 3–1–5 白花蛇舌草地理分布

包疮叶

【拉丁学名】*Maesa indica* (Roxb.) A. DC.

【科属】紫金牛科 Myrsinaceae 杜茎山属 *Maesa*

【别名】两面青、小姑娘茶、大白饭果、小姑娘叶。

【拉祜族名称】Liad meq che

【形态特征】大灌木，高 1~3 m，稀达 5 m。分枝多，外倾，无毛，幼时具深沟槽，以后变圆柱形，具纵条纹，有密且突起的皮孔，老时则不明显。叶片坚纸质至近革质，卵形至广卵形或长圆状卵形，顶端急尖，突然渐尖或渐尖，背面脉隆起，细脉不甚明显，具明显地脉状腺条纹。总状花序或圆锥花序，常仅于基部分枝，腋生及近顶生。果卵圆形或近球形，具纵行肋纹；宿存萼包果顶部。花期 4~5 月，果期 9~11 月或 4~7 月。(图 3-1-6、图 3-1-7)

【地理分布】勐朗镇、谦六乡、南岭乡、糯扎渡镇、发展河乡、雪林乡、木戛乡、东河乡。(图 3-1-8)

【生长环境】生于海拔 900~2 200 m 的山间疏、密林下，山坡、沟底阴湿处，有时亦见于阳处。

【药用部位】全株入药，名为两面青。

【性味归经】性微凉，味苦。归肺、肝、胃经。

图 3-1-6　包疮叶植株

【功能主治】清热利湿，降压。用于肝炎，腹泻，麻疹，高血压病。叶：外用于疮毒。

【拉祜族民间疗法】1. **麻疹**　本品 10 克，牡蒿 10 克，升麻 10 克，葛根 15 克，千里光 15 克。水煎 20 分钟，内服，每日 1 剂，分早、中、晚 3 次服下，连服 5 日。

2. **肝炎**　本品 20 克，蜜桶花根 15 克，水红木根 15 克，五味子 10 克。水煎 20 分钟，内服，每日 1 剂，分早、中、晚 3 次服下，连服 7 日即可。

图 3–1–7　**包疮叶的果**

图 3–1–8　**包疮叶地理分布**

笔管草

【拉丁学名】*Equisetum ramosissimum* subsp. *debile* (Roxb. ex Vauch.) Hauke

【科属】木贼科 Equisetaceae 木贼属 *Equisetum*

【别名】木贼、节节草。

【拉祜族名称】Naf lief qof

【形态特征】多年生草本，高可达 60 厘米或更多。根茎直立和横走，黑棕色，节和根密生黄棕色长毛或光滑无毛。成熟主枝有分枝，但分枝常不多。主枝有脊 10~20 条，脊的背部弧形，有一行小瘤或有浅色小横纹；鞘齿 10~22 枚，狭三角形，上部淡棕色，膜质，早落或有时宿存，下部黑棕色革质，扁平，两侧有明显的棱角，齿上气孔带明显或不明显。侧枝较硬，圆柱状，有脊 8~12 条，脊上有小瘤或横纹；鞘齿 6~10 个，披针形，较短，膜质，淡棕色，早落或宿存。孢子囊

图 3–1–9　**笔管草植株及生境特征**

图 3–1–10　**笔管草鲜药材**

穗短棒状或椭圆形，顶端有小尖突，无柄。(图 3–1–9)

【**地理分布**】全县均有分布。(图 3–1–11)

【**生长环境**】生于海拔 580~1 500 m。

【**药用部位**】全草入药，名为木贼。(图 3–1–10)

【**性味归经**】性寒，味微苦。归经不明确。

【**功能主治**】疏风散热，明目退翳，止血。用于目生云翳，迎风流泪，肠风下血，血痢，疟疾，喉痛，痈肿。

【**拉祜族民间疗法**】1. **赤目肿痛**　本品配栀子适量，猪肝 1 个，煮汤，食肝喝汤。

2. **眼结膜炎**　取本品 15 克，青葙子、菊花各 10 克。水煎 25 分钟，内服，每日 1 剂，分早、中、晚 3 次服下，连服 3 日。

图 3–1–11　**笔管草地理分布**

草珊瑚

【拉丁学名】*Sarcandra glabra* (Thunb.) Nakai

【科属】金粟兰科 Chloranthaceae 草珊瑚属 *Sarcandra*

【别名】肿节风、九节花、九节茶、接骨莲。

【拉祜族名称】Chaod sha fur

【形态特征】常绿亚灌木，株高 50~120 cm。茎直立，绿色，节膨大，节间有纵行较明显的脊和沟。单叶对生，具柄；叶革质，椭圆形、卵形至卵状披针形，边缘具粗锐锯齿，齿尖有一腺体，两面均无毛；叶柄基部合生成鞘状；托叶钻形。穗状花序顶生，花小，花两性；苞片三角形；花黄绿色；雄蕊 1 枚，肉质，棒状至圆柱状，花药 2 室，生于药隔上部之两侧，侧向或有时内向；子房球形或卵形，无花柱，柱头近头状。浆果核果状，球形，熟时呈鲜红色。花期 8~9 月，果期 10~11 月。（图 3–1–12、图 3–1–13）

【地理分布】勐朗镇、糯扎渡镇、发展河乡、糯福乡。（图 3–1–14）

【生长环境】生于海拔 900~2 000 m 的山坡、

图 3–1–12　草珊瑚植株及生境特征

图 3–1–13　草珊瑚的叶

沟谷林下阴湿处。

【药用部位】全草或根入药，名为草珊瑚。

【性味归经】性平，味辛、苦。归心、肝经。

【功能主治】抗菌消炎，清热解毒，祛风除湿，活血止痛，通经接骨。用于各种炎症性疾病，风湿关节痛，腰腿痛，疮疡肿毒肺炎，阑尾炎，急性蜂窝组织炎，肿瘤，跌打损伤，骨折等；也用于胰腺癌、胃癌、直肠癌、肝癌、食道癌等，有较显著效果。

【拉祜族民间疗法】**肺炎、急性阑尾炎、急性胃肠炎、痢疾、月经不调、风湿疼痛、骨折**　本品15克，水煎或泡酒服，外用捣敷或煎水洗，孕妇忌用。

图3-1-14　**草珊瑚地理分布**

草玉梅

【拉丁学名】*Anemone rivularis* Buch.-Ham.

【科属】毛茛科 Ranunculaceae 银莲花属 *Anemone*

【别名】虎掌草、见风青、见风蓝。

【拉祜族名称】Hud cad chaod

【形态特征】植株高15~65 cm。根状茎木质，垂直或稍斜。叶片肾状五角形，三全裂，中全裂片宽菱形或菱状卵形，有时宽卵形，三深裂，深裂片上部有少数小裂片和牙齿，侧全裂片不等二深裂，两面都有糙伏毛；叶柄有白色柔毛，基部有短鞘。聚伞花序2~3回分枝；花白色。瘦果狭卵球形，稍扁，宿存花柱钩状弯曲。花期5~8月。（图3-1-15、图3-1-17）

【地理分布】南岭乡、竹塘乡、雪林乡、糯福乡。（图3-1-18）

【生长环境】生于海拔1 200~2 200 m的山地草坡、小溪边或湖边。

【药用部位】根或全草入药，名为虎掌草。（图3-1-16）

【性味归经】性寒，味苦、辛；有小毒。归肝、肾、肺、胃经。

【功能主治】清热解毒，活血舒筋。用于喉蛾，痄腮，瘰疬结核，痈疽肿毒，疟疾，风湿疼痛，胃痛，跌打损伤。

【拉祜族民间疗法】**肝硬化**　本品20克，败酱草10克，丹参9克，滇威灵仙10克，灵芝15克。研成粉末，加30克葛根，煎汤送服，每次3克，每日3~4次，连服7日。

图 3-1-15　草玉梅植株

图 3-1-16　草玉梅鲜药材

图 3-1-17　草玉梅植株及生境特征

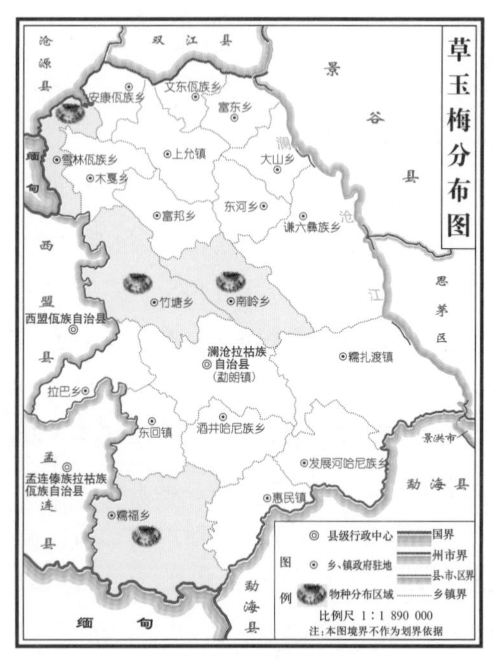

图 3-1-18　草玉梅地理分布

刺　芹

【拉丁学名】*Eryngium foetidum* L.

【科属】伞形科 Umbelliferae 刺芹属 *Eryngium*

【别名】大芫荽、野芫荽。

【拉祜族名称】Aq valxat shaw

【形态特征】二年生或多年生草本。主根纺锤形。茎绿色直立，无毛，有数条槽纹，上部有 3~5 歧聚伞式的分枝。基生叶披针形或倒披针形不分裂，革质，基部渐窄有膜质叶鞘，边缘有骨质尖锐锯齿，近基部的锯齿狭窄呈刚毛状，表面深绿色，背面淡绿色，两面无毛，羽状网脉；叶柄短，茎生叶着生在每一叉状分枝的基部，对生，无柄，边缘有深锯齿，齿尖刺状。头状花序生于茎的分叉处及上部枝条的短枝上，呈圆柱形；总苞片叶状，披针形，边缘有 1~3 刺状锯齿；花瓣与萼齿近等长，倒披针形至倒卵形，顶端内折，白色、淡黄色或草绿色；花柱直立或稍向外倾斜，略长过萼齿。果卵圆形或球形，表面有瘤状凸起，果棱不明显。花果期 4~12 月。(图 3-1-19、图 3-1-20)

【地理分布】全县均有分布。(图 3-1-21)

【生长环境】通常生长在海拔 578~1 540 m 的丘陵、山地林下、路旁、沟边等湿润处。

【药用部位】全草入药，名为大芫荽。

【性味归经】性平，味辛，苦。归经不明确。

图 3-1-19　刺芹植株

【功能主治】发表止咳，透疹解毒，理气止痛，利尿消肿。用于感冒，麻疹内陷，气管炎，肠炎，腹泻，急性传染性肝炎；外用于跌打肿痛。

【拉祜族民间疗法】1. **感冒、腹泻、急性传染性肝炎**　本品 30~50 克，水煎服。
2. **消肿**　取本品适量，捣烂直接外擦或外敷患处。

图 3–1–20　**刺芹的花**

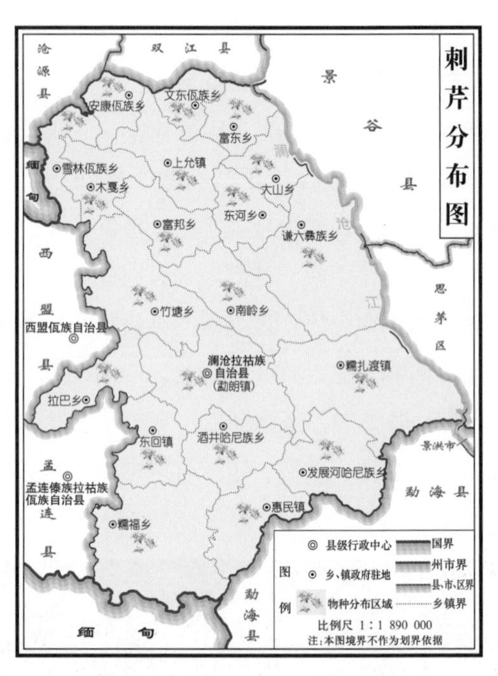

图 3–1–21　**刺芹地理分布**

大乌泡

【拉丁学名】*Rubus multibracteatus* Levl. et Vant.
【科属】蔷薇科 Rosaceae 悬钩子属 *Rubus*
【别名】大红泡、乌泡。
【拉祜族名称】Chud quq lud
【形态特征】多刺灌木，高 1~2 m。茎枝具倒钩刺。单叶互生，掌状浅裂，边缘有不规则锯齿，叶狭心形，基出五脉，背面具灰黄色绒毛，托叶有锯齿。顶生聚伞花序，花淡黄色。浆果状聚合果，熟时红黄色。花期 4~6 月，果期 8~9 月。(图 3–1–22)
【地理分布】全县均有分布。(图 3–1–23)
【生长环境】生于海拔 1 000~1 600 m 的山坡及沟谷阴处灌木林内或林缘及路边。
【药用部位】根或全株入药，名为大乌泡。
【性味归经】性凉，味苦、涩。归脾、肝经。
【功能主治】清热解毒，止血，祛风除湿，散瘀消肿。用于腹泻肠炎，痢疾，风湿骨

图 3-1-22　**大乌泡植株及生境特征**

痛，肝炎，口腔炎，咳血，倒经，骨折。

【拉祜族民间疗法】1. **高热后脖子疼痛、音哑**　本品根 20 克，盐少许，水煎 30 分钟，内服，每日 1 剂，分早、中、晚 3 次服下，连服 3 日。

2. **肾虚腰痛**　本品根 20 克，猪瘦肉 100 克，炖熟后吃肉及汤。

3. **倒经**　本品根 30 克，牛膝 10 克，茜草 15 克，地骨皮 10 克。水煎 20 分钟，内服，每日 1 剂，分早、中、晚 3 次服下，连服 3 日。

4. **肠胃炎**　本品 15 克，放糖引 15 克，水煎 25 分钟，内服，每日 1 剂，分早、中、晚 3 次服下，连服 3 日。

图 3-1-23　**大乌泡地理分布**

大叶藓

图 3-1-24 大叶藓植株及生境特征

【拉丁学名】*Rhodobryum roseum* (Hedw.) Limpr.

【科属】真藓科 Bryaceae 大叶藓属 *Rhodobryum*

【别名】回心草、铁脚一把伞、岩谷伞。

【拉祜族名称】Huir she chaod

【形态特征】多年生苔藓植物。体矮而形大，鲜绿色，略具光泽，成片散生。茎横生，匍匐伸展。直立茎下部叶片小而呈鳞片状，覆瓦状贴茎，顶部叶簇生呈大型花苞状，长倒卵形或长舌形，锐尖；叶边分化，上部具齿，下部略背卷；中肋单一，长达叶尖。雌雄异株。蒴柄着生直立茎顶端，单个或多个簇生。孢蒴圆柱形，平列或重倾。大叶藓的叶中肋横切面有少量有限的厚壁细胞束，背部具 2 列大型表皮细胞，叶缘为单列锐齿。(图 3-1-24)

【地理分布】勐朗镇、糯扎渡镇、发展河乡、雪林乡。(图 3-1-25)

【生长环境】生于海拔 1 500~2 200 m 的林

地上。

【药用部位】全草入药，名为回心草。

【性味归经】性平，味淡、微苦。归心经。

【功能主治】养心安神，清肝明目。用于心悸怔忡，神经衰弱；外用于目赤肿痛。

【拉祜族民间疗法】1. **神经衰弱** 本品 20 克，五味子 10 克，龙眼肉 10 克，煎汤代水饮。

2. **肾虚阳痿** 本品 30 克，鹿茸 10 克，龙眼肉 20 克，加 1 000 毫升白酒浸泡 20 日，每日 2 次，每次 30 毫升，连服 5 日。

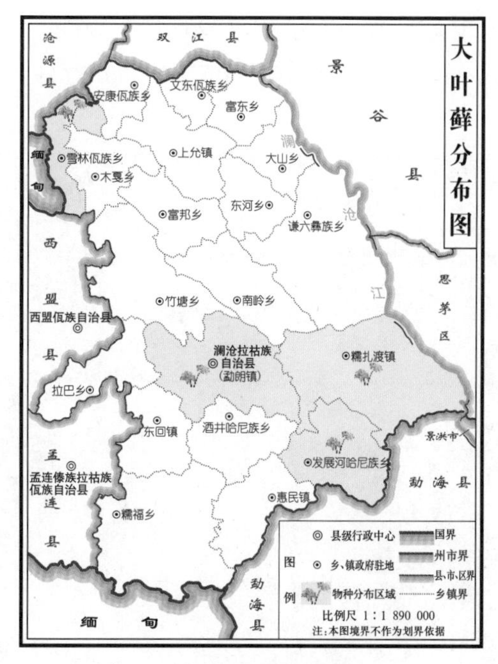

图 3-1-25 大叶藓地理分布

地胆草

【拉丁学名】*Elephantopus scaber* L.

【科属】菊科 Compositae 地胆草属 *Elephantopus*

【别名】理肺散、铺地丹、地胆头。

【拉祜族名称】Lawd cawd puai

【形态特征】根状茎平卧或斜升，具多数纤维状根。茎直立，二歧分枝，密被白色贴生长硬毛。基部叶莲座状，匙形或倒披针状匙形；茎叶少数而小，倒披针形或长圆状披针形，向上渐小。头状花序多数，在茎或枝端束生的团球状的复头状花序，基部被 3 个叶状苞片所包围；苞片绿色，草质，宽卵形或长圆状卵形，具明显凸起的脉，被长糙毛和腺点；花 4 个，淡紫色或粉红色。瘦果长圆状线形，顶端截形，基部缩小，具棱，被短柔毛；冠毛污白色。花期 7~11 月。(图 3-1-26、图 3-1-27)

【地理分布】勐朗镇、发展河乡、竹塘乡、东河乡、糯福乡。(图 3-1-29)

【生长环境】生于海拔 1 200~1 700 m 的开旷山坡、路旁或山谷林缘。

【药用部位】全草入药，名为地胆草。(图 3-1-28)

【性味归经】性寒，味苦、辛。归肺、肝、肾经。

【功能主治】疏风清热，利水消肿。用于感冒，流感，痧证，热淋，痢疾，急性扁桃腺炎，咽喉炎，结膜炎，急性肾炎，乳腺炎，肝炎。

【拉祜族民间疗法】1. **感冒、咽喉炎、痢**

疾 取本品20~30克，水煎25分钟，内服，每日1剂，分早、中、晚3次服下，连服3日。

2. **润肺止咳** 取鲜品500克，猪肺1个，煮汤，喝汤食肉。

图3-1-26 地胆草植株及生境特征

图3-1-27 地胆草的花

图3-1-28 地胆草鲜药材

图3-1-29 地胆草地理分布

飞龙掌血

【拉丁学名】*Toddalia asiatica* (L.) Lam.

【科属】芸香科 Rutaceae 飞龙掌血属 *Toddalia*

【别名】三百棒、大救驾、血见飞、上山虎、散血飞、刺米通。

【拉祜族名称】Chiq sha cia

【形态特征】老茎干有较厚的木栓层及黄灰色、纵向细裂且凸起的皮孔，三四年生枝上的皮孔圆形而细小；茎枝及叶轴有甚多向下弯钩的锐刺；当年生嫩枝的顶部有褐或红锈色甚短的细毛，或密被灰白色短毛。小叶无柄；对光透视可见密生的透明油点，揉之有类似柑橘叶的香气；卵形，倒卵形，椭圆形或倒卵状椭圆形，顶部尾状长尖或急尖而钝头，有时微凹缺，叶缘有细裂齿，侧脉甚多而纤细。花梗甚短，基部有极小的鳞片状苞片；花淡黄白色；萼片边缘被短毛；雄花序为伞房状圆锥花序；雌花序呈聚伞圆锥花序。果橙红或朱红色，干后甚明显。种皮褐黑色，有极细小的窝点。花期几乎全年，果期多在秋冬季。(图 3–1–30、图 3–1–31)

【地理分布】全县均有分布。(图 3–1–32)

【生长环境】生于海拔 578~2 400 m 的山地次生林中，攀缘于它树上，石灰岩山地也常见。

【药用部位】全株入药（多用其根），名为飞

图 3–1–30　飞龙掌血植株

图 3–1–31　飞龙掌血的叶

龙掌血。

【性味归经】性温，味辛、微苦、涩；有小毒。归肺、肝、胃经。

【功能主治】活血散瘀，祛风除湿，消肿止痛。用于感冒风寒，胃痛，肋间神经痛，风湿骨痛，跌打损伤，咯血等。

【拉祜族民间疗法】1. **跌打损伤**　根据患者需用量，采适量的鲜叶捣烂，喷酒为引，外敷患处，每日 1 剂，连敷 5 日。

2. **腰腿痛**　取本品 150 克，加 1 000 毫升的白酒浸泡 20 日后，每日服用 30 毫升，连服 5 日。

3. **胃痛**　取本品根或皮 15 克，水煎，每日 1 剂，分早、中、晚 3 次服下，连服 3 日。

图 3–1–32　飞龙掌血地理分布

枫香槲寄生

【拉丁学名】*Viscum liquidambaricolum* Hayata

【科属】桑寄生科 Loranthaceae 槲寄生属 *Viscum*

【别名】螃蟹脚、枫树寄生、扁枝槲寄生、桐树寄生、赤柯寄生。

【拉祜族名称】Chud piq caq

【形态特征】灌木，高 0.5~0.7 m。茎基部近圆柱状，枝和小枝均扁平；枝交叉对生或二歧地分枝。叶退化呈鳞片状。聚伞花序 1~3 个腋生，总花梗几无，总苞片舟形；雄花：花蕾时近球形，萼片 4 枚；花药圆形，贴生于萼片下半部；雌花：花蕾时椭圆状，花托长卵球形，基部具杯状苞片或无；萼片 4 枚，三角形；柱头乳头状。果椭圆状，有时卵球形，成熟时橙红色或黄色，果皮平滑。花果期 4~12 月。(图 3–1–33)

【地理分布】雪林乡、南岭乡、糯扎渡镇、勐朗镇、发展河乡。(图 3–1–35)

【生长环境】生于海拔 1 100~2 500 m 的山地阔叶林或常绿阔叶林中，寄生于枫香、油桐、柿树或壳斗科等多种植物上。

【药用部位】带叶茎枝入药，名为螃蟹脚。(图 3–1–34)

【性味归经】性平，味微苦。归肺、脾、肾经。

【功能主治】清热利尿，祛风除湿。用于风湿性关节疼痛，腰肌劳损。

【拉祜族民间疗法】1. **高血压**　用本品 20

图 3–1–33　**枫香槲寄生植株**

图 3–1–34　**枫香槲寄生的枝**

克，钩藤 15 克，夏枯草 10 克。水煎 30 分钟，内服，每日 1 剂，分早、中、晚 3 次服下，连服 7 日。

2. **急性膀胱炎、气管炎、咳嗽**　用本品 20 克，水煎 25 分钟，内服，每日 1 剂，分早、中、晚 3 次服下，连服 3 日。

3. **延年益寿**　取本品 300 克，白酒 1 000 毫升密封浸泡 15 日，每日早、晚服 2 次，各服 30~50 毫升，每年连服 3 个月。

4. **降糖降脂**　取本品 3~5 克，每日当茶饮。

图 3–1–35　**枫香槲寄生地理分布**

杠板归

【拉丁学名】*Polygonum perfoliatum* L.

【科属】蓼科 Polygonaceae 蓼属 *Polygonum*

【别名】河白草、贯叶蓼。

【拉祜族名称】Khar pad kui

【形态特征】一年生攀缘草本。茎略呈方柱形，有棱角，多分枝；表面紫红色或紫棕色，棱角上有倒生钩刺，节略膨大，断面纤维性，黄白色，有髓或中空。叶互生，有长柄，盾状着生；叶片呈近等边三角形，灰绿色至红棕色，下表面叶脉和叶柄均有倒生钩刺；托叶鞘包于茎节上或脱落。短穗状花序顶生或生于上部叶腋，苞片圆形，花小。瘦果球形，黑色，有光泽，包于宿存花被内。花期 6~8 月，果期 7~10 月。(图 3–1–36~ 图 3–1–38)

【地理分布】酒井乡、糯扎渡镇、发展河乡。(图 3–1–39)

【生长环境】常生于海拔 1 200~1 800 m 的山谷、灌木丛中或水沟旁。

【药用部位】全草入药，名为杠板归。

【性味归经】性微寒，味酸。归肺、膀胱经。

【功能主治】清热解毒，利水消肿，止咳。用于咽喉肿痛，肺热咳嗽，小儿顿咳，水肿尿少，湿热泻痢，湿疹，疖肿，蛇虫咬伤。

图 3–1–36　杠板归植株及生境特征

图 3–1–37　杠板归的叶

图 3–1–38　杠板归的果实

【拉祜族民间疗法】**痢疾**　取本品、虎杖各 20 克，水煎 20 分钟，内服，每日 1 剂，分早、中、晚 3 次服下，连服 7 日。

图 3–1–39　杠板归地理分布

黑面神

【拉丁学名】*Breynia fruticosa* (L.) Hook. f.

【科属】大戟科 Euphorbiaceae 黑面神属 *Breynia*

【别名】狗脚刺。

【拉祜族名称】Heof meq sheor

【形态特征】灌木，高 1~3 m。茎皮灰褐色。枝条上部常呈扁压状，紫红色；小枝绿色。全株均无毛。叶片革质，卵形、阔卵形或菱状卵形，两端钝或急尖，具有小斑点；托叶三角状披针形。花小，单生或 2~4 朵簇生于叶腋内，雌花位于小枝上部，雄花则位于小枝的下部，有时生于不同的小枝上。雄花花萼陀螺状，较厚，顶端 6 齿裂；雄蕊 3，合生呈柱状；雌花花萼钟状，6 浅裂，萼片近相等，顶端近截形，中间有突尖，结果时约增大 1 倍，上部辐射张开呈盘状；子房卵状，花柱 3，顶端 2 裂，裂片外弯。蒴果圆球状，有宿存的花萼。花期 4~9 月，果期 5~12 月。(图 3–1–40~ 图 3–1–42)

【地理分布】勐朗镇、南岭乡、谦六乡、糯扎渡镇、发展河乡、竹塘乡、糯福乡、木戛乡、雪林乡。(图 3–1–43)

【生长环境】散生于海拔 1 000~2 200 m 的山

坡、平地旷野灌木丛中或林缘。

【药用部位】全株入药，名为黑面神。

【性味归经】性凉，味苦；有小毒。归肝、脾、肺经。

【功能主治】清热祛湿，活血解毒。用于腹痛吐泻，湿疹，缠腰火丹，皮炎，漆疮，风湿痹痛，产后乳汁不通，阴痒。现代用于慢性支气管炎，油漆过敏，湿疹，刀伤出血，阴道炎等。

【拉祜族民间疗法】1. **胸痛、偏头痛、产后子宫收缩痛** 本品根20克，胡椒为引，水煎30分钟，内服，每日1剂，分早、中、晚3次服下，连服3日。

2. **湿疹、过敏性皮炎、皮肤瘙痒** 用鲜叶适量捣烂敷患处，连敷3日。

图 3-1-40　黑面神的花

图 3-1-41　黑面神的叶

图 3-1-42　黑面神的果

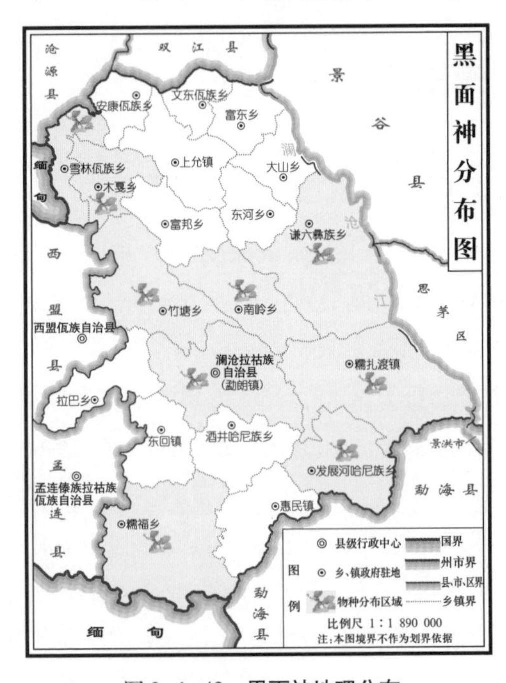

图 3-1-43　黑面神地理分布

红　葱

【拉丁学名】*Eleutherine plicata* Herb.

【科属】鸢尾科 Iridaceae 红葱属 *Eleutherine*

【别名】小红蒜。

【拉祜族名称】Shiaod hor shuag

【形态特征】多年生草本。鳞茎卵圆形，鳞片肥厚，紫红色，无膜质包被。根柔嫩，黄褐色。叶宽披针形或宽条形，基部楔形，顶端渐尖，4~5 条纵脉平行而突出。伞形花序状的聚伞花序生于花茎的顶端；苞片 2，卵圆形，膜质；花白色，无明显的花被管，花被片 6，2 轮排列，内、外花被片近于等大，倒披针形；雄蕊 3，花药"丁"字形着生，花丝着生于花被片的基部；花柱顶端 3 裂，子房长椭圆形，3 室。花期 6 月。(图 3–1–44~ 图 3–1–46)

【地理分布】勐朗镇、糯扎渡镇、发展河乡、竹塘乡、糯福乡、东河乡。(图 3–1–47)

【生长环境】常见栽培，并常逸为半野生，海拔 1 000~1 500 m。

【药用部位】全草入药，名为小红蒜。

【性味归经】性凉，味苦。归肝、脾、胃、肾经。

【功能主治】清热解毒，散瘀消肿，止血。用于心悸，头晕，外伤出血，痢疾。

图 3–1–44　**红葱植株及生境特征**

图 3–1–45　**红葱的花**

【拉祜族民间疗法】**吐血、咯血、痢疾、闭经腹痛**　本品鲜草 50~100 克，水煎 25 分钟，内服，每日 1 剂，分早、中、晚 3 次服下，连服 3 日。

图 3–1–46　红葱的鳞茎

图 3–1–47　红葱地理分布

虎耳草

【拉丁学名】*Saxifraga stolonifera* Curt.

【科属】虎耳草科 Saxifragaceae 虎耳草属 *Saxifraga*

【别名】石荷叶、金丝荷叶。

【拉祜族名称】Fuf eod chaod

【形态特征】多年生小草本。匍匐茎细长，紫红色，有时生出叶与不定根。基生叶具长柄，叶片近心形、肾形至扁圆形，先端钝或急尖，基部近截形、圆形至心形，腹面绿色，背面通常红紫色，被腺毛，有斑点，具掌状达缘脉序；茎生叶披针形。聚伞花序圆锥状；花梗被腺毛；花两侧对称；萼片反曲，卵形，先端急尖，边缘具腺睫毛，腹面无毛，背面被褐色腺毛，3 脉于先端汇合成 1 疣点；花瓣白色，中上部具紫红色斑点，基部具黄色斑点，5 枚；雄蕊花丝棒状；花盘半环状，围绕于子房一侧，边缘具瘤突；2 心皮下部合生；子房卵球形，花柱 2，叉开。花期 5~8 月，果期 7~11 月。冬不枯萎。（图 3–1–48、图 3–1–49）

【地理分布】勐朗镇、糯扎渡镇、发展河乡、竹塘乡。（图 3–1–50）

图 3-1-48 **虎耳草植株**

图 3-1-49 **虎耳草植株及生境特征**

【生长环境】生于海拔 1 100~2 300 m 的林下、灌丛、草甸和阴湿岩隙。

【药用部位】全草入药，名为虎耳草。

【性味归经】性寒，味辛、苦；有小毒。归肺、胃经。

【功能主治】祛风、清热消炎、凉血解毒。用于风疹、湿疹、中耳炎、丹毒、咳嗽吐血、肺痈、崩漏、痔疾。外用于风疹瘙痒、大疱性鼓膜炎。

【拉祜族民间疗法】小儿发烧、咳嗽、气喘 本品 16 克，掌叶榕 10 克，灯台叶 6 克。水煎 20 分钟，内服，每日 1 剂，分早、中、晚 3 次服下，连服 3 日。

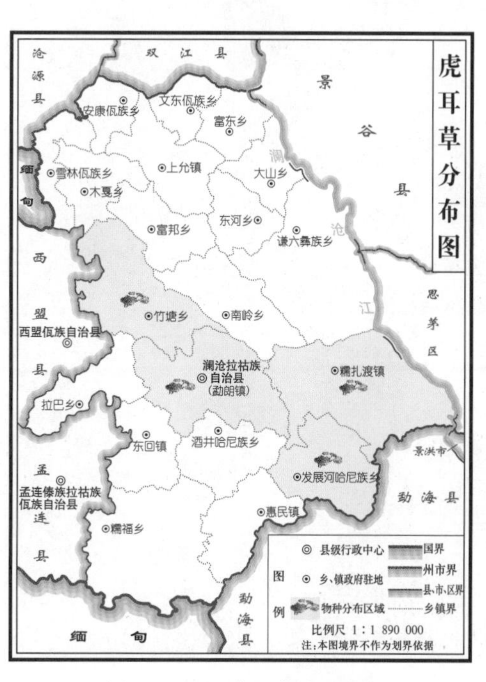

图 3-1-50 **虎耳草地理分布**

蕺　菜

【拉丁学名】*Houttuynia cordata* Thunb.

【科属】三白草科 Saururaceae 蕺菜属 *Houttuynia*

【别名】鱼腥草、臭菜、侧耳根。

【拉祜族名称】Cher pod xowd

【形态特征】多年生草本。有腥臭气。茎下部伏地，生根，上部直立。叶互生，心形或阔卵形，先端渐尖，全缘，有细腺点，脉上被柔毛，下面紫红色；托叶条形，下半部与叶柄合生成鞘状。穗状花序生于茎顶，白色花瓣状苞片 4 枚；花小，无花被，有一线状小苞。蒴果卵圆形，顶端开裂。花期 5~8 月，果期 7~10 月。(图 3–1–51、图 3–1–52)

【地理分布】勐朗镇、糯扎渡镇、发展河乡、竹塘乡、谦六乡、东河乡、糯福乡。(图 3–1–54)

【生长环境】生于海拔 700~2 200 m 的沟边、溪边或林下湿地上。

【药用部位】新鲜全草或干燥地上部分入药，名为鱼腥草。(图 3–1–53)

【性味归经】性微寒，味辛。归肺经。

【功能主治】清热解毒，消痈排脓，利尿通淋。用于肺痈吐脓，痰热喘咳，热痢，热淋，痈肿疮毒。

【拉祜族民间疗法】**肺痨病**　鱼腥草 30 克，白及 20 克，白茅根 15 克，陈皮 10 克，蜂蜜为引。水煎 20 分钟，内服，每日 1 剂，分早、中、晚 3 次服下，连服 3 日。

图 3–1–51　蕺菜植株及生境特征

图 3–1–52　蕺菜的花

图 3-1-53　**蕺菜鲜药材**

图 3-1-54　**蕺菜地理分布**

积雪草

【拉丁学名】*Centella asiatica* (L.) Urban

【科属】伞形科 Umbelliferae 积雪草属 *Centella*

【别名】连钱草、马蹄草、破铜钱草。

【拉祜族名称】Cir shier chaod

图 3-1-55　**积雪草植株及生境特征**

图 3–1–56　积雪草鲜药材

【形态特征】多年生草本。茎匍匐，细长，无毛或稍有毛。根圆柱形，表面浅黄色或灰黄色。茎细长弯曲，黄棕色，有细纵皱纹，节上常着生须状根。叶片近圆形或肾形，灰绿色，边缘有粗钝齿。伞形花序腋生，短小。双悬果扁圆形，有明显隆起的纵棱及细网纹，果梗甚短。花果期 4~10 月。(图 3–1–55)

【地理分布】勐朗镇、南岭乡、谦六乡、糯扎渡镇、发展河乡、木戛乡、雪林乡、糯福乡。(图 3–1–57)

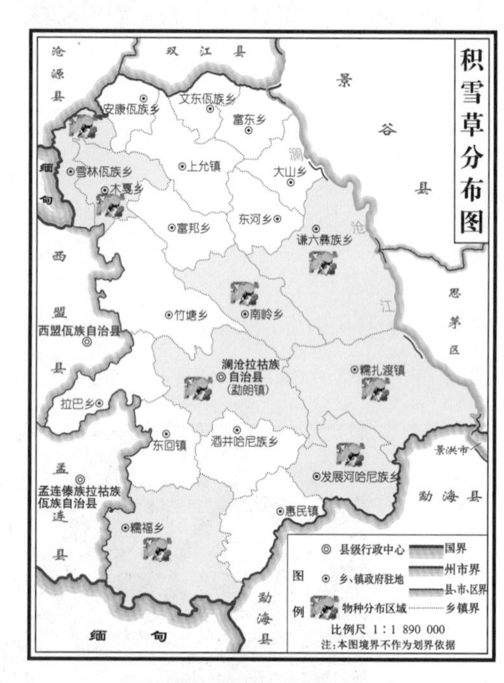

图 3–1–57　积雪草地理分布

【生长环境】生于海拔 700~2 200 m 的路旁、沟边等阴湿处，喜阳光和较湿润的环境。

【药用部位】全草入药，名为积雪草。(图 3–1–56)

【性味归经】性寒，味苦、辛。归肝、脾、肾经。

【功能主治】清热利湿，解毒消肿。用于湿热黄疸，中暑腹泻，石淋血淋，痈肿疮毒，跌打损伤。

【拉祜族民间疗法】1. **热病鼻衄**　本品 15 克，青蒿 15 克，水煎 25 分钟，内服，每日 1 剂，分早、中、晚 3 次服下，连服 3 日。

2. **扁桃体炎**　本品 15 克，田基黄 15 克，白花蛇舌草 15 克。水煎 25 分钟，内服，每日 1 剂，分早、中、晚 3 次服下，连服 3 日。

蓟

【拉丁学名】*Cirsium japonicum* Fisch. ex DC.

【科属】菊科 Compositae 蓟属 *Cirsium*

【别名】鸡刺根、大蓟、大刺儿菜、大刺盖、老虎脷。

【拉祜族名称】Ci zhiq keo

【形态特征】多年生草本。肉质根，萝卜状。茎直立，分枝或不分枝，全部茎枝有条棱，接头状花序下部灰白色，被稠密绒毛及多细胞节毛。基生叶长倒卵形、椭圆形或长椭圆形，羽状深裂或几全裂，基部渐狭成翼柄，柄翼边缘有针刺及刺齿；中部侧裂片较大，两端侧裂片渐小，全部侧裂片排列稀疏或紧密。茎叶两面同色，绿色，沿脉有稀疏的多细胞长或短节毛或几无毛。头状花序直立，少有下垂的，少数生茎端而花序极短，不呈明显的花序式排列；总苞钟状，总苞片约6层，覆瓦状排列，向内层渐长，外层与中层卵状三角形至长三角形，顶端长渐尖，有针刺，内层披针形或线状披针形，顶端渐尖呈软针刺状；苞片外面有微糙毛并沿中肋有粘腺。小花红色或紫色。瘦果压扁，偏斜楔状倒披针状。花果期4~11月。(图3–1–58、图3–1–59)

【地理分布】上允镇、糯扎渡镇。(图3–1–61)

图3–1–58　蓟植株及生境特征

图3–1–59　蓟的叶

【生长环境】生于山坡林中、林缘、灌丛中、草地、荒地、田间、路旁或溪旁，海拔578~2 100 m。

【药用部位】地上部入药，名为大蓟；根入药，名为鸡刺根。(图 3–1–60)

【性味归经】性凉，味甘、苦。归心、肝经。

【功能主治】凉血止血，散瘀解毒消痈。用于衄血，吐血，尿血，便血，崩漏，外伤出血，痈肿疮毒。

图 3–1–60　**蓟鲜药材**

【拉祜族民间疗法】1. **创伤肿痛、肝炎**　根200克，土鸡1只，草果1颗，适量盐调味，炖食。

2. **止血**　地上部分及根鲜品捣烂敷创口。

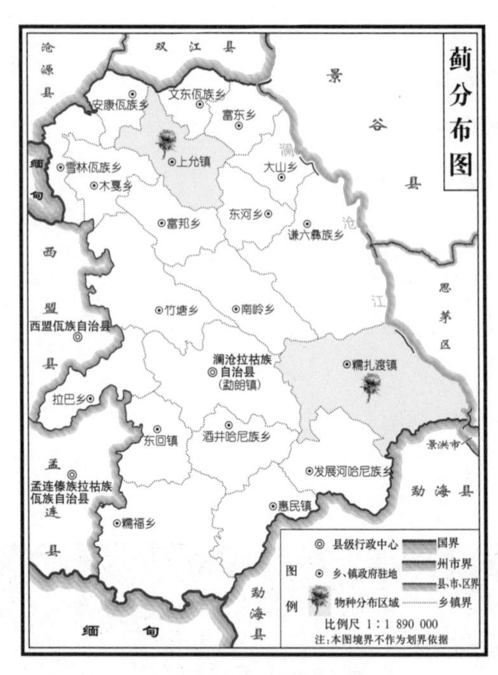

图 3–1–61　**蓟地理分布**

剑叶石斛

【拉丁学名】*Dendrobium acinaciforme* Roxb.

【科属】兰科 Orchidaceae 石斛属 *Dendrobium*

【别名】人字草。

【拉祜族名称】Haq tui yed

【形态特征】茎直立，近木质，扁三棱形，基部收狭，向上变细，不分枝，多个节。叶短剑状或匕首状，二列互生，厚革质或肉质，向上叶逐渐退化而成鞘状。花序侧生于无叶的茎上部，具1~2朵花，几无花序柄；花很小，白色；中萼片近卵形，先端钝，具3条脉；侧萼片斜卵状三角形，先端急尖，基部很歪斜，具5条脉；萼囊狭窄；花瓣长圆形，与中萼片等长而较窄，先端圆钝；唇瓣白色带微红色，近匙形，具3~5条纵贯的脊突；蕊柱很短，药帽前端边缘具微齿。蒴果椭圆形。花期3~9月，果期10~11月。(图 3–1–62、图 3–1–63)

【地理分布】勐朗镇、糯扎渡镇、发展河乡、

图 3–1–62　**剑叶石斛植株及生境特征**

图 3–1–63　**剑叶石斛植株**

雪林乡。(图 3–1–64)

【生长环境】生于海拔 578~1 400 m 的山地林缘树干上和林下岩石上。

【药用部位】全草入药，名为剑叶石斛。

【性味归经】性寒，味甘。归胃、肾经。

【功能主治】退虚热，生津解渴，滋阴益肾。用于病后虚热，口干烦渴，腰膝无力。

【拉祜族民间疗法】1. **体虚、肾虚**　本品 10 克，煎水 20 分钟，内服，每日 1 剂，分早、中、晚 3 次服下，连服 3 日。

2. **病后虚热、口干烦渴、腰膝无力**　取本品打粉，每日早、晚各服 3 克，连服 30 日。

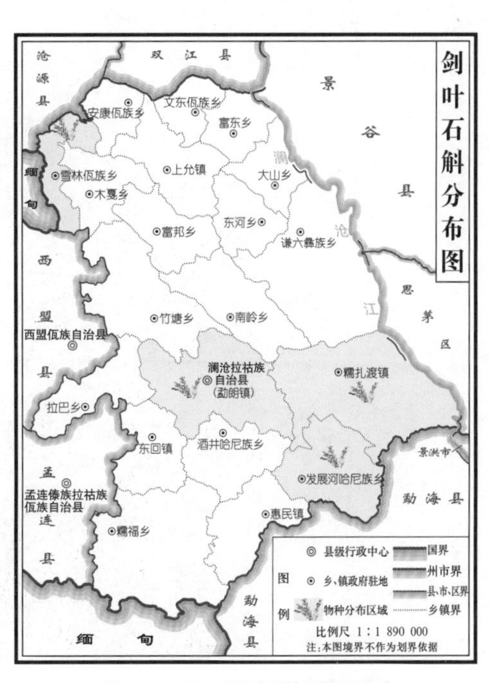

图 3–1–64　**剑叶石斛地理分布**

蒟 子

【拉丁学名】*Piper yunnanense* Tseng

【科属】胡椒科 Piperaceae 胡椒属 *Piper*

【别名】大麻疙瘩、芦子兰。

【拉祜族名称】Kheu ziq qu

【形态特征】直立亚灌木。枝有细纵棱。叶柄、总花梗均被毛。叶薄纸质，卵圆形、阔卵形或椭圆形，先端短尖，基部心形，两侧不等，上面无毛，下面沿脉上被微硬毛和细腺点；叶脉9条，最上1对互生，离基1.2~3 cm，余者均基出；叶柄基部具鞘。花单性，雌雄异株，聚集成与叶对生的穗状花序。浆果球形，成熟时红色，基部嵌生于花序轴中，表面多疣状凸起。花期4~6月。(图3–1–65、图3–1–66)

【地理分布】糯扎渡镇、木戛乡、雪林乡、发展河乡。(图3–1–67)

【生长环境】生于海拔1 100~2 100 m的林中或湿润地。

【药用部位】全株入药，名为大麻疙瘩。

【性味归经】性温，味辛。归经不明确。

【功能主治】祛风散寒，行气活血，散瘀止痛。用于风寒感冒，风湿骨痛，胃痛，痛经，跌打损伤。

【拉祜族民间疗法】1. **风湿骨痛、胃痛、妇女月经不调** 取本品干品30克，酒为引，煎水内服；或鲜品100克，泡玉米酒，浸泡7

图3–1–65 **蒟子植株及生境特征**

日后内服，每次 50 毫升，早、晚各服 1 次。

2. **温经化湿、行气止痛** 本品适量，煮鸡肉，喝汤食肉，舒筋活络。

图 3–1–66 **蒟子植株**

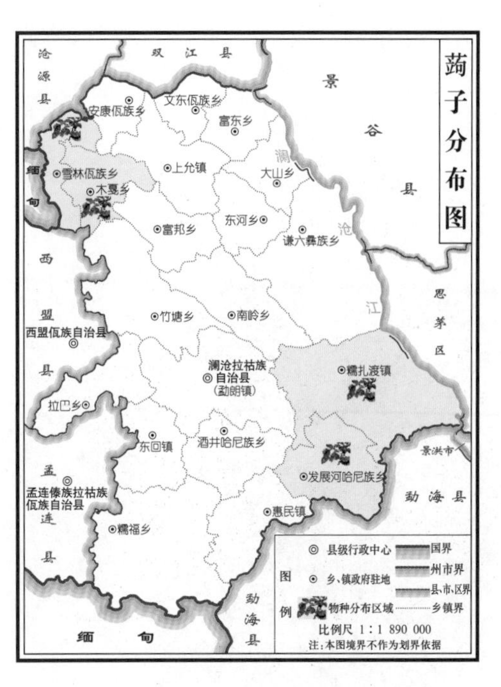

图 3–1–67 **蒟子地理分布**

卷 柏

【拉丁学名】*Selaginella tamariscina* (P. Beauv.) Spring

【科属】卷柏科 Selaginellaceae 卷柏属 *Selaginella*

【别名】一把抓、老虎爪、长生草。

【拉祜族名称】Yawq beud keiq

【形态特征】复苏植物，土生或石生，呈垫状。根托只生于茎的基部，根多分叉，密被毛，和茎及分枝密集形成树状主干，有时高达数十厘米。主茎自中部开始羽状分枝或不等二叉分枝，不呈“之”字形，无关节，禾秆色或棕色，茎卵圆柱状，不具沟槽，光滑；侧枝 2~5 对，小枝稀疏，规则，分枝无毛，背腹压扁。叶全部交互排列，二形，叶质厚，表面光滑，边缘不为全缘，具白边，主茎上的叶较小枝上的略大，覆瓦状排列，绿色或棕色，边缘有细齿。分枝上的腋叶对称，卵形，卵状三角形或椭圆形，边缘有细齿，黑褐色。中叶不对称，小枝上的椭圆形，覆瓦状排列，背部不呈龙骨状，先端具芒，外展或与轴平行，基部平截，边缘有细齿（基部有短睫毛），不外卷，不内卷。侧叶不对称，小枝上的侧叶卵形到三角形或距圆状卵形，略斜升，相互重叠，先端具芒，基部上侧扩大，加宽，覆盖小枝，基部上侧边缘不为全缘，呈撕裂状或具细齿，下侧边近全缘，基部有细齿或具睫毛，反卷。孢子叶穗紧密，四棱柱形；孢子叶一形，卵状三角形，边缘有细齿，具白边（膜质透明），

图 3–1–68　**卷柏植株**

图 3–1–69　**卷柏药材**

先端有尖头或具芒；大孢子叶在孢子叶穗上下两面不规则排列。大孢子浅黄色；小孢子橘黄色。(图 3–1–68)

【地理分布】勐朗镇、糯扎渡镇、发展河乡、木戛乡、糯福乡。(图 3–1–70)

【生长环境】常见于石灰岩上，海拔 800~1 900 m。

【药用部位】全草入药，名为卷柏。(图 3–1–69)

【性味归经】性平，味辛。归肝、心经。

【功能主治】活血通经。用于经闭痛经，癥瘕痞块，跌扑损伤。卷柏炭有化瘀止血的功效，用于吐血，崩漏，便血，脱肛。

【拉祜族民间疗法】**催生**　伸筋草 20 克，卷柏 30 克，水煎内服，外洗腹部。

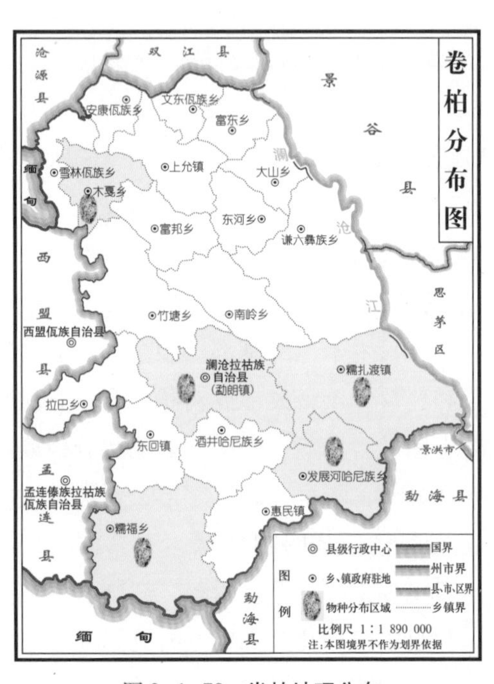

图 3–1–70　**卷柏地理分布**

苦　绳

【拉丁学名】*Dregea sinensis* Hemsl.

【科属】萝藦科 Asclepiadaceae 南山藤属 *Dregea*

【别名】奶浆藤、白浆藤、大白解、隔山撬、白丝藤、白浆草、小木通、通炎散、刀愈药、野泡通。

【拉祜族名称】Ya kief log

【形态特征】攀缘木质藤本。茎具皮孔，幼枝具褐色绒毛。叶纸质，卵状心形或近圆形，叶面被短柔毛，老渐脱落，叶背被绒毛；叶柄被绒毛，顶端具丛生小腺体。伞形状聚伞花序腋生，着花多达 20 朵；花萼裂片卵圆形至卵状长圆形，花萼内面基部有 5 个腺体；花冠内面紫红色，外面白色，辐状，裂片卵圆形，顶端钝而有微凹，具缘毛；副花冠裂片肉质，肿胀，端部内角锐尖；花药顶端具膜片；花粉块长圆形，直立；子房无毛，心皮离生，柱头圆锥状，基部五角形，顶端 2 裂。果实蓇葖狭披针形，外果皮具波纹，被短柔毛。种子扁平，卵状长圆形，顶端具白色绢质种毛；花期 4~8 月，果期 7~10 月。(图 3–1–71)

【地理分布】谦六乡、勐朗镇、发展河乡、

图 3–1–71　苦绳植株

图 3–1–72　苦绳药材

糯福乡。(图 3-1-73)

【生长环境】生于海拔 1 000~1 650 m 的山地疏林中或灌木丛中。

【药用部位】全株入药，名为白浆藤。(图 3-1-72)

【性味归经】性平，味苦涩。归经不明确。

【功能主治】催乳、止咳、祛风湿。叶外敷用于外伤肿痛、痈疖、骨折等。

【拉祜族民间疗法】1. **乳汁不通、外伤骨折疼痛、肠胃炎** 取本品根 6~9 克，水煎服。

2. **止痛** 将本品根干品打粉，温开水送服，每次 6 克，每日 3 次。

3. **神经炎** 取本品干品根 100 克，加白酒 1 000 毫升，密封浸泡 30 日后，每日服 3 次，每次 20~30 毫升。

图 3-1-73　苦绳地理分布

镰叶西番莲

【拉丁学名】*Passiflora wilsonii* Hemsl.

【科属】西番莲科 Passifloraceae 西番莲属 *Passiflora*

【别名】锅铲叶、龙球果、闹蛆叶、老鼠铃。

【拉祜族名称】Kaw chad yier

【形态特征】草质藤本。叶纸质，先端截形，基部宽圆形至近心形。花序近无柄，在卷须两侧对生，有 2~15 朵花，花白色；萼片 5 枚，外面顶端不具角状附属器，无毛；外副花冠裂片 1 轮，丝状，内副花冠褶状；雄蕊 5 枚，花丝分离；子房椭圆球形，无柄；花柱 3 枚，分离。浆果近球形，初被白粉，熟时紫黑色。种子多数，椭圆形，暗黄色，顶端具尖头。果期 7 月。(图 3-1-74~ 图 3-1-76)

【地理分布】糯扎渡镇、发展河乡、木戛乡。(图 3-1-77)

【生长环境】生于海拔 1 300~2 500 m 的山坡灌丛中。

【药用部位】全草入药，名为锅铲叶。

【性味归经】性温，味苦、微甘。归经不明确。

【功能主治】清热祛湿，益肺止咳。用于痢疾，肺结核，支气管炎。

【拉祜族民间疗法】1. **肾虚阳痿** 本品 30 克，蛇菰 30 克，龙眼肉 20 克，1 000 毫升白酒浸泡 20 日后，每日早、晚各服 1 次，每次 30~50 毫升，连服 7 日。

2. **久咳不止** 本品 15 克，五味子 10 克，水煎 30 分钟，内服，每日 1 剂，分早、中、晚 3 次服下，连服 5 日。

图 3-1-74　镰叶西番莲植株

图 3-1-75　镰叶西番莲生境特征

图 3-1-76　镰叶西番莲的花

图 3-1-77　镰叶西番莲地理分布

马利筋

【拉丁学名】*Asclepias curassavica* L.

【科属】萝藦科 Asclepiadaceae 马利筋属 *Asclepias*

【别名】莲生桂子花、芳草花、金凤花、羊角丽、黄花仔、唐绵、山桃花、野鹤嘴、水羊角、金盏银台、土常山、竹林标、见肿消、野辣子、辣子七、对叶莲、老鸦嘴、红花矮陀陀、草木棉。

【拉祜族名称】Mad lig ce

【形态特征】多年生直立草本，灌木状。全株有白色乳汁。茎淡灰色。叶膜质，披针形至椭圆状披针形，顶端短渐尖或急尖，基部楔形而下延至叶柄。聚伞花序顶生或腋生，着花10~20朵；花萼裂片披针形，被柔毛；花冠紫红色；花粉块长圆形，下垂，着粉腺紫红色。蓇葖果披针形，两端渐尖。种子卵圆形，顶端具白色绢质种毛。花期几乎全年，果期8~12月。(图3-1-78 ~ 图3-1-80)

【地理分布】勐朗镇、酒井乡、惠民镇、发展河乡。(图3-1-81)

【生长环境】栽培或常逸为半野生，海拔578~2 000 m。

【药用部位】全草入药，名为马利筋。

【性味归经】性味归经不明确。

【功能主治】除虚热，利小便，调经活血，

图3-1-78 马利筋植株及生境特征

图3-1-79 马利筋的花

止痛，退热，消炎散肿，驱虫。有毒，尤以乳汁毒性较强。用于月经不调，崩漏带下，扁桃腺炎，膀胱炎，蛔虫症。

【拉祜族民间疗法】1. **月经不调、崩漏带下、扁桃腺炎、膀胱炎、蛔虫症、肿瘤** 取鲜品50~60克或干品15~20克，水煎25分钟，内服，每日1剂，分早、中、晚3次服下，连服3日。2. **骨折、恶疮** 用鲜品捣碎包于患部。

图3–1–80 **马利筋的果**

图3–1–81 **马利筋地理分布**

毛大丁草

【拉丁学名】*Gerbera piloselloides* (Linn.) Cass.

【科属】菊科 Compositae 大丁草属 *Gerbera*

【别名】白头翁。

【拉祜族名称】Naf qaf phu

【形态特征】多年生草本。叶基生，莲座状，倒卵形或长圆形，全缘，下面密被白色蛛丝状绵毛；叶柄短。头状花序单生于花葶之顶；总苞片2层，线形或线状披针形，背面被锈色绒毛；花托裸露，蜂窝状；外围雌花花冠舌状，舌片上面白色，背面微红色，倒披针形或匙状长圆形，退化雄蕊丝状或毛状；内层雌花花冠管状二唇形，退化雄蕊长圆形，基部有不明显的短尾，顶端具钩；中央两性花多数；花药顶端截平；花柱分枝略扁，顶端钝。瘦果纺锤形，具6纵棱，被白色刚毛，顶端具喙；冠毛橙红色或淡褐色，基部联合成环。花期2~5月及8~12月。(图3–1–82、图3–1–83)

【地理分布】谦六乡、糯扎渡镇。(图3–1–84)

图 3-1-82　毛大丁草植株及生境特征

图 3-1-83　毛大丁草的花

【生长环境】 生于海拔 1 000~1 400 m 的林缘、草丛中或旷野荒地上。

【药用部位】 全草入药，名为白头翁。

【性味归经】 性凉，味苦、辛。归肺、脾、肾经。

【功能主治】 清火消炎。用于感冒，久热不退，产后虚烦及急性结膜炎等。

【拉祜族民间疗法】 1. **消化不良，食滞腹胀**　本品 15 克，白糯消 20 克，芦子 3 克，大苦藤 20 克。水煎 25 分钟，内服，每日 1 剂，分早、中、晚 3 次服下，连服 5 日。

2. **肺热咳嗽**　本品 15 克，理肺散 15 克，苦樱桃树皮 15 克。水煎 25 分钟，内服，每日 1 剂，分早、中、晚 3 次服下，连服 5 日。

图 3-1-84　毛大丁草地理分布

美形金钮扣

【拉丁学名】*Spilanthes callimorpha* A. H. Moore

【科属】菊科 Compositae 金钮扣属 *Spilanthes*

【别名】铜锤草、辣子草、珍珠草。

【拉祜族名称】Thor chuir chaod

【形态特征】多年生疏散草本。茎匍匐或平卧，稍带紫色，有细纵条纹；节上常生次根。叶宽披针形或披针形，顶端渐尖或长渐尖，常具小尖头，基部楔形，边缘有尖锯齿或常近缺刻。头状花序卵状圆锥形，有或无舌状花；花序梗细长，顶端常被短柔毛；总苞片约8个，2层，几等长，绿色，卵状长圆形，边缘有缘毛；花托圆柱状锥形，有长圆状舟形的膜质托片；花黄色。瘦果长圆形，褐色，有白色的细边，两面常有少数疣点及疏短毛或无毛，边缘有缘毛或无毛，顶端有2个不等长的细芒，易脱落。花果期5~12月。(图3-1-85、图3-1-86)

【地理分布】全县均有分布。(图3-1-87)

【生长环境】生于山谷溪边、潮湿的沟边、林缘或路旁荒地，海拔1 200~1 500 m。

【药用部位】全草入药，名为小麻药。

【性味归经】性温，味辛、微苦。归肺、肝、脾、胃经。

【功能主治】消炎消肿，止血止痛。用于外

图 3-1-85　美形金钮扣植株

伤出血，风湿关节痛，腰痛及跌打损伤等。

【拉祜族民间疗法】1. **骨折、跌打损伤、风湿关节痛** 本品 16 克，地桃花 20 克，酒为引，水煎 25 分钟，内服，每日 1 剂，分早、中、晚 3 次服下，连服 5 日。

2. **闭经、胃痛、牙痛** 取本品 15 克，加胡椒，水煎 25 分钟，内服，每日 1 剂，分早、中、晚 3 次服下，连服 3 日。

图 3–1–86 美形金钮扣的花

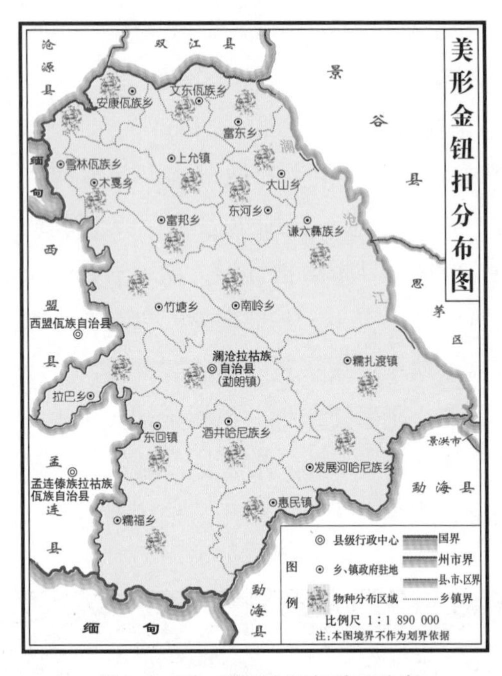

图 3–1–87 美形金钮扣地理分布

密蒙花

【拉丁学名】*Buddleja officinalis* Maxim.

【科属】马钱科 Loganiaceae 醉鱼草属 *Buddleja*

【别名】密蒙花、小锦花、黄饭花、疙瘩皮树花、鸡骨头花、羊耳朵、密蒙花树、米汤花、染饭花、黄花树。

【拉祜族名称】Mief mod ret

【形态特征】灌木。小枝略呈四棱形，灰褐色；小枝、叶下面、叶柄和花序均密被灰白色星状短绒毛。叶对生，纸质，狭椭圆形、长卵形、卵状披针形或长圆状披针形，顶端渐尖、急尖或钝，基部楔形或宽楔形，通常全缘。花多而密集，组成顶生聚伞圆锥花序，花梗极短；小苞片披针形，被短绒毛；花萼钟状，密被星状短绒毛和一些腺毛，裂片三角形或宽三角形；花冠紫堇色，后变白色或淡黄白色，喉部橘黄色，花冠管圆筒形，内面黄色，被疏柔毛，花冠裂片卵形；雄蕊着生于花冠管内壁中部，花丝极短，花药长圆形，基部耳状，内向，2 室；子房卵珠状，中部以上至花柱基部被星状短绒毛，

图 3–1–88　密蒙花植株及生境特征

图 3–1–89　密蒙花的花序

柱头棍棒状。蒴果椭圆状，外果皮被星状毛，基部有宿存花被。种子多颗，狭椭圆形，两端具翅。花期 3~4 月，果期 5~8 月。(图 3–1–88、图 3–1–89)

【地理分布】 全县均有分布。(图 3–1–90)

【生长环境】 生于海拔 600~2 516 m 的向阳山坡、河边、村旁的灌木丛中或林缘。

【药用部位】 全株入药，名为密蒙花。

【性味归经】 性微寒，味甘、平。归肝经。

【功能主治】 祛风，凉血，润肝，明目。用于目赤肿痛，多泪羞明，青盲翳障，风弦烂眼。

【拉祜族民间疗法】高热不退、消炎利尿 花每次用量 6~12 克，叶每次用量 12~16 克，根每次用量 20~30 克，每日泡水喝。

图 3–1–90　密蒙花地理分布

尼泊尔桤木

【拉丁学名】*Alnus nepalensis* D. Don

【科属】桦木科 Betulaceae 桤木属 *Alnus*

【别名】旱冬瓜、冬瓜树皮、蒙自桤木、桤木树。

【拉祜族名称】Haq to kua

【形态特征】乔木，高达 15 m。树皮灰色或暗灰色，平滑；枝条紫褐色，有棱；芽有柄，卵形，芽鳞 2 枚。叶片近革质，宽卵形、卵形或倒卵圆形，先端骤尖或锐尖，基部楔形或宽楔形，全缘或具疏细锯齿，密生腺点；沿脉生黄色短柔毛，脉腋簇生髯毛。雄花序多数，排成圆锥状，下垂。果序多数，呈圆锥状排列，矩圆形；果苞木质，宿存，顶端圆，具 5 枚浅裂片；小坚果矩圆形，膜质翅宽为果的 1/2，较少与之等宽。花期 6~10 月，果于次年 3~5 月成熟。(图 3–1–91~ 图 3–1–93)

【地理分布】勐朗镇、糯扎渡镇、发展河乡、谦六乡、南岭乡。(图 3–1–94)

【生长环境】生于山坡林中、河岸阶地及村落中，海拔 900~2 300 m。

图 3–1–91　尼泊尔桤木植株及生境特征

图 3–1–92　尼泊尔桤木的叶

【药用部位】全株入药，名为旱冬瓜。

【性味归经】性平，味苦、涩。

【功能主治】清热解毒，利湿止泻，接骨续筋。用于腹泻，痢疾，水肿，疮毒，鼻衄，骨折，跌打损伤。

【拉祜族民间疗法】1. **感冒**　鱼子兰、狗骨头树皮各15克，旱冬瓜树皮10克，胡椒3粒。水煎20分钟，内服，每日1剂，分早、中、晚3次服下，连服3日即可。

2. **蹲肚（痢疾）**　旱冬瓜树皮15克，生大蒜20克，水煎20分钟，内服，每日1剂，分早、中、晚3次服下，连服2日即可。

图 3–1–93　**尼泊尔桤木的果**

图 3–1–94　**尼泊尔桤木地理分布**

瓶尔小草

【拉丁学名】*Ophioglossum vulgatum* L.

【科属】瓶尔小草科 Ophioglossaceae 瓶尔小草属 *Ophioglossum*

【别名】独叶草、金剑草、矛盾草、蛇须草。

【拉祜族名称】Pher eod shiaod chaod

【形态特征】多年生小草本。根状茎短而直立，具一簇肉质粗根，如匍匐茎一样向四面横走，生出新植株。叶通常单生，下半部为灰白色，较粗大；营养叶为卵状长圆形或狭卵形，微肉质到草质，全缘，网状脉明显；孢子叶较粗健，自营养叶基部生出，孢子穗先端尖，远超出于营养叶之上。（图 3–1–95、图 3–1–96）

【地理分布】勐朗镇、谦六乡、南岭乡、糯

图 3–1–95　**瓶尔小草植株及生境特征**

图 3–1–96　**瓶尔小草群落**

扎渡镇、发展河乡、竹塘乡、糯福乡、木戛乡、东河乡、雪林乡。(图 3–1–97)

【生长环境】生于海拔 1 000~2 516 m 的林下。

【药用部位】全草入药，名为瓶尔小草。

【性味归经】性凉，味微甘、酸。归经不明确。

【功能主治】凉血，清热解毒，消肿止痛。用于喉痛，喉痹，白喉，口腔疾患，小儿肺炎，脘腹胀痛，毒蛇咬伤，疔疮肿毒；外用于急性结膜炎，角膜云翳，眼睑缘炎。

【拉祜族民间疗法】**毒蛇咬伤、牙痛**　本品 20 克，水煎 25 分钟，内服，每日 1 剂，分早、中、晚 3 次服下，连服 3 日。

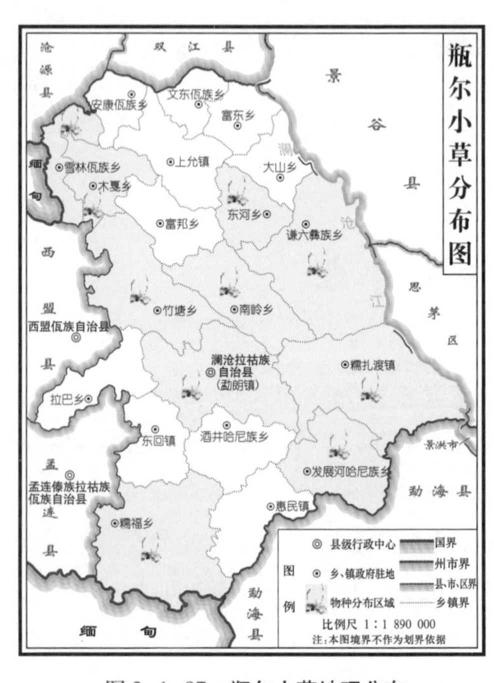

图 3–1–97　**瓶尔小草地理分布**

蒲公英

【拉丁学名】*Taraxacum mongolicum* Hand.–Mazz.

【科属】菊科 Compositae 蒲公英属 *Taraxacum*

【别名】华花郎、蒲公草、尿床草、婆婆丁。

【拉祜族名称】Xawd qhawd bar khai

【形态特征】多年生草本。叶倒卵状披针形，先端钝或急尖，叶柄及主脉常带红紫色。花葶1至数个，与叶等长或稍长，上部紫红色，密被白色长柔毛；总苞钟状，淡绿色；总苞片2~3层，外层总苞片卵状披针形或披针形，基部淡绿色，上部紫红色，先端增厚或具角状突起；内层总苞片线状披针形，先端紫红色，具角状突起；舌状花黄色，边缘花舌片背面具紫红色条纹；花药和柱头暗绿色。瘦果倒卵状披针形，暗褐色，上部具小刺，下部具成行排列的小瘤；冠毛白色。花期4~9月，果期5~10月。(图3–1–98、图3–1–99)

【地理分布】勐朗镇、糯扎渡镇、东河乡、发展河乡、糯福乡、竹塘乡。(图3–1–100)

【生长环境】生于海拔578~1 600 m的山坡草地、路边、田野、河滩。

【药用部位】全草入药，名为蒲公英。

【性味归经】性寒，味苦、甘。归肝、胃经。

【功能主治】清热解毒，消肿散结，利尿通淋。用于疔疮肿毒，乳痈，瘰疬，目赤，咽痛，肺痈，肠痈，湿热黄疸，热淋涩痛。

【拉祜族民间疗法】1. **阑尾脓肿**　金银花20克，蒲公英20克，大黄15克，败酱草20

图3–1–98　**蒲公英植株及生境特征**

克，桃仁 10 克，川楝 10 克。水煎 25 分钟，内服，每日 1 剂，分早、中、晚 3 次服下，连服 5 日。

2. **泌尿系感染、肝炎、胆囊炎** 取鲜品 80 克，水煎 25 分钟，内服，每日 1 剂，分早、中、晚 3 次服下，连服 5 日。

图 3–1–99 **蒲公英的花**

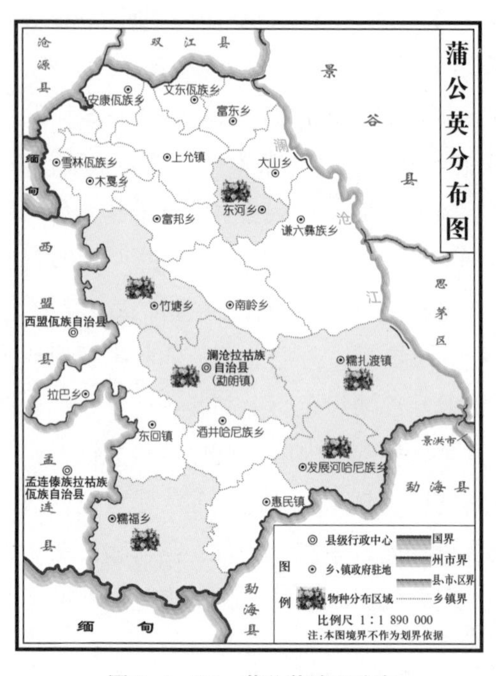

图 3–1–100 **蒲公英地理分布**

千里光

【拉丁学名】*Senecio scandens* Buch.–Ham. ex D. Don

【科属】菊科 Compositae 千里光属 *Senecio*

【别名】九里明、蔓黄、菀、箭草、青龙梗、木莲草、野菊花。

【拉祜族名称】Che lid kua

【形态特征】多年生攀缘草本。根状茎木质，细长，高 2~5 m，曲折呈攀缘状，上部多分枝，有脱落性的毛。叶互生，椭圆状三角形或卵状披针形，先端渐尖，基部戟形至截形，边缘具不规则缺刻状的齿牙，或呈微波状，或近于全缘，有时基部稍有深裂，两面均有细软毛。头状花序顶生，排列成伞房花序状。瘦果圆筒形，有细毛；冠毛白色。花期 10 月到翌年 3 月。果期 2~5 月。（图 3–1–101、图 3–1–102）

【地理分布】勐朗镇、木戛乡、糯扎渡镇、谦六乡、发展河乡。（图 3–1–103）

【生长环境】生于森林、灌丛中，攀缘于灌木、岩石上或溪边，海拔 1 000~2 200 m。

【药用部位】地上部分入药，名为千里光。

【性味归经】性寒，味苦。归肺、肝经。

【功能主治】清热解毒，明目，利湿。用于痈肿疮毒，感冒发热，目赤肿痛，泄泻痢疾，皮肤湿疹。

【拉祜族民间疗法】1. **上呼吸道感染、风热感冒**　本品18克，马鞭草15克，水煎25分钟，内服，每日1剂，分早、中、晚3次服下，连服3日。

2. **流感**　本品15克，虎杖15克，藿香15克。水煎25分钟，内服，每日1剂，分早、中、晚3次服下，连服3日。

图3-1-101　**千里光植株及生境特征**

图3-1-102　**千里光的花**

图3-1-103　**千里光地理分布**

三台花

【拉丁学名】*Clerodendrum serratum* var. *amplexifolium* Moldenke

【科属】马鞭草科 Verbenaceae 大青属 *Clerodendrum*

【别名】三台红花、三对节、三台光。

【拉祜族名称】Sha thair hor hua

【形态特征】灌木，高 1~4 m。小枝四棱形或略呈四棱形；幼枝密被土黄色短柔毛，尤以节上更密，老枝暗褐色或灰黄色，毛渐脱落，具皮孔。叶片厚纸质，三叶轮生，倒卵状长圆形或长椭圆形，边缘具锯齿，两面疏生短柔毛，叶片基部下延成耳状抱茎，无柄。聚伞花序组成圆锥花序，顶生，密被黄褐色柔毛；苞片叶状宿存，花序主轴上的苞片 2~3 轮生；小苞片较小，卵形或披针形；花萼钟状，被短柔毛，顶端平截或有 5 钝齿；花冠淡紫色、蓝色或白色，近于二唇形；雄蕊 4，基部棍棒状，被毛；子房无毛，花柱 2 浅裂，与花丝均伸出花冠外。核果近球形，绿色，后转黑色，分裂为 1~4 个卵形分核，宿存萼略增大。花果期 6~12 月。(图 3-1-104、图 3-1-105)

【地理分布】糯扎渡镇、发展河乡、南岭乡。(图 3-1-106)

【生长环境】生于海拔 630~1 700 m 的路旁密林或灌丛中，通常生长在较阴湿的地方。

【药用部位】全株、鲜叶入药，名为三台红花。

【性味归经】性凉，味苦；有毒。归脾、肾经。

【功能主治】清热解毒，祛风除湿。用于防治疟疾、痢疾，接骨；也治头痛、眼炎、跌

图 3-1-104　三台花植株及生境特征

打、风湿等症。

【拉祜族民间疗法】1. **骨折**　三台花鲜叶30克，叶子兰20克，通气香20克，藤三七50克。舂细，炒热后包敷于夹板固定部位。

2. **风疹**　本品叶30克，七叶莲20克，松毛20克，熬水外洗。

3. **风寒感冒**　用干品根10克，煮水加5滴酒引趁热喝下，1日3次，连服3日。

图3–1–105　**三台花的花**

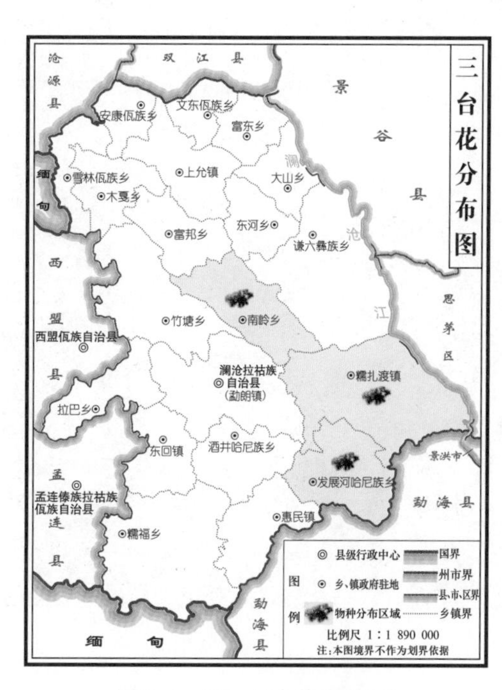

图3–1–106　**三台花地理分布**

肾　茶

【拉丁学名】*Clerodendranthus spicatus* (Thunb.) C. Y. Wu

【科属】唇形科Labiatae肾茶属*Clerodendranthus*

【别名】猫须草、猫须公、牙努秒（傣族）。

【拉祜族名称】Mao shi chaod

【形态特征】多年生草本。茎直立，四棱形，具浅槽及细条纹，被柔毛。叶卵形、菱状卵形或卵状长圆形，先端急尖，基部宽楔形至截状楔形，边缘具粗牙齿或疏圆齿，齿端具小突尖，纸质，上面榄绿色，下面灰绿色，两面均被短柔毛及散布凹陷腺点；叶柄长，腹平背凸，被短柔毛。轮伞花序组成总状花序；苞片圆卵形，先端骤尖，全缘，具平行的纵向脉，上面无毛，下面密被短柔毛，边缘具小缘毛；花梗与序轴密被短柔毛；花萼卵珠形，外面被微柔毛及突起的锈色腺点；花冠浅紫或白色，冠筒狭管状；雄蕊4，超出花冠2~4 cm，前对略长，花丝长丝状，无齿，花药小，药室叉开；花柱先端棒状头形，2浅裂；花盘前方呈指状膨大。小坚果卵形深褐

图 3–1–107　肾茶植株

图 3–1–108　肾茶的花

色，具皱纹。花果期 5~11 月。(图 3–1–107、图 3–1–108)

【地理分布】糯扎渡镇、发展河乡。(图 3–1–109)

【生长环境】生于海拔 950~1 200 m 的林下潮湿处。

【药用部位】地上部分入药，名为肾茶。

【性味归经】性凉，味苦。归膀胱经。

【功能主治】清热去湿，排石利水。用于急慢性肾炎，膀胱炎，尿路结石及风湿性关节炎，对肾脏病有良效。

【拉祜族民间疗法】**胆结石、尿路结石、手足关节红肿疼痛、急慢性肾炎痛、膀胱炎**　取本品 10~15 克，水煎 25 分钟，内服，每日 1 剂，分早、中、晚 3 次服下，连服 3 日。

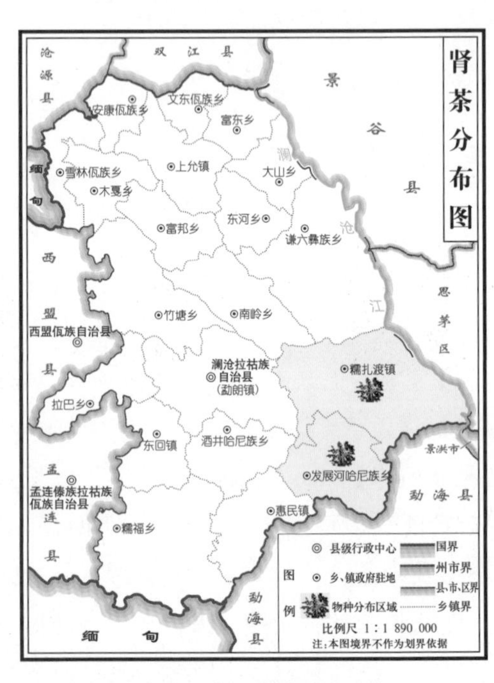

图 3–1–109　肾茶地理分布

石蝉草

【拉丁学名】*Peperomia dindygulensis* Miq.

【科属】胡椒科 Piperaceae 草胡椒属 *Peperomia*

【别名】散血胆。

【拉祜族名称】Shad shier tad

【形态特征】肉质草本。茎直立或基部匍匐，分枝，被短柔毛，下部节上常生不定根。叶对生或 3~4 片轮生，膜质或薄纸质，有腺点，椭圆形、倒卵形或倒卵状菱形，下部的有时近圆形，顶端圆或钝，稀短尖，基部渐狭或楔形，两面被短柔毛。穗状花序腋生和顶生，单生或 2~3 丛生；总花梗被疏柔毛；花疏离；苞片圆形，盾状，有腺点；雄蕊与苞片同着生于子房基部，花药长椭圆形，有短花丝；子房倒卵形，顶端钝，柱头顶生，被短柔毛。浆果球形，顶端稍尖。花期 4~7 月及 10~12 月。(图 3-1-110、图 3-1-111)

【地理分布】糯扎渡镇、发展河乡、糯福乡、竹塘乡、东河乡。(图 3-1-112)

【生长环境】生于海拔 1 300~1 900 m 的林谷、溪旁或湿润岩石上。

图 3-1-110　石蝉草的花序

图 3-1-111　石蝉草的叶

图 3-1-112　石蝉草地理分布

【药用部位】全草入药，名为散血胆。
【性味归经】性凉，味辛、淡。归经不明确。
【功能主治】清热润肺，补中益气。用于痈肿疖疮，水肿，跌打损伤，哮喘，结核。
【拉祜族民间疗法】**胃癌辅助** 本品5份，灵芝4份，仙鹤草4份，桑黄3份。研成粉末，每次用温开水送服3~5克，每日3~4次，连服3日。

石椒草

【拉丁学名】*Boenninghausenia sessilicarpa* Levl.
【科属】芸香科Rutaceae石椒草属*Boenninghausenia*
【别名】石交、岩椒草、石胡椒、羊不吃、九牛二虎草、铁帚把、千里马、羊膻草、铜脚地枝蒿、小狼毒。
【拉祜族名称】Sif ciao chaod
【形态特征】多年生草本。根圆柱形略扭曲，有纵纹及黑色圆形小突起。2~3回三出复叶互生，纸质；总叶柄长2~16 mm，小叶几无柄；小叶片倒卵形至长圆形，先端钝圆或微凹，基部宽楔形，全缘，有透明腺点。顶生聚伞花序；花具花梗；花瓣4，白色，卵圆

图3-1-113 石椒草植株

图 3–1–114　**石椒草的叶**

形，薄膜质，有透明腺点；雄蕊 8，长短相间；子房上位，心皮 4，基部分离。蒴果卵形，成熟时从顶部起沿腹缝线开裂，4 瓣。花期 4 月。(图 3–1–113、图 3–1–114)

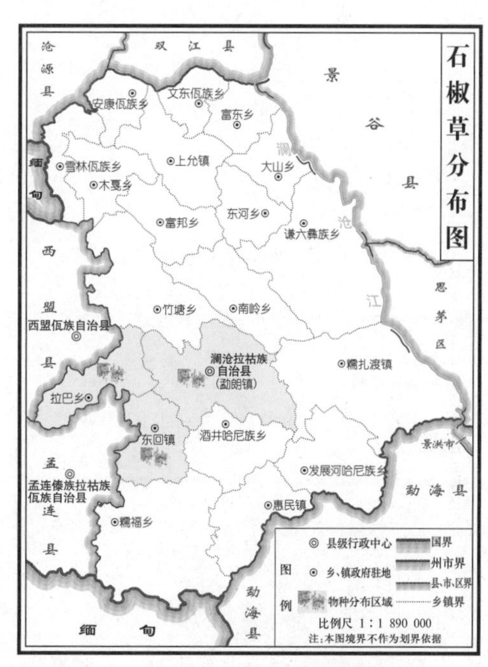

图 3–1–115　**石椒草地理分布**

【地理分布】东回镇、勐朗镇、拉巴乡。(图 3–1–115)

【生长环境】生于海拔 1 100~2 200 m 的山地草丛中或疏林下，土山或石岩山地均有。

【药用部位】全草入药，名为石椒草。

【性味归经】性温，味苦、辛；有小毒。归肺、脾、胃、膀胱经。

【功能主治】疏风解表，清热解毒，行气活血。用于感冒，扁桃体炎，支气管炎，肺炎，肾盂肾炎，胃痛腹胀，血栓闭塞性脉管炎，腰痛，跌打损伤。

【拉祜族民间疗法】退热、消炎、腹胀、助消化　取本品 15~20 克，水煎 25 分钟，内服，每日 1 剂，分早、中、晚 3 次服下，连服 3 日，根据病情定服用周期。

石 松

【拉丁学名】*Lycopodium japonicum* Thunb. ex Murray

【科属】石松科 Lycopodiaceae 石松属 *Lycopodium*

【别名】伸筋草、石子藤、石子藤石松、木贼叶石松、舒筋草。

【拉祜族名称】Mud ned te

【形态特征】大型土生植物。地下茎长而匍匐。地上主茎木质藤状，伸长攀缘达数米，圆柱形，具疏叶；叶螺旋状排列，贴生，卵状披针形，弧形，无柄，先端渐尖。不育枝柔软，黄绿色，圆柱状；叶螺旋状排列，但叶基扭曲使小枝呈扁平状，密生，草质。能育枝柔软，红棕色，小枝扁平，多回二叉分枝；叶螺旋状排列，稀疏，贴生，鳞片状，基部下延，无柄，先端渐尖，具芒，边缘全缘。孢子囊穗 2~6 个一组生于孢子枝顶端，排列成圆锥形，具柄，弯曲，红棕色；孢子叶阔卵形，覆瓦状排列，先端急尖，边缘具不规则钝齿。孢子囊生于孢子叶腋，内藏，圆肾形，黄色。(图 3–1–116、图 3–1–117)

图 3–1–116 石松植株及生境特征

图 3–1–117 石松植株

【地理分布】发展河乡、拉巴乡。(图 3-1-118)

【生长环境】生于海拔 1 050~2 100 m 的林下、灌丛下、草坡、路边或岩石上。

【药用部位】全草入药，名为伸筋草。

【性味归经】性温，味微苦、辛。归肝、脾、肾经。

【功能主治】祛风除湿，舒筋活络。用于关节酸痛，屈伸不利。

【拉祜族民间疗法】**骨折**　本品 20 克，石仙桃 20 克，骨碎补 20 克，泽兰 10 克，接骨草 20 克，鱼子兰 20 克，红糖适量，白酒为引，捣烂敷于患处。

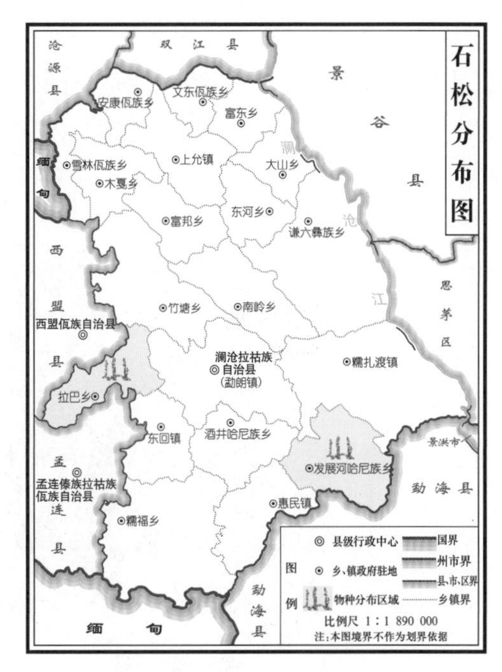

图 3-1-118　**石松地理分布**

疏花蛇菰

【拉丁学名】*Balanophora laxiflora* Hemsl.

【科属】蛇菰科 Balanophoraceae 蛇菰属 *Balanophora*

【别名】鹿仙草、思茅蛇菰。

【拉祜族名称】Luf she chaod

【形态特征】草本，高 10~20 cm。全株鲜红色至暗红色，有时转紫红色；根茎分枝，分枝近球形，表面密被粗糙小斑点和明显淡黄白色星芒状皮孔；鳞苞片椭圆状长圆形，顶端钝，互生，8~14 枚，基部几全包着花茎。花雌雄异株（序）；雄花序圆柱状；雄花近辐射对称，疏生于雄花序上，花被裂片通常 5，近圆形，顶端尖或稍钝圆；聚药雄蕊近圆盘状，中部呈脐状突起，花药 5 枚，小药室 10；无梗或近无梗；雌花序卵圆形至长圆状椭圆形，向顶端渐尖；子房卵圆形，具细长的花柱和具短子房柄，聚生于附属体的基部附近；附属体棍棒状或倒圆锥尖状，顶端截平或顶端中部稍隆起，中部以下骤狭呈针尖状。花期 9~11 月。(图 3-1-119)

【地理分布】东河乡、木戛乡、雪林乡、勐朗镇、发展河乡。(图 3-1-121)

【生长环境】生于海拔 1 500~1 950 m 的密林中。

【药用部位】全草入药，名为鹿仙草。(图 3-1-120)

【性味归经】性凉，味苦。归心、肾经。

【功能主治】益肾养阴，清热止血。用于补肾，保肝，肺热咳嗽，吐血，肠风下血，风热斑疹等。

【拉祜族民间疗法】1. **神经官能症、阳痿、肝炎** 取本品 20 克，水煎 25 分钟，内服，每日 1 剂，分早、中、晚 3 次服下，连服 5 日。民间常与肉炖服。

2. **小儿阴茎肿** 取鲜品 80 克，其中 40 克内服，水煎 25 分钟，每日 1 剂，分早、中、晚 3 次服下，连服 3 日；另 40 克外用，捣烂敷患处。

图 3-1-119 疏花蛇菰植株

图 3-1-120 疏花蛇菰药材

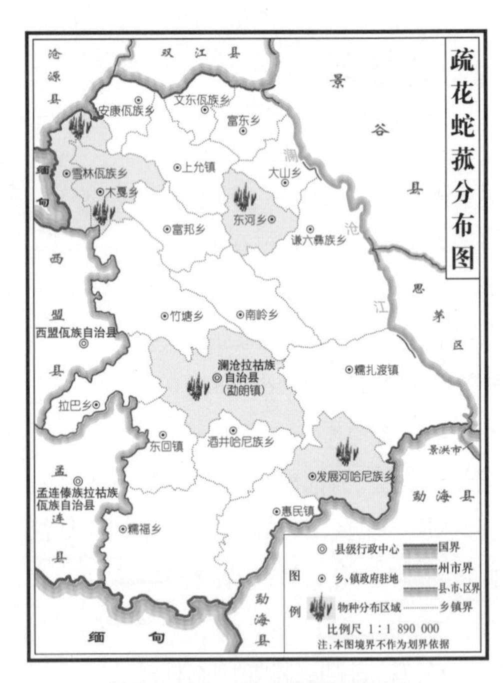

图 3-1-121 疏花蛇菰地理分布

桫椤

【拉丁学名】*Alsophila spinulosa* (Wall. ex Hook.) R. M. Tryon

【科属】桫椤科 Cyatheaceae 桫椤属 *Alsophila*

【别名】中华桫椤、蛇木、树蕨。

【拉祜族名称】Sha luor

【形态特征】茎干高达 6 m 或更高，上部有残存的叶柄，向下密被交织的不定根。叶螺旋状排列于茎顶端；茎顶端和拳卷叶以及叶柄的基部密被鳞片和糠秕状鳞毛，鳞片暗棕色，有光泽，狭披针形，先端呈褐棕色刚毛状，两侧有窄而色淡的啮齿状薄边；叶柄通常为棕色或上面较淡，连同叶轴和羽轴有刺状突起，背面两侧各有一条不连续的皮孔线，向上延至叶轴；叶片大，长矩圆形，三回羽状深裂；叶纸质，羽轴、小羽轴和中脉上面被糙硬毛，下面被灰白色小鳞片。孢子囊群生于侧脉分叉处，靠近中脉，有隔丝，囊托突起；囊群盖球形，薄膜质，外侧开裂，成熟时反折覆盖于主脉上面。(图 3-1-122、图 3-1-123)

【地理分布】勐朗镇、糯扎渡镇、发展河乡、竹塘乡、糯福乡、东河乡。(图 3-1-124)

【生长环境】生于海拔 1 400~2 200 m 的山地溪旁或疏林中。

【药用部位】全株入药，名为桫椤。

【性味归经】性凉，味苦。归肾、胃、肺经。

【功能主治】祛风湿，强筋骨，清热止咳。用于跌打损伤，风湿痹痛，肺热咳嗽，预防流行性感冒、流脑以及肾炎，水肿，肾虚，腰痛，妇女崩漏，中心积腹痛，蛔虫、蛲虫

图 3-1-122　**桫椤植株及生境特征**

和牛瘟等；外用可治癣症。

【拉祜族民间疗法】1. **蛔虫**　取本品鲜茎 50~100 克，水煎 25 分钟，内服，每日 1 剂，分早、中、晚 3 次服下，连服 3 日。民间也用茎尖部分炖肉，食肉喝汤。

2. **癣症**　外用取茎干鲜汁擦患部。

图 3–1–123　**桫椤植株**

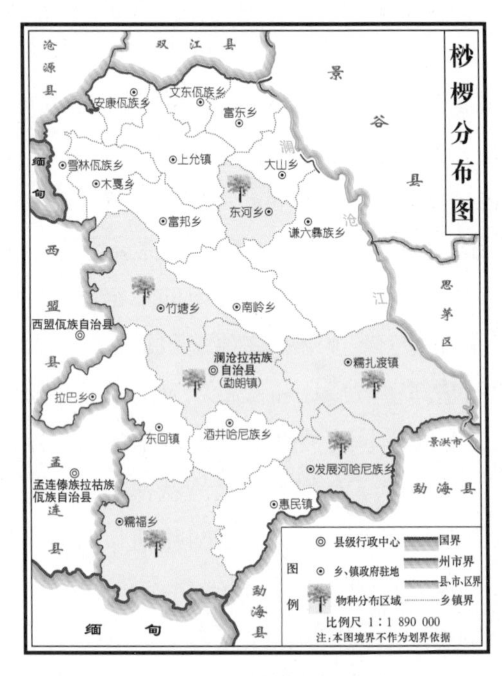

图 3–1–124　**桫椤地理分布**

铜锤玉带草

【拉丁学名】*Pratia nummularia* (Lam.) A. Br. et Aschers.

【科属】桔梗科 Campanulaceae 铜锤玉带属 *Pratia*

【别名】地钮子、地茄子、地浮萍。

【拉祜族名称】Thor chuir yiq taiq chaod

【形态特征】多年生草本。茎平卧，被开展的柔毛，不分枝或在基部有长或短的分枝，节上生根。叶互生，叶片圆卵形、心形或卵形，先端钝圆或急尖，基部斜心形。花单生叶腋；花萼筒坛状，无毛，裂片条状披针形；花冠紫红色、淡紫色、绿色或黄白色；花冠筒内面生柔毛，檐部二唇形，裂片 5，上唇 2 裂片条状披针形，下唇裂片披针形；雄蕊在花丝中部以上连合，花丝筒无毛，下方 2 枚花药顶端生髯毛。果为浆果，成熟时紫红色，椭圆状球形。种子多数，近圆球状，稍压扁，表面有小疣突。(图 3–1–125、图 3–1–126)

【地理分布】勐朗镇、糯扎渡镇、发展河乡、竹塘乡、糯福乡、东河乡、木戛乡。(图 3–1–127)

【生长环境】生于田边、路旁以及丘陵、低山草坡或疏林中的潮湿地，海拔 1 000~2 450 m。

【药用部位】全草入药，名为铜锤玉带草。

【性味归经】性平，味辛、苦。归肝、脾、肾经。

【功能主治】祛风除湿，活血，解毒。用于风湿疼痛，月经不调，目赤肿痛，乳痈，无名肿痛。

【拉祜族民间疗法】1. **角膜溃疡**　用果实1~2个，取汁点眼睛患处。

2. **月经过多、功血症**　取本品15克，大红袍15克，仙鹤草根15克。水煎25分钟，内服，每日1剂，分早、中、晚3次服下，连服3日。

图3-1-125　铜锤玉带草植株及生境特征

图3-1-126　铜锤玉带草的花

图3-1-127　铜锤玉带草地理分布

西番莲（栽培）

【拉丁学名】*Passiflora coerulea* L.

【科属】西番莲科 Passifloraceae 西番莲属 *Passiflora*

【别名】百香果、巴西果、藤桃、热情果、转心莲。

【拉祜族名称】Shi fa ler

【形态特征】草质藤本。茎圆柱形并微有棱角。叶纸质，基部心形，掌状 5 深裂，中间裂片卵状长圆形，两侧裂片略小，全缘；托叶较大、肾形，抱茎，边缘波状。聚伞花序退化仅存 1 花，与卷须对生；花大，淡绿色；苞片宽卵形，全缘；萼片 5 枚，外面淡绿色，内面绿白色，外面顶端具 1 角状附属器；花瓣 5 枚，与萼片近等长；外副花冠裂片 3 轮，丝状；内副花冠流苏状，裂片紫红色，其下具蜜腺环；具花盘；雄蕊 5 枚，花丝分离，花药长圆形；子房卵圆球形，花柱 3 枚，分离，紫红色，柱头肾形。浆果卵圆球形至近圆球形，熟时橙黄色或黄色。种子多数，倒心形。花期 5~7 月。（图 3–1–128~图 3–1–130）

【地理分布】勐朗镇、糯扎渡镇、发展河乡、东回镇、酒井乡、谦六乡。（图 3–1–131）

【生长环境】原产南美洲。常见栽培于海拔 800~2 200 m，有时逸为野生。

【药用部位】全草入药，名为西番莲。

【性味归经】性温，味苦。归肺经。

【功能主治】除风清热，止咳化痰，麻醉镇静。用于神经痛，失眠症，月经痛及下痢等症。

【拉祜族民间疗法】1. **风热头疼**　本品加菊花、桑叶、夏枯草、荷叶各 15 克，水煎 20 分钟，内服，每日 1 剂，分早、中、晚 3 次

图 3–1–128　**西番莲植株及生境特征**

图 3–1–129　**西番莲的花**

服下，连服 7 日即可。

2. **失眠** 取本品 20 克，仙鹤草 50 克，水煎 20 分钟，内服，每日 1 剂，分早、中、晚 3 次服下，连服 7 日。

图 3–1–130 **西番莲的果**

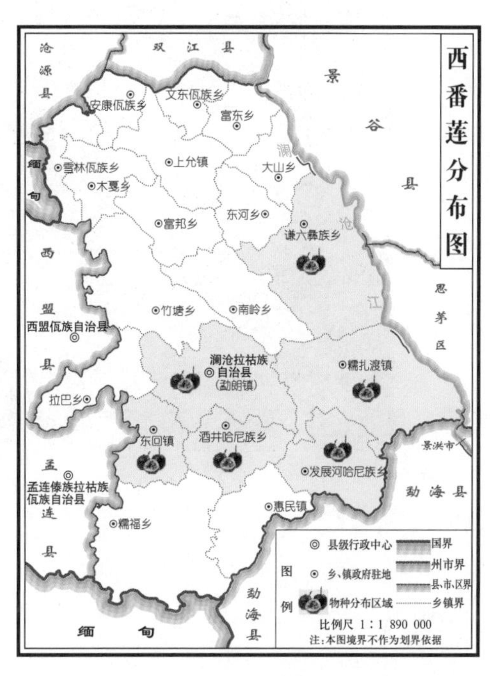

图 3–1–131 **西番莲地理分布**

西南山梗菜

【拉丁学名】 *Lobelia seguinii* Lévl. et Van.

【科属】 桔梗科 Campanulaceae 半边莲属 *Lobelia*

【别名】 大将军、野烟、红雪柳、蒙自苣。

【拉祜族名称】 Mil tier yaw

【形态特征】 木质草本。茎多分枝，无毛。叶纸质，螺旋状排列，下部的长矩圆形，具长柄，中部以上的披针形。总状花序生主茎和分枝的顶端，花较密集，偏向花序轴一侧；花序下部的几枚苞片条状披针形，上部的变窄成条形，全缘，短于花；花冠紫红色、紫蓝色或淡蓝色，内面喉部以下密生柔毛，上唇裂片长条形。蒴果矩圆状，倒垂。种子矩圆状，表面有蜂窝状纹饰。花果期 8~10 月。(图 3–1–132 ~ 图 3–1–134)

【地理分布】 全县均有分布。(图 3–1–135)

【生长环境】 生于海拔 600~2 400 m 的山坡草地、林边和路旁。

【药用部位】 全草入药，名为大将军。

【性味归经】 性平，味辛；有毒性。归肺、肾经。

【功能主治】 消炎，止痛，解毒，祛风，杀虫。用于风湿性关节炎，跌打损伤，痧证。

图 3-1-132　西南山梗菜植株及生境特征

外用于蛇伤，痈肿。叶研粉末，喷喉，治急性扁桃腺炎。

图 3-1-133　西南山梗菜的根

图 3-1-134　西南山梗菜的花

【拉祜族民间疗法】**腮腺炎**　取本品 10 克，七叶一枝花 10 克，甘草 9 克。水煎 25 分钟，内服，每日 1 剂，分早、中、晚 3 次服下，连服 3 日。

图 3-1-135　西南山梗菜地理分布

豨莶草

【拉丁学名】*Siegesbeckia orientalis* L.

【科属】菊科 Compositae 豨莶属 *Siegesbeckia*

【别名】破布叶。

【拉祜族名称】老破布那此。

【形态特征】一年生草本。茎直立，密被灰色毛。叶对生，阔卵形或卵状三角形，基部下延成翼柄，叶缘有锯齿，两面密被长柔毛。顶生头状花序，总花梗密被腺毛，花黄色。瘦果倒卵形，有4棱，无冠毛，顶端有灰褐色环状突起。花期4~9月，果期6~11月。(图3–1–136)

【地理分布】勐朗镇、谦六乡。(图3–1–138)

【生长环境】生于海拔850~2 200 m的山野、荒草地、灌丛、林缘及林下，也常见于耕

图3–1–136　豨莶草植株及生境特征

图3–1–137　豨莶草植株

地中。

【药用部位】地上部分入药，名为豨莶草。(图 3–1–137)

【性味归经】性寒，味辛、苦、寒。归肝、肾经。

【功能主治】祛风湿，利关节，解毒。用于风湿痹痛，筋骨无力，腰膝酸软，四肢麻痹，半身不遂，风疹湿疮。

【拉祜族民间疗法】**风湿性关节炎**　本品 30 克，下果藤 20 克，苦楝藤 20 克。水煎 25 分钟，内服，每日 1 剂，分早、中、晚 3 次服下，连服 3 日。

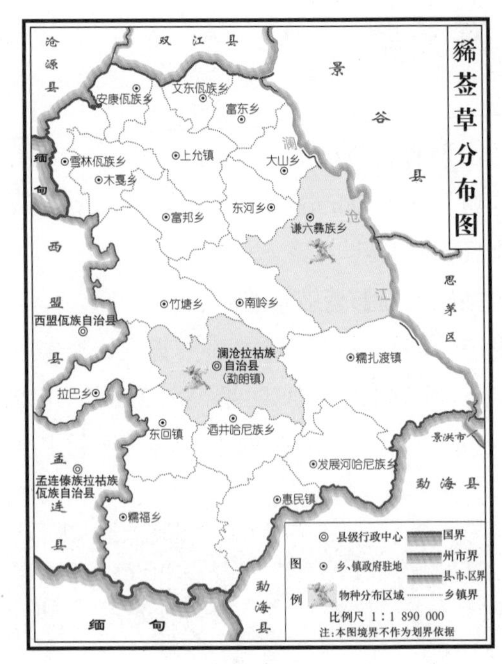

图 3–1–138　**豨莶草地理分布**

细穗兔儿风

【拉丁学名】*Ainsliaea spicata* Vaniot

【科属】菊科 Compositae 兔儿风属 *Ainsliaea*

【别名】肾炎草、杏叶兔耳风、皱叶子、马蹄草。

【拉祜族名称】Sheoq ye chaod

【形态特征】多年生草本。根状茎粗直或细弱，呈弧曲状，密被灰白色或黄白色绒毛；须根较粗，肉质。茎直立，纤弱，花葶状，被黄褐色丛卷毛。叶聚生于茎的基部，莲座状，叶片纸质，倒卵形或倒卵状圆形，中脉粗，在下面极凸起，弧形上升，网脉明显；花葶上的苞叶疏离，长圆形或钻状，无柄，具数齿或无齿。头状花序具花 3 朵，单生或数个聚生，于花茎上部复排成疏松或间断的穗状花序，花序轴纤弱，被长柔毛；总苞片顶端钝或具不明显的小尖头，无毛或被疏柔毛；花托平，无毛；花全部两性；花药顶端截平，基部的尾毗连，稍渐狭。瘦果倒锥形，具 10 纵棱，密被白色粗毛；冠毛黄褐色，羽毛状，基部稍联合。花期 4~6 月及 9~10 月。(图 3–1–139、图 3–1–140)

【地理分布】谦六乡、南岭乡。(图 3–1–141)

【生长环境】生于海拔 1 200~2 100 m 的草地、林缘或松林、杂木林中。

图 3–1–139　细穗兔儿风植株及生境特征

图 3–1–140　细穗兔儿风的花

【药用部位】全草入药，名为肾炎草。

【性味归经】性凉、味微苦。归经不明确。

【功能主治】清热，利湿，止咳，解毒。用于急慢性肾炎，肾盂肾炎，膀胱炎，支气管炎，痢疾，刀枪伤。

【拉祜族民间疗法】**急慢性肾炎、尿路感染、神经痛、寒痛**　取本品与龙胆草 10 克，捣烂泡水喝，每日 3 次，连服 3 日。

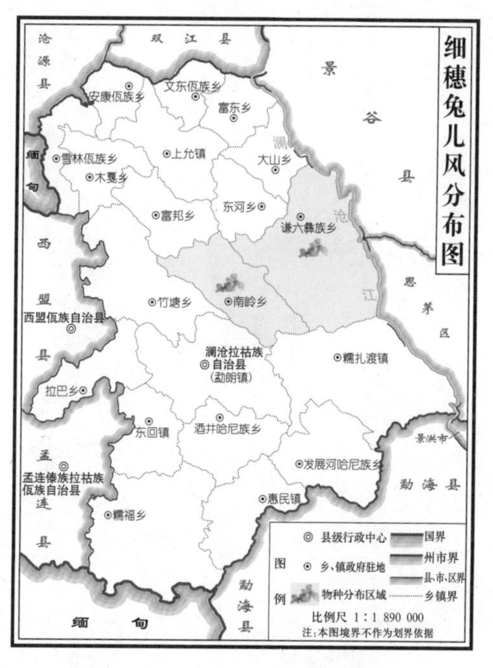

图 3–1–141　细穗兔儿风地理分布

香茶菜

【拉丁学名】*Rabdosia amethystoides* (Benth.) Hara

【科属】唇形科 Labiatae 香茶菜属 *Rabdosia*

【别名】蛇总管、山薄荷、蛇通管、小叶蛇总管、母猪花头、盘龙七。

【拉祜族名称】Shia char chaiq

【形态特征】多年生草本。根茎肥大，疙瘩状，木质，向下密生纤维状须根。茎四棱形，具槽，在叶腋内常有不育的短枝。叶卵状圆形，卵形至披针形，大小不一，生于主茎中、下部的较大，生于侧枝及主茎上部的较小，先端渐尖、急尖或钝。聚伞花序组成的顶生圆锥花序，疏散，聚伞花序多花；花冠白、蓝白或紫色，上唇带紫蓝色，外疏被短柔毛，内面无毛，冠筒在基部上方明显浅囊状突起，略弯曲，冠檐二唇形，上唇先端具4圆裂，下唇阔圆形。雄蕊及花柱与花冠等长，均内藏；花盘环状。成熟小坚果卵形，黄栗色，被黄色及白色腺点。花期6~10月，果期9~11月。(图3–1–142)

【地理分布】勐朗镇、糯扎渡镇、发展河乡、木戛乡、糯福乡。(图3–1–144)

图3–1–142　香茶菜植株及生境特征

图3–1–143　香茶菜植株

【生长环境】生于海拔 700~2 200 m 的林下或草丛中的湿润处。

【药用部位】全草入药，名为香茶菜。(图 3–1–143)

【性味归经】性凉，味辛、苦。归经不明确。

【功能主治】清热利湿，活血散瘀，解毒消肿。用于湿热黄疸，淋证，水肿，咽喉肿痛，关节痹痛，闭经，乳痈，痔疮，发背，跌打损伤，毒蛇咬伤。

【拉祜族民间疗法】1. **牙痛、腐烂牙齿**　取本品与白龙须根等量混合，研细成粉，每次服用 20~30 克，每日 2 次，连服 5 日。

2. **痔疮**　取本品 20 克，水煎 20 分钟，内服，每日 1 剂，分早、中、晚 3 次服下，连服 5 日。

图 3–1–144　香茶菜地理分布

小驳骨

【拉丁学名】*Gendarussa vulgaris* Nees

【科属】爵床科 *Acanthaceae* 驳骨草属 *Gendarussa*

【别名】小接骨、驳骨草、驳骨丹、裹篱樵。

【拉祜族名称】Shiaod pawr kur

【形态特征】常绿小灌木。茎直立，茎节膨大，青褐色或紫绿色。枝条对生，无毛。单叶互生，叶片披针形，先端尖，基部狭，全缘；叶柄短。春夏开花，花白色带淡紫色斑点；排成花序生于枝顶或上部叶腋；苞片钻状，披针形；花萼 5 裂，裂片条状披针形，与苞片同生有黏毛；花冠二唇形；雄蕊 2 枚。夏季结果，果实棒状。(图 3–1–145)

【地理分布】勐朗镇、酒井乡、糯扎渡镇、谦六乡、发展河乡。(图 3–1–146)

【生长环境】见于村旁或路边的灌丛中，有时栽培，海拔 1 000~1 600 m。

【药用部位】地上部分入药，名为小驳骨。

【性味归经】性温，味辛。归肝、肾经。

【功能主治】祛瘀止痛，续筋接骨。用于跌打损伤，筋伤骨折，风湿骨痛，血瘀经闭，产后腹痛。

【拉祜族民间疗法】**骨折**　采鲜叶，捣烂、加入米酒，米醋炒热外敷，每日 3~6 次，每次 15~30 分钟，连敷 7 日。

图 3–1–145　**小驳骨植株**

图 3–1–146　**小驳骨地理分布**

绣球防风

【拉丁学名】 *Leucas ciliate* Benth.

【科属】 唇形科 Labiatae 绣球防风属 *Leucas*

【别名】 白元参、绣球草、蜜蜂草、紫药、蜂窝花、包团草、泡花草、小萝卜、月亮花、疙瘩草、指风草。

【拉祜族名称】 Shiug chiur far feo

【形态特征】 草本。从纤细须根伸出，高30~80 cm，有时至1 m。茎直立，或上部多扭曲，纤弱，通常在上部分枝，偶有自基部分枝，钝四棱形，微具沟槽，密被贴生或倒向的金黄色长硬毛，有时在茎基部毛被略脱落。叶卵状披针形或披针形，先端锐尖，基部宽楔形至近圆形，纸质，上面绿色，下面淡绿色，上面贴生浅黄色短柔毛，下面沿脉上密被短柔毛，余部疏被微柔毛，明显密布淡黄色腺点。轮伞花序腋生，少数

图 3–1–147　**绣球防风植株及生境特征**

图 3–1–148　**绣球防风的花**

而远离地着生于枝条的先端，球形，多花密集，其下承以多数密集苞片；花萼管状，外面有刚毛；花冠白色或紫色；雄蕊 4，内藏，前对较长，花丝丝状，花药卵圆形，2 室，室极叉开；花柱丝状，略与雄蕊等长，先端极不等 2 裂；花盘平顶，波状。小坚果卵珠形，褐色。花期 7~10 月，果期 10~11 月。(图 3–1–147、图 3–1–148)

【地理分布】勐朗镇、谦六乡、南岭乡、糯扎渡镇、发展河乡、东河乡、糯福乡。(图 3–1–149)

图 3–1–149　**绣球防风地理分布**

【生长环境】生于海拔 1 000~2 300 m 的路旁、溪边、灌丛或草地。

【药用部位】全草入药，名为绣球防风。

【性味归经】性凉，味苦、辛。归经不明确。

【功能主治】疏肝活血，祛风明目，解毒。用于妇女血瘀经闭，胁肋疼痛，小儿雀目，青盲翳障，痈疽肿毒，疥癣，皮疹。

【拉祜族民间疗法】疮痈肿毒、皮炎、湿疹　本品 15 克，四方蒿 15 克，水红木 15 克，千里光 20 克。水煎 25 分钟，内服，每日 1 剂，分早、中、晚 3 次服下，连服 3 日。同时也可以用药水外洗患处。

血满草

【拉丁学名】*Sambucus adnate* Wall. ex DC.

【科属】忍冬科 Caprifoliaceae 接骨木属 *Sambucus*

【别名】接骨药、接骨丹、血管草、接骨木、苛草、红山花、接骨草。

【拉祜族名称】Shier mad cbaod

【形态特征】多年生高大草本或半灌木。根和根茎红色，折断后流出红色汁液。茎草质，具明显的棱条。羽状复叶具叶片状或条形的托叶；小叶 3~5 对，长椭圆形、长卵形或披针形，先端渐尖，基部钝圆，两边不等，边缘有锯齿，上面疏被短柔毛，顶端一对小叶基部常沿柄相连，有时亦与顶生小叶片相连，其他小叶在叶轴上互生，亦有近于对生；小叶的托叶退化成瓶状突起的腺体。聚伞花序顶生，具总花梗，初时密被黄色短柔毛，多少杂有腺毛；花小，有恶臭；萼被短柔毛；花冠白色；花丝基部膨大，花药黄色；子房 3 室，花柱极短或几乎无，柱头 3 裂。果实红色，圆形。花期 5~7 月，果熟期 9~10 月。(图 3-1-150、图 3-1-151)

【地理分布】雪林乡、木戛乡。(图 3-1-152)

【生长环境】生于海拔 1 700~2 200 m 的林下、沟边、灌丛中、山谷斜坡湿地以及高山草地等处。

【药用部位】全草或根皮入药，名为血满草。

【性味归经】性温，味辛。归脾、肾经。

图 3-1-150　血满草植株

【功能主治】祛风，利水，活血，通络。用于急慢性肾炎，风湿疼痛，风疹瘙痒，小儿麻痹后遗症，慢性腰腿痛，扭伤瘀痛，骨折。

【拉祜族民间疗法】**急慢性肾炎**　本品根15克，酒瓶花根30克，山皮条12克，石椒草12克。水煎30分钟，内服，每日1剂，分早、中、晚3次服下，连服4日。

图3-1-151　**血满草的花**

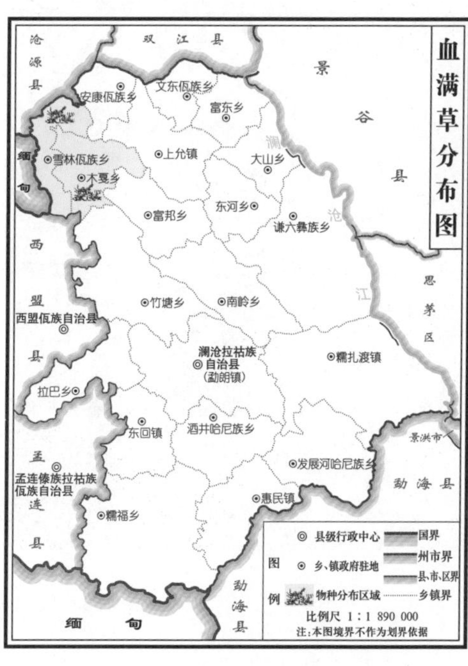

图3-1-152　**血满草地理分布**

野甘草

【拉丁学名】*Scoparia dulcis* L.

【科属】玄参科 Scrophulariaceae 野甘草属 *Scoparia*

【别名】冰糖草、香仪、珠子草、假甘草、土甘草、四时茶、通花草。

【拉祜族名称】Pe thar chaod

【形态特征】直立草本或半灌木。茎多分枝，近有棱角及狭翅。叶对生或轮生，菱状卵形至菱状披针形。花小，多数白色；花梗细，无毛；萼分生，齿4，卵状矩圆形；花冠辐状，4裂，裂片椭圆形，喉部有毛；雄蕊4，近等长，花药箭头形，黄绿色；花柱细长，柱头盘状。蒴果卵状至球形，花柱宿存，熟后开裂。花期夏、秋间。（图3-1-153）

【地理分布】谦六乡、酒井乡、糯扎渡镇、惠民镇、糯福乡。（图3-1-154）

【生长环境】生于海拔1 000~1 800 m的荒地、路旁，偶见于山坡。

图 3–1–153　野甘草植株

【药用部位】全草入药，名为冰糖草。

【性味归经】性凉，味甘。归肺、脾、肾、膀胱经。

【功能主治】降血糖，降血压，抗病毒和抗肿瘤。用于脚气，脚浮肿，防治麻疹，小儿肝火烦热，湿疹，热痱，小儿外感发热，肠炎，小便不利，肺热咳嗽，喉炎，丹毒等症。

【拉祜族民间疗法】**膀胱炎、尿道炎**　本品配木贼、蒲公英各 15 克，水煎 20 分钟，内服，每日 1 剂，分早、中、晚 3 次服下，连服 4 日即可。

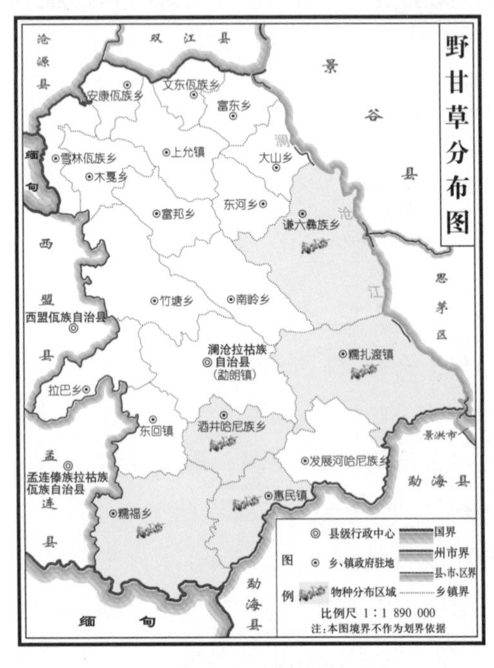

图 3–1–154　野甘草地理分布

翼齿六棱菊

【拉丁学名】*Laggera pterodonta* (DC.) Benth.

【科属】菊科 *Compositae* 六棱菊属 *Laggera*

【别名】百草王、六耳铃、四棱锋、六达草、四方艾。

【拉祜族名称】Lor leoq ciur

【形态特征】草本。茎直立，上部分枝，具沟纹，疏被短柔毛或杂有腺体，或有时无毛，茎翅连续或有时间断，有不整齐的粗齿或细齿。中部叶倒卵形或倒卵状椭圆形，稀椭圆形，无柄，基部长渐狭或渐狭，沿茎下延成茎翅，顶端短尖或钝，两面疏被柔毛和杂以腺体；上部叶小，倒卵形或长圆形，顶端钝或短尖，边缘锯齿较小。头状花序多数，排列成大型圆锥花序，无翅，密被腺状短柔毛。瘦果近纺锤形，有10棱；冠毛白色，易脱落。花期4~10月。(图3-1-155)

【地理分布】勐朗镇、谦六乡、南岭乡、东河乡、糯扎渡镇、发展河乡、上允镇、木戛乡、雪林乡、竹塘乡、富邦乡、惠民镇、酒井乡。(图3-1-157)

【生长环境】生于海拔700~2 200 m的空旷草地上或山谷疏林中。

【药用部位】地上部分入药，名为臭灵丹草。(图3-1-156)

图3-1-155 翼齿六棱菊植株及生境特征

【性味归经】性寒，味辛、苦；有毒。归肺经。

【功能主治】清热解毒，止咳祛痰。用于风热感冒，咽喉肿痛，肺热咳嗽。

【拉祜族民间疗法】1. **毒蛇咬伤**　本品20克，胡椒为引，水煎25分钟，内服，每日1剂，分早、中、晚3次服下，连服2日即可。2. **肾炎水肿、感冒发热**　取鲜品根30克，酒为引，水煎20分钟，内服，每日1剂，分早、中、晚3次服下，连服2日即可。

图 3–1–156　翼齿六棱菊植株

图 3–1–157　翼齿六棱菊地理分布

翼梗五味子

【拉丁学名】*Schisandra henryi* subsp. *henryi* C. B. Clarke

【科属】木兰科 Magnoliaceae 五味子属 *Schisandra*

【别名】吊吊香、满山香、南五味子。

【拉祜族名称】Tiaoq tiaoq shia

【形态特征】落叶木质藤本。当年生枝淡绿色，小枝紫褐色，具翅棱，被白粉；内芽鳞紫红色，宿存于新枝基部。叶宽卵形、长圆状卵形，或近圆形，先端短渐尖或短急尖，基部阔楔形或近圆形，上部边缘具胼胝齿尖的浅锯齿或全缘，侧脉和网脉在两面稍凸起；叶柄红色，具叶基下延的薄翅。雄花花被片黄色，8~10片，近圆形，雄蕊群倒卵圆形；花托圆柱形，顶端具近圆形的盾状附属物；雄蕊30~40枚，花药内侧向开裂，药隔倒卵形或椭圆形，具凹入的腺点，

图 3–1–158 **翼梗五味子植株**

图 3–1–159 **翼梗五味子的花**

顶端平或圆，稍长于花药，贴生于盾状附属的雄蕊无花丝；雌花花被片与雄花的相似；雌蕊群长圆状卵圆形，具雌蕊约 50 枚，子房狭椭圆形。小浆果红色，球形，顶端的花柱附属物白色。种子褐黄色，扁球形，或扁长圆形；种皮淡褐色，具乳头状凸起或皱凸起，以背面极明显；种脐斜“V”形，长为宽的 1/4~1/3。花期 5~7 月，果期 8~9 月。(图 3–1–158、图 3–1–159)

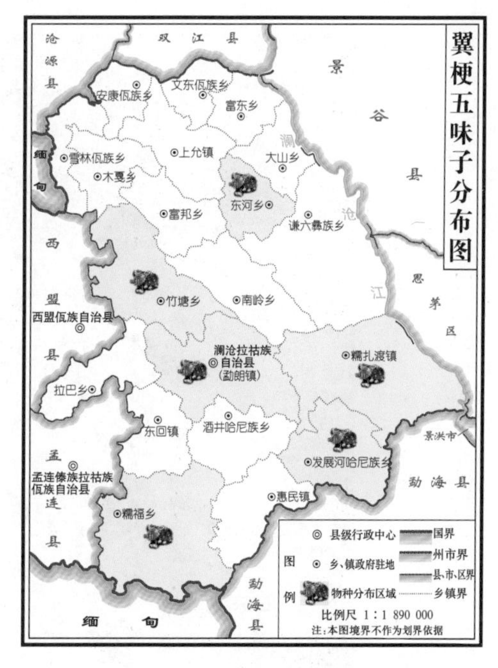

图 3–1–160 **翼梗五味子地理分布**

【地理分布】糯扎渡镇、发展河乡、勐朗镇、糯福乡、东河乡、竹塘乡。(图 3–1–160)

【生长环境】生于海拔 1 400~2 300 m 的沟谷边、山坡林或灌丛中。

【药用部位】全株入药，名为吊吊香。

【性味归经】性温，味酸、甘。归肺、肾、心经。

【功能主治】通筋活血，散瘀消痛，祛风镇痛，止血生肌。用于风湿性关节炎，痢疾，胸腹胀，胃脘痛。

【拉祜族民间疗法】1. **风湿腰痛**　干品种子 300 克，白酒 2 000 毫升，浸泡 30 日后，每日饭后 30 毫升内服，服用 1 个月即可。

2. **神经衰弱**　取本品 20 克，水煎，加适量蜂蜜，每日 1 剂，连服 15 日。

益母草

【拉丁学名】*Leonurus japonicus* Houtt.

【科属】唇形科 Labiatae 益母草属 *Leonurus*

【别名】益母蒿、坤草、茺蔚。

【拉祜族名称】Yir mud chaod

【形态特征】一年生或二年生草本。茎直立，四棱形，被微毛。叶对生；基生叶具长柄，叶片略呈圆形，裂片具钝齿，基部心形；茎中部叶有短柄，裂片近披针形，先端渐尖，边缘疏生锯齿或近全缘；最上部叶不分裂，线形，近无柄，上面绿色，被糙伏毛，下面淡绿色，被疏柔毛及腺点。轮伞花序腋生，具花 8~15 朵；小苞片针刺状，无花梗；花萼钟形，外面贴生微柔毛；花冠唇形，淡红色或紫红色，外面被柔毛，倒心形。小坚果褐色，三棱形，上端较宽而平截，基部楔形。花期 6~9 月，果期 7~10 月。(图 3-1-161、图 3-1-162)

【地理分布】勐朗镇、谦六乡、糯扎渡镇、发展河乡。(图 3-1-163)

【生长环境】多生于海拔 700~1 600 m 的向

图 3-1-161　益母草植株及生境特征

阳处。

【药用部位】地上部分入药，名为益母草。

【性味归经】性微寒，味苦、辛。归肝、心包、膀胱经。

【功能主治】活血调经，利尿消肿，清热解毒。用于月经不调，痛经经闭，恶露不尽，水肿尿少，疮疡肿毒。

【拉祜族民间疗法】1. **蹲肚（腹泻）** 益母草10克，黄芩、地榆各15克，苍术10克，黄连10克。水煎25分钟，内服，每日1剂，分早、中、晚3次服下，连服2日即可。

2. **月经不调、痛经经闭** 取本品25克，水煎15分钟，内服，每日1剂，分早、中、晚3次服下，连服7日即可。

图 3–1–162 **益母草的花**

图 3–1–163 **益母草地理分布**

云南崖爬藤

【拉丁学名】*Tetrastigma yunnanense* Gagnep.

【科属】葡萄科 Vitaceae 崖爬藤属 *Tetrastigma*

【别名】五爪金龙、小五爪龙。

【拉祜族名称】Niq xot te

【形态特征】草质或半木质藤本。小枝圆柱形，有纵棱纹，疏被柔毛，不久脱落几无毛。卷须4~9集生成伞形，相隔2节间断与叶对生。叶为掌状5小叶，小叶倒卵椭圆形、菱状卵形、倒卵披针形或披针形，边缘每侧有6~8个锯齿或牙齿，齿顶端细长并着生在粗齿缘者边缘呈波状，齿顶端急尖者边缘呈锯齿状，上面绿色，光滑无毛，下面浅绿色，无毛；侧脉 6~7 对，网脉不明显；托叶显著，卵圆形，褐色，宿存。花序为复伞形花序，假顶生或与叶相对着生于侧枝近顶端，稀腋生；花瓣 4，卵圆形或卵椭圆形，顶端呈风帽状，无毛；雄蕊 4，花药卵圆形，长宽近相等，在雌花中不发达；花盘在雄花中发达，在雌花中较薄，与子房下部合生；子房锥形，花柱短，柱头扩大，4 浅裂。果实球形，有种子 1~2 颗。种子椭圆形，顶端圆形，基部有短喙，背面微凹。花期 4 月，果期 10~11 月。(图 3–1–164)

图 3–1–164　云南崖爬藤植株

【地理分布】勐朗镇、谦六乡、南岭乡、糯扎渡镇、发展河乡、竹塘乡、糯福乡、木戛乡、雪林乡、东河乡。(图 3–1–165)

【生长环境】生于海拔 700~2 300 m 的山林边缘、灌木丛中或攀于树上。

【药用部位】全株入药，名为五爪金龙。

【性味归经】性温，味苦、涩。归心经。

【功能主治】祛风除湿，接骨续筋，散瘀消肿。用于骨折筋伤，跌打伤，风湿骨痛，外伤出血，开水烫伤，无名肿毒。

【拉祜族民间疗法】**骨折筋伤**　取本品 100 克，白酒 1 000 毫升泡酒内服，每日早、晚各喝 1 次，连喝 7 日。

图 3–1–165　云南崖爬藤地理分布

皱叶留兰香（栽培）

【拉丁学名】*Mentha crispata* Schrad. ex Willd.

【科属】唇形科 Labiatae 薄荷属 *Mentha*

【别名】香薄荷。

【拉祜族名称】Miq nuf

【形态特征】多年生草本。茎直立，高30~60 cm，钝四棱形，常带紫色，无毛，不育枝仅贴地生。叶无柄或近于无柄，卵形或卵状披针形，先端锐尖，基部圆形或浅心形，边缘有锐裂的锯齿，坚纸质，上面绿色，皱波状，脉纹明显凹陷，下面淡绿色，脉纹明显隆起且带白色。轮伞花序在茎及分枝顶端密集成穗状花序；苞片线状披针形，稍长于花萼；花萼钟形，外面近无毛，具腺点，5脉，不明显，萼齿5，三角状披针形，边缘具缘毛，果时稍靠合；花冠淡紫，外面无毛；雄蕊4，伸出，近等长，花丝丝状，无毛，花药卵圆形，2室。花柱伸出，先端相等2浅裂，裂片钻形；花盘平顶；子房褐色，无毛。小坚果卵珠状三棱形，茶褐色，基部淡褐色，略具腺点，顶端圆。(图 3–1–166、图 3–1–167)

【地理分布】全县均有分布。(图 3–1–168)

【生长环境】原产欧洲。多栽培于海拔700~2 410 m 处。

图 3–1–166　皱叶留兰香植株

【药用部位】地上部分入药，名为香薄荷。

【性味归经】性凉，味辛。归肺、肝经。

【功能主治】疏散风热，清利头目，利咽，透疹，疏肝败坏气。用于风热感冒，风温初起，头痛，目赤，喉痹，口疮，风疹，麻疹，胸胁胀闷。

【拉祜族民间疗法】1. **头痛** 取薄荷、川芎、泽兰、白芷的鲜品各 100 克，樟脑 0.5 克，捣烂后炒热，敷于痛部。

2. **疥疮、瘙痒、脱肛、小儿高热抽搐、感冒风热、头痛、目赤、咽痛、牙痛** 用鲜品 300 克，煮汤，放适量盐，连渣服下。

图 3–1–167 **皱叶留兰香的叶**

图 3–1–168 **皱叶留兰香地理分布**

猪殃殃

【拉丁学名】*Galium aparine* var. *tenerum* (Gren. et Godr.) Rchb.

【科属】茜草科 Rubiaceae 拉拉藤属 *Galium*

【别名】拉拉藤、爬拉殃、八仙草。

【拉祜族名称】Cu ya ya

【形态特征】多枝、蔓生或攀缘状草本。植株矮小，柔弱。叶纸质或近膜质，带状倒披针形或长圆状倒披针形，顶端有针状凸尖头，基部渐狭，两面常有紧贴的刺状毛。聚伞花序腋生或顶生，花序常单花，花小，具花梗；花冠黄绿色或白色。果有 1 或 2 个近球状的分果片，肿胀，密被钩毛，每片有 1 颗平凸的种子。花期 3~7 月，果期 4~9 月。(图 3–1–169)

【地理分布】竹塘乡、谦六乡、南岭乡。(图

图 3–1–169 **猪殃殃植株及生境特征**

3–1–170）

【生长环境】生于海拔 560~2 510 m 的山坡、旷野、沟边、河滩、田中、林缘、草地。

【药用部位】全草入药，名为猪殃殃。

【性味归经】性微寒，味辛、苦。归经不明确。

【功能主治】清热解毒，消肿止痛，利尿，散瘀。用于淋浊，尿血，跌打损伤，肠痈，疖肿，中耳炎等。

【拉祜族民间疗法】1. **泌尿系统感染** 本品 12 克，土茯苓 30 克，石椒草 10 克，石韦 10 克。水煎服，分 4 次服下，连服 3 日。

2. **前列腺炎** 本品 20 克，虎杖 30 克，土茯苓 30 克，旋覆花 10 克。水煎 25 分钟，分早、中、晚 3 次服下。

图 3–1–170 **猪殃殃地理分布**

苎叶蒟

【拉丁学名】*Piper boehmeriaefolium* (Miq.) C. DC.

【科属】胡椒科 Piperaceae 胡椒属 *Piper*

【别名】芦子藤、叶子兰。

【拉祜族名称】Tuif phar

【形态特征】直立亚灌木。枝常无毛，干时有纵棱和疣状凸起。叶薄纸质，有密细腺点，形状多变，长椭圆形、长圆形或长圆状披针形，先端渐尖至长渐尖，基部偏斜不等，上面无毛，下面沿脉上或在脉的基部被疏毛，间有两面无毛；叶柄无毛或有时被疏毛；叶

图 3–1–171　苎叶蒟植株及生境特征

图 3–1–172　苎叶蒟的叶

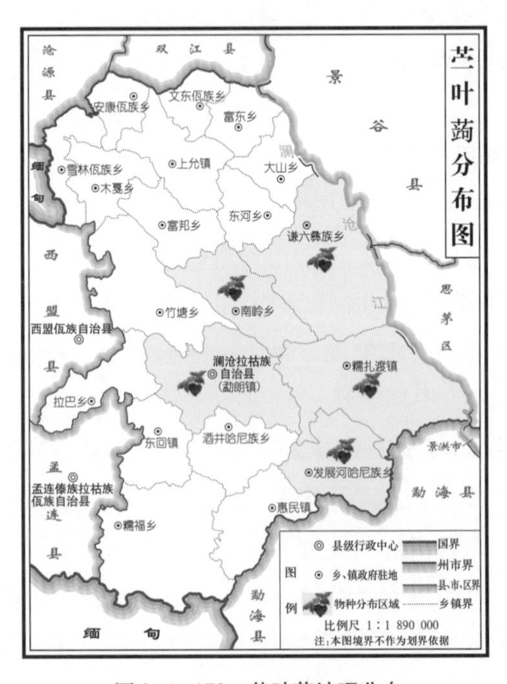

图 3–1–173　苎叶蒟地理分布

鞘长约为叶柄的一半。花单性，雌雄异株，聚集成与叶对生的穗状花序；苞片圆形，具短柄，盾状，无毛；雄蕊2枚，花药肾形，2裂，花丝短。浆果近球形，密集成长的柱状体。花期4~6月。(图3–1–171、图3–1–172)

【地理分布】勐朗镇、糯扎渡镇、发展河乡、南岭乡、谦六乡。(图3–1–173)

【生长环境】生于海拔1 000~2 200 m的山谷、山顶、疏林或密林中。

【药用部位】全株入药，名为芦子藤。

【性味归经】性温，味辛。归肺、心、肝、脾、胃经。

【功能主治】祛风散寒，舒筋活络，散瘀消肿，镇痛。用于感冒风寒，风湿痹痛，胃痛，月经不调，跌打损伤，骨折。

【拉祜族民间疗法】**风湿、跌打损伤** 本品15克，杏叶防风10克，金叶子5片、土千年健30克，1 000毫升白酒密封浸泡20日后，内服，每次20~30毫升，每日3次，连服7日即可。

紫花地丁

【拉丁学名】*Viola philippica* Cav.

【科属】堇菜科 Violaceae 堇菜属 *Viola*

【别名】野堇菜、光瓣堇菜、光萼堇菜。

【拉祜族名称】Zid hua tig te

【形态特征】多年生草本。根茎短，淡褐色。叶多数，基生，莲座状，呈长圆形、狭卵状披针形或卵形，先端圆钝，基部截形或楔形，稀微心形，边缘较平的圆齿，两面无毛或被细短毛；叶柄在花期通常长于叶片1~2倍，上部具极狭的翅；托叶膜质，苍白色或淡绿色，离生部分线状披针形。花梗通常多数细弱，与叶片等长或高出叶片；花紫堇色或淡紫色，稀呈白色，喉部色较淡并带有紫色条纹；萼片卵状披针形或披针形；基部附属物短，末端圆或截形；花瓣呈倒卵形或长圆状倒卵形；距细管状，末端圆；子房卵形，无毛，花柱棍棒状，柱头三角形。蒴果长圆形。种子卵球形，淡黄色。花果期4月中下

图3–1–174 **紫花地丁植株及生境特征**

旬至 9 月。(图 3–1–174、图 3–1–175)

【地理分布】全县均有分布。(图 3–1–176)

【生长环境】生于田间、荒地、山坡草丛、林缘或灌丛中，海拔 1 000~2 200 m。

【药用部位】全草入药，名为紫花地丁。

【性味归经】性寒，味苦、辛。归心、肝经。

【功能主治】清热解毒，凉血消肿。用于疔疮肿毒，痈疽发背，丹毒，毒蛇咬伤。

【拉祜族民间疗法】**化脓性感染** 本品 15 克，水煎 25 分钟，内服，每日 1 剂，分早、中、晚 3 次服下，连服 3 日。药渣外敷于患处。

图 3–1–175 **紫花地丁的花**

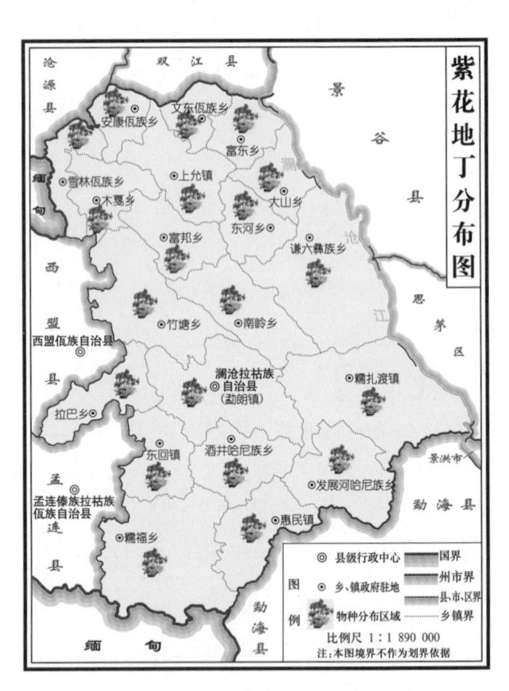

图 3–1–176 **紫花地丁地理分布**

紫 珠

【拉丁学名】*Callicarpa bodinieri* Levl.

【科属】马鞭草科 Verbenaceae 紫珠属 *Callicarpa*

【别名】小叶紫珠。

【拉祜族名称】Shiaod yier zid cu

【形态特征】灌木。小枝、叶柄和花序均被粗糠状星状毛。叶片卵状长椭圆形至椭圆形，顶端长渐尖至短尖，基部楔形，边缘有细锯齿，表面有短柔毛，背面密被星状柔毛，两面密生暗红色或红色细粒状腺点。聚伞花序，4~5 次分歧；花冠紫色，被星状柔毛和暗红色腺点；雄蕊花药椭圆形，细小，药隔有暗红色腺点，药室纵裂；子房有毛。果实球形，熟时紫色。花期 6~7 月，果期 8~11 月。(图 3–1–177、图 3–1–178)

【地理分布】全县均有分布。(图 3–1–179)

【生长环境】生于海拔 800~1 650 m 的林中、

图 3-1-177　**紫珠植株**

图 3-1-178　**紫珠的花**

林缘及灌丛中。

【药用部位】 全株入药，名为小叶紫珠。

【性味归经】 性平，味苦涩。归肺、胃经。

【功能主治】 活血通经，祛风除湿，收敛止血。用于月经不调，虚劳，带下病，产后血气痛，外伤出血，风寒感冒；外用于蛇咬伤，丹毒。

【拉祜族民间疗法】 1. **痔疮出血**　本品 15 克，地榆 15 克，火麻仁 30 克。水煎 25 分钟，内服，每日 1 剂，分早、中、晚 3 次服下，连服 3 日。

2. **月经过多**　本品 15 克，蛇菰 10 克，小红参 15 克。水煎 25 分钟，内服，每日 1 剂，分早、中、晚 3 次服下，连服 3 日。

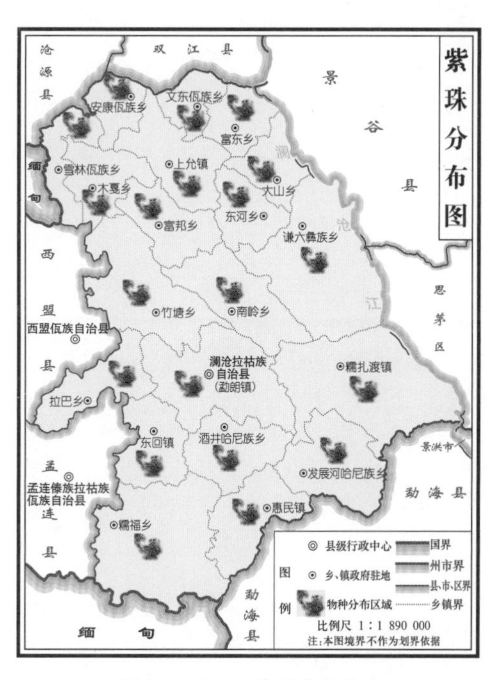

图 3-1-179　**紫珠地理分布**

主要参考书目

[1] 付开聪，张绍云 . 拉祜族医药验方精选 [M]. 昆明：云南民族出版社，2009.
[2] 国家药典委员会 . 中华人民共和国药典 (第一部)[M]. 北京：中国医药科技出版社，2015.
[3] 刘新成 . 普洱端午节 [M]. 昆明：云南民族出版社，2016.
[4] 刘毅，陈羲之 . 云南常用中草药单验方荟萃 [M]. 昆明：云南科技出版社，2007.
[5] 南京中医药大学 . 中药大辞典 [M]. 上海：上海科学技术出版社，2006.
[6] 思茅地区民族传统医药研究所 . 拉祜族常用药 [M]. 昆明：云南民族出版社，1987.
[7] 云南省思茅地区革命委员会生产指挥组文卫组 . 思茅中草药选 [M]. 上海：上海科学技术出版社，1971.
[8] 张绍云，李巧宏，付开聪，等 . 拉祜族民间特色药用植物 [M]. 昆明：云南民族出版社，2009.
[9] 张绍云 . 中国拉祜族医药 [M]. 昆明：云南民族出版社，1996.
[10] 郑进 . 云南重要中药图鉴 [M]. 昆明：云南科技出版社，2012.
[11] 中国科学院中国植物志编辑委员会 . 中国植物志 [M]. 北京：科学出版社，2004.

附 录

云南省委书记陈豪及中国工程院徐德龙院士、朱有勇院士、黄璐琦院士等领导专家考察澜沧县特色中药材

中国工程院刘旭院士为澜沧县普查队授旗

部分普查队员野外合影

索 引

索引一 药用植物名称中文索引（按笔画顺序排序）

索引二　药用植物名称拉丁学名索引（按字母顺序排序）

索引三　药材名称中文索引（按笔画顺序排序）